文化冷戦と科学技術

アメリカの対外情報プログラムとアジア

土屋由香
TSUCHIYA Yuka

京都大学学術出版会

目次

章扉イラスト・写真

序章：（上から下へ）アメリカ製原子力技術の世界への拡散イメージ　アルゴンヌ国立研究所のパンフレットより RG 306, Entry A1 53, box 14, NACP/ マーキュリー宇宙船 NASA/ ホープ号 Herman Hille（World-Telegram and the Sun Newspaper Photograph Collection）

1章：「終末時計」『原子科学者会報』一九五三年五月号表紙より部分 Special Collections Research Center, University of Chicago Library

2章：原子力のイメージ　フィリピンの「アトムズ・フォー・ピース」パンフレットより RG306, Entry P46, box 9, NACP

3章：教育用原子炉「アルゴノート」を利用して学ぶアルゴンヌ国際原子力科学技術学校の留学生たち Chicago Film Archives（F. 2012-03-0542）*Atoms for Peace Part 6 : Training Men for the Atomic Age* よりスチール切り出し Courtesy of Chicago Film Archives, the Frank Koza Collection

4章：米国務省文書に記された水爆実験危険水域の海図（部分）RG59, Entry 3008-A, box 428, NACP.

5章：アメリカの科学技術がもたらす近代的生活のイメージ　小冊子「アメリカの消費者——産業発展の鍵」より RG 306, Entry A1 53, box 1, NACP

6章：ホープ号 Herman Hille（World-Telegram and the Sun Newspaper Photograph Collection）

7章：マーキュリー宇宙船 NASA/Davis Paul Meltzer

主要略語一覧

ABCC（Atomic Bomb Casualty Commission）	原爆傷害調査委員会
AEC（Atomic Energy Commission）	アメリカ原子力委員会
BAS（*Bulletin of the Atomic Scientists*）	『原子科学者会報』
CCF（Congress for Cultural Freedom）	文化自由会議
CIA（Central Intelligence Agency）	中央情報局
CINCPAC（Commander in Chief, Pacific Fleet）	アメリカ太平洋艦隊
COSPAR（Committee on Space Research）	国際宇宙空間委員会
DAE	原子力局（ミャンマー）
DMPH（Division of Medicine and Public Health）	ロックフェラー財団医学・公衆衛生部
DOD（Department of Defense）	国防総省
EBWR（Experimental Boling Water Reactor）	沸騰水型実験炉
FBI（Federal Bureau of Investigation）	連邦捜査局
FDA（Food and Drug Administration）	食品医薬局
FOA（Foreign Operations Administration）	海外活動局
HEW（Department of Health, Education, and Welfare）	保健教育福祉省
IACF（International Association for Cultural Freedom）	国際自由文化協会
IAEA（International Atomic Energy Agency）	国際原子力機関
ICA（International Cooperation Administration）	国際協力局
IGY（International Geophysical Year）	国際地球観測年
IHD（International Health Division）	ロックフェラー財団国際医療衛生部
IINSE（International Institute of Nuclear Science and Engineering）	アルゴンヌ国際原子力科学技術研究所
IRBM（intermediate-range ballistic missile）	中距離弾道ミサイル
ISNSE（International School of Nuclear Science and Engineering）	アルゴンヌ国際原子力科学技術学校
LNHO（League of Nations Health Organization）	国際連盟保健機構
MATS（Military Air Transport Service）	アメリカ軍航空サービス
MIT（Massachusetts Institute of Technology）	マサチューセッツ工科大学
MMPP（Michigan Memorial Phoenix Project）	ミシガン記念フェニックス計画
MOST	科学技術省（ミャンマー）
MSA（Mutual Security Agency）	相互安全保障本部

NACA（National Advisory Committee for Aeronautics）	国家航空諮問委員会
NARA（National Archives and Records Administration）	アメリカ国立公文書館
NASA（National Aeronautics and Space Administration）	国立航空宇宙局
OPI（Office of Public Information）	NASA 広報室
NOAA（National Oceanic and Atmospheric Administration）	国立海洋大気庁
NPT（Treaty on the Non-Proliferation of Nuclear Weapons または Non-Proliferation Treaty）	核兵器不拡散条約
NSC（National Security Council）	国家安全保障会議
NSF（National Science Foundation）	国立科学財団
OCB（Operations Coordinating Board）	作戦調整委員会
OIAA（Office of Inter-American Affairs）	南北アメリカ関係局
ONR（Office of Naval Research）	海軍研究所
ORSORT（Oak Ridge School of Reactor Technology）	オークリッジ原子炉技術専門学校
OSS（Office of Strategic Services）	戦略局
OWI（Office of War Information）	戦時情報局
PHS（Public Health Service）	公衆衛生局
PKI	インドネシア共産党
PLAF（The People's Liberation Armed Force of South Vietnam）	南ヴェトナム人民解放勢力
PSAC（President's Science Advisory Committee）	大統領科学諮問委員会
PTBT（Partial Test Ban Treaty）	部分的核実験禁止条約
PTPI（People to People International）	ピープル・トゥー・ピープル・インターナショナル
SEATO（Southeast Asia Treaty Organization）	東南アジア条約機構
TVA（Tennessee Valley Authority）	テネシー渓谷開発公社
UNESCO（United Nations Educational, Scientific and Cultural Organization）	国際連合教育科学文化機関（ユネスコ）
UNRRA（United Nations Relief and Rehabilitation Administration）	連合国救済復興機関
USAID（U.S. Agency for International Development）	アメリカ国際開発庁

USIA（U.S. Information Agency）	アメリカ情報庁（または広報文化交流庁）
IBS	USIA 放送部
IMPS（International Motion Picture Service）	USIA 国際映画サーヴィス
IMS	USIA 映画部
IOP	USIA 政策企画部
IPS	USIA 出版部
ITV	USIA テレビ部
USIS（U.S. Information Service）	アメリカ広報文化交流局
USOM（U.S. Operation Mission）	US オペレーション・ミッション
UTR（University Training Reactor）	大学訓練用原子炉
VOA（Voice of America）	ヴォイス・オブ・アメリカ
WHO（World Health Organization）	世界保健機構

序　章

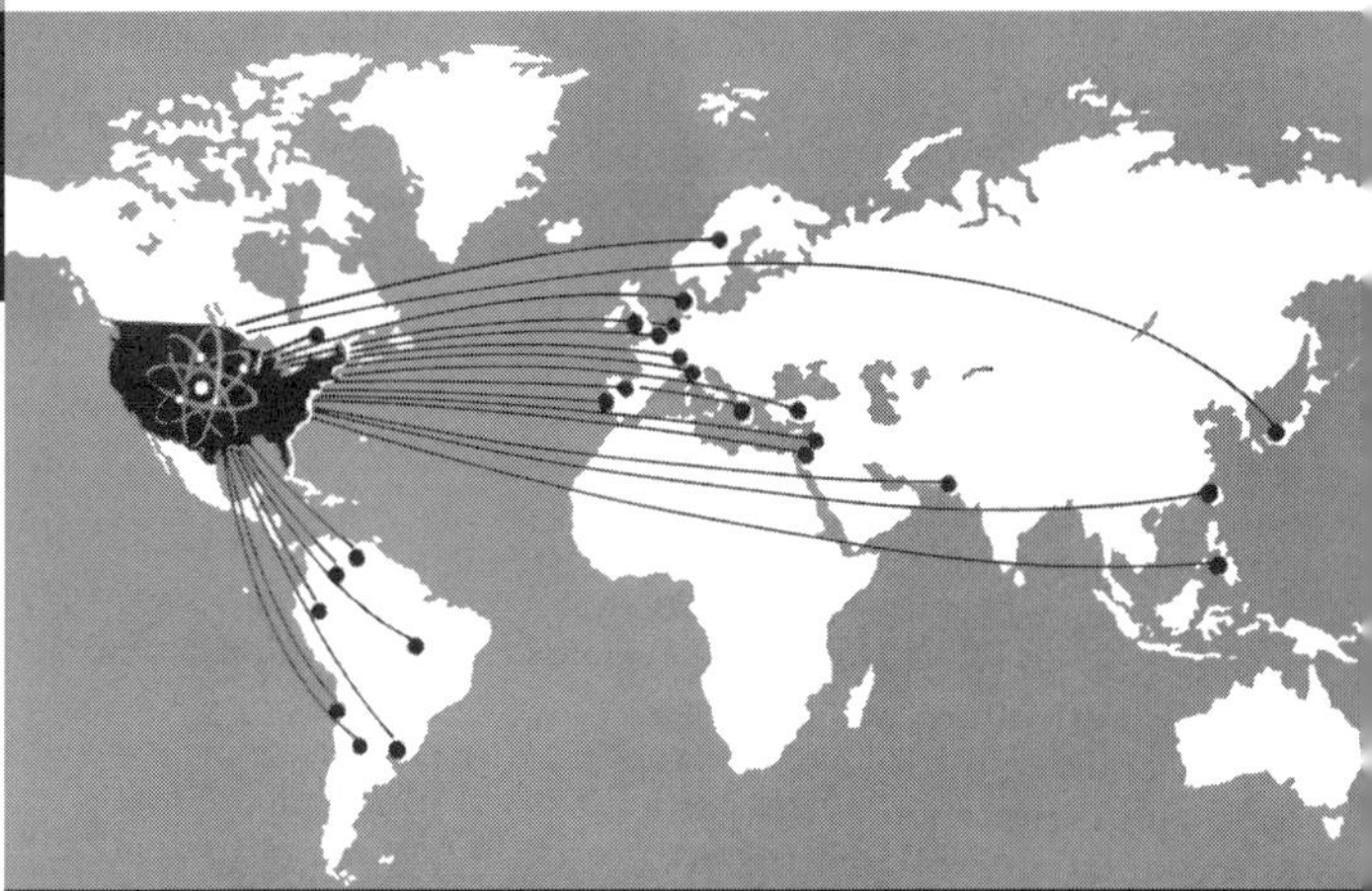

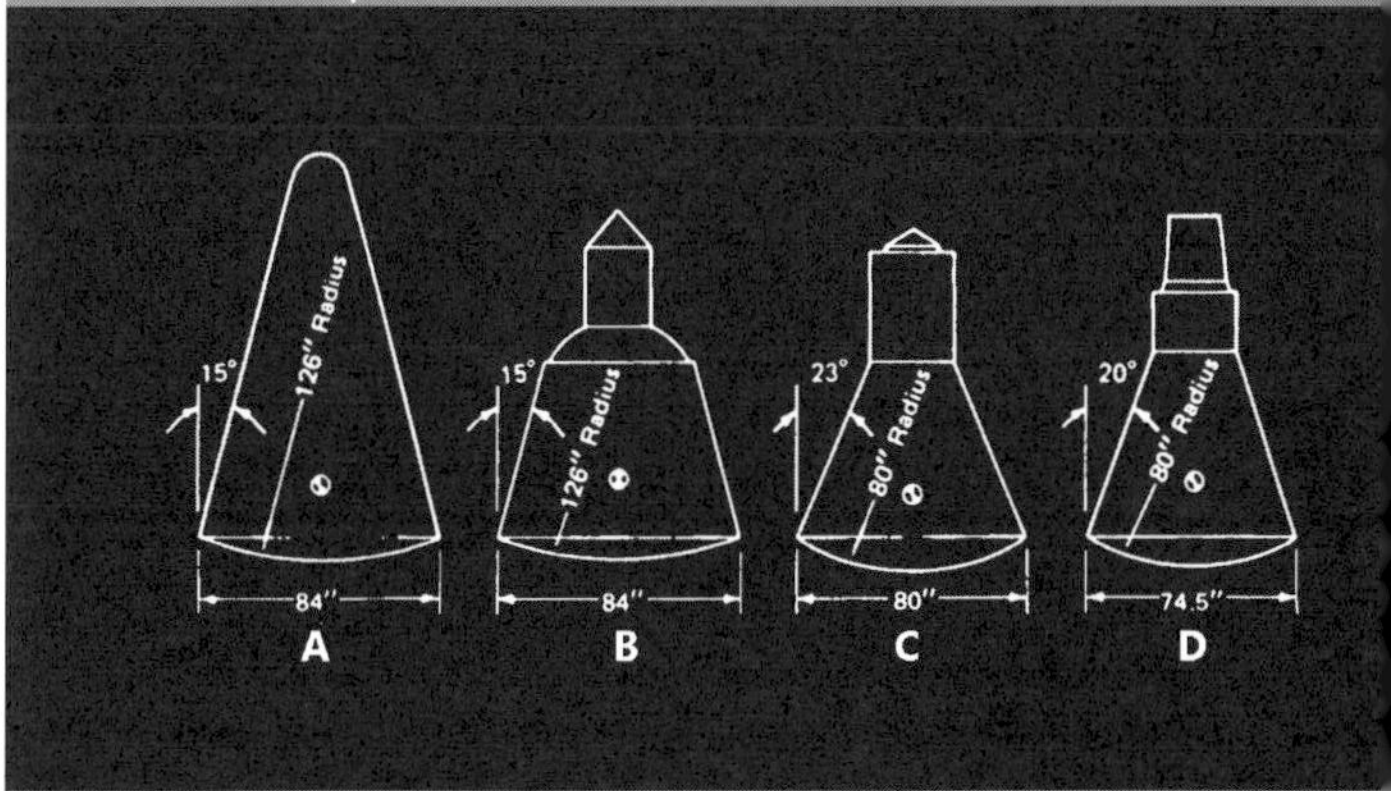
15°
126″ Radius
84″
A
15°
126″ Radius
84″
B
23°
80″ Radius
80″
C
20°
80″ Radius
74.5″
D

HOPE

1　科学技術と文化冷戦

心を勝ち取る闘い

科学技術は、時として国家のイメージを左右する外交上の道具となる。これが今日にも通じるテーマであることは、二〇二〇年から世界を震撼させた新型コロナウィルスの世界的感染拡大に関連して、韓国が迅速なPCR検査の実施で注目を集めたことや、キューバが各国に医療団を送り込む「白衣外交」を展開したことなどからも明らかである。[1] 新型コロナウィルス禍は、はからずも科学技術による国家間の競争が、冷戦期だけの問題ではないことを浮き彫りにした。しかしながら、冷戦初期の世界において科学技術は、自由主義圏と共産主義圏の「文化」をめぐる競争（文化冷戦）に深くかかわっていたという点で、現代の科学技術外交とは大きく異なる側面も有していた。「文化」は、人々の心を資本主義あるいは共産主義ブロックにつなぎとめるための闘争の場となり、米ソ両国およびその同盟国は、核兵器や経済体制で優位に立とうとしただけではなく、いずれの「文化」がより魅力的で人類全体の幸福に資するかを競ったのである。映画、音楽、文学、芸術などが文化的優位をめぐる競争の舞台となった。しかしこうした「文化冷戦」の主戦場は、狭義の「文化」、すなわちハイ・カルチャー（高尚文化）に限られるものではなかった。教育制度やインフラ、近代的な生活様式、そして科学技術をめぐっても、世界の人々の「心を勝ち取る闘い」が展開した。中でも新しい科学技術の導入は、広範で長期的な影響をその社会に及ぼす可能性があるため、「文化冷戦」の重要な舞台となった。科学技術には、目に見える「モノ」の開発や普及のほかに、国家のもつ魅力や信頼性の源泉として、いわゆる「ソフトパワー外交」の手段となってきた歴史的側面がある。「大量報復戦略」や「相互確証破壊」といった標語の下、米ソは核兵器開発に邁進したが、同時に科学技術は、国家の近代性や豊かさや道徳性を測る尺度としても用いられた。米ソどちらがより人類の幸福に寄与するのか、どちらが発展途上国の貧困、病気、飢餓などの問題に解決方法をもたらすことができるのか、どちらが真の平和を実現しようとしているのか。こうした問題に対する評価基準を、多くの国々は米ソ両国が生み出す科学技術の質や応用方法に求めた。このため米ソ両国は、外国の政治的リーダーや市民の好感を勝ち取り欲望を刺激するための道具として、科学技術を活用した。

科学技術と文化との深い結びつきは、例えば次のような具体例からも明らかである。一九四〇年代、カリフォルニア大学の研究者らが発明しその後改良が重ねられた「トマト収穫機」は、トマトの収穫を「茎を切り取り、実を振り落とし、……缶詰工場向けの大きなプラスチック・ゴンドラに選別」するところまで全自動で行うことのできる優れものであった。この機械による収穫に耐えられるように、より「硬く、強く、しかし味の劣るトマトの新種」が創り出された。科学史家のラングドン・ウィナー（Langdon Winner）は、この「トマト収穫機」の例をひいて、科学技術とは「われわれの世界に秩序をつくる方法」であると説明する。ある時代に選び取られた技術は、「人々が働き、意思疎通し、旅行し、消費する仕方」に長期的な影響を及ぼすというのである。[2] 恐らく硬くて味の劣る新種トマトは、トマト収穫機の普及とともに市場に出回り、トマトを使った料理のレシピ、すな

1……例えば以下の記事を参照。「キューバが白衣外交に熱、コロナ禍二一か国に医療団」、読売新聞オンライン二〇二〇年五月二日、https://www.yomiuri.co.jp/world/20200502-OYT1T50086/, 二〇二〇年五月三日閲覧。

わち食文化や、人々の味覚にまで影響を与えて行ったかもしれない。このように、科学技術を受け入れるということは、そこに直接かかわる科学者・技術者だけではなく、その社会のもつ文化にまで影響を及ぼすことがある。

科学技術が「文化冷戦」の重要な一翼を担ったことは、(たとえ「文化冷戦」という語は使っていないにしても)断片的にはすでに様々な先行研究で言及されている。例えばオズグッド(Kenneth Osgood)は、原子力や宇宙開発などが広報外交の重要なテーマであったことを指摘しているし、オルデンジールとザハマン(Ruth Oldenziel and Karin Zachmann)も、アメリカの家電製品や台所の技術が、近代性の象徴としてヨーロッパに宣伝された例を取り上げている。[3] また市川浩は、ソ連邦科学アカデミーがソ連の原子力技術の国際的認知度を上げるために開催した国際会議について論じているし、ジョン・クリーグ(John Krige)も、国連原子力平和利用会議が、発展途上国が先進国の原子力技術によって魅了され欲望をかき立てられる場であったことに言及している。[4] さらにアメリカ政府が冷戦期に世界八〇カ国で上映した広報映画(USIS映画。USISはU. S. Information Serviceの略で、世界の主要都市にアメリカ政府の広報窓口として設置されていた。映画はUSISを通して上映された)の多くが、科学技術をテーマとしていたことからも、「文化冷戦」と科学技術の深い関係を窺い知ることができる。例えば一九五九年の日本語版カタログでは、四五六本のフィルムのうち五二本が「科学・工業」に分類されていた。アメリカ人研究者チームによる結核の特効薬ストレプトマイシンの開発や、ニューヨーク自然科学博物館が広く国民に科学的知識を普及させる様子、アメリカの原子力技術をテーマにした数多くの映画によって描かれた生活の近代化など、USIS映画には、アメリカ製の科学技術が社会や文化を変えるという明快なメッセージが込められていた。[5] これらの映画はむろん現実を全部ありのまま伝えたものではなく、アメリカ政府にとって都合の良い部分を切り取った一面だけの真実であった。しかしそのメッセージは、戦争による荒廃や植民地主義の残滓から抜け出そうともがく国々のリーダーや科学者、そして一般市民の希望と野心をかき立てた。科学技術の放つ魅力が、「文化冷戦」を闘うための武器となったのである。しかしながら、「文化冷戦」と科学技術の関係を中心に据えた研究は未だ非常に少ない。後に述べる科学史家のオードラ・ウォルフ(Audra J. Wolfe)による研究は、その稀有な例と言えよう。[6]

本書が扱う時代は、冷戦初期（概ね一九五〇年代〜一九六〇年代初頭、アメリカではアイゼンハワー政権〜ケネディ政権にあたる時期）である。この時代に科学技術大国であったアメリカとソ連は、それぞれ自国の科学技術を友好国や新興独立国に輸出し、教え、普及させようとした。また、実際の技術移転を伴うかどうかにかかわらず、自国の科学技術こそ人類の進歩と幸福に資するものだと主張して、広報文化外交を展開した。広報文化外交とは、自国の文化や政策などを外国の国民に対して直接発信し、理解と支持を醸成し、それによって外交目的を達成しようとする国家の営みのことである。しかし、後に詳しく説明する通り、本書では広報文化外交ではなく、当時アメリカ政府が使用していた「対外情報プログラム」という表現を用いることにする。科学技術は対外情報プロ

2……ラングドン・ウィナー／吉岡斉・若松征男訳『鯨と原子炉』（紀伊國屋書店、二〇〇〇年）、原著は、Langdon Winner, *The Whale and the Reactor: A Search for Limits in an Age of High Technology* (Chicago: The University of Chicago Press, 1986), 55.

3……Kenneth Osgood, *Total Cold War: Eisenhower's Secret Propaganda Battle at Home and Abroad* (Kansas City: University Press of Kansas, 2006); Ruth Oldenziel and Karin Zachmann eds., *Cold War Kitchen: Americanization, Technology, and European Users* (Cambridge, Massachusetts and London: The MIT Press, 2009).

4……市川浩「オブニンスク、一九五五年――世界初の原子力発電所とソヴィエト科学者の〝原子力外交〟」若尾祐司・木戸衛一編『核開発時代の遺産――未来責任を問う』（昭和堂、二〇一七年）、二六―五〇頁、John Krige, "Techno-Utopian Dreams, Techno-Political Realities: The Education of Desire for the Peaceful Atom," in *Utopia/Dystopia: Conditions of Historical Possibility*, eds. Michael D. Gordin, et al. (Princeton: Princeton University Press, 2010), 151-155.

5……『ＵＳＩＳ映画目録一九五九年版』

6……Audra Wolfe, *Freedom's Laboratory: The Cold War Struggle for the Soul of Science* (Baltimore: Johns Hopkins University Press, 2018). 少し時期は下るが、一九七〇年代のアメリカから中国への技術移転が二国間の外交関係に与えた影響を分析した南和志の研究も、広い意味では「文化冷戦」と科学技術の関係を論じたものと言える。Kazushi Minami, "Oil for the Lamps of America? Sino-American Oil Diplomacy, 1973-1979," *Diplomatic History*, vol. 41, no. 5 (2017): 959-984.

グラムの重要テーマとなり、「文化冷戦」を戦うために駆使された。冷戦期の科学技術の多くは、「軍事用」と「非軍事用」を兼ね備えたデュアル・ユース・テクノロジー（二重の用途を内包した技術）であったと言われることがあるが、本書で扱うような科学技術は、それらに対外情報プログラムという用途を加えたトリプル・ユース・テクノロジーであった。

冷戦期アメリカの対外情報プログラム（広報文化外交）については概ね二〇〇〇年代から、まずアメリカで、そして日本でも多くの先行研究が生み出された。それらの先行研究を通して、冷戦が核軍備や経済体制をめぐる競争のみならず、文学・映画・音楽・芸術などをめぐる「文化冷戦」でもあったという認識が次第に共有されてきた。フランセス・ストーナー・ソーンダーズ（Frances Stonor Saunders）のような初期の「文化冷戦」研究は、国家権力による文化への介入を批判的に論じる傾向が強かったが、[7]ペニー・ヴォン・エシェン（Penny Von Eschen）や齋藤嘉臣による研究は、ジャズ音楽が冷戦の武器として利用されつつも、政治的意図を超越する越境性・普遍性を有していたことを論証した。また藤田文子は、アメリカ情報庁（U. S. Information Agency：USIA）の対日プログラムについて日米の人的交流に焦点を当てて論じた。さらに、非政府アクターの役割に着目する研究も次第に増えて行った。例えば、ロックフェラー財団による日本の知識層への影響力行使について分析した松田武の研究や、同じくロックフェラー財団の日本の文学者への支援を文化冷戦の一側面として論じた金志映、文化自由会議（Congress for Cultural Freedom：CCF 第1章参照）による雑誌発行に関するスコットスミス（Giles Scott-Smith）らの共同研究などは、その代表的なものである。さらに「文化冷戦」のメディアとしての映画・ラジオ・博覧会などに焦点を当てた研究も数多く存在する。例えば、ヴォイス・オブ・アメリカ（Voice of America：VOA）ラジオ放送に関する小林聡明の研究や、原子力平和利用博覧会に関する井川充雄の研究、そして筆者もこれまでUSIS映画やVOAラジオについて論じてきた。[8]

しかしながら、「文化冷戦」の中で対外情報プログラムが、相手国に長期的な政治的影響力を及ぼしたか否かを論証するのは容易なことではない。むしろ文学・映画・音楽・芸術は、政策立案者の意図を越えて自由に解釈され融合して行く性質を持つものであるから、そもそも政治的な影響の有無や程度を問う議論にはなじまない部分がある。この点、科学技術は文学・映画・音楽・芸術とは少し性質が異なる。科学技術もまた融合・越境するものではあるが、対外情報プログラムの帰結として技術や製品、またそれらを扱う専門家や専門知識が対象国に根付く場合、「効果」が比較的可視化され易いのである。アメリカ製技術を受容した国は、少なくともその技術がパラダイムを形成している期間は、アメリカに留学生を派遣し、アメリカから技術指導を受け、アメリカの部品を輸入し、アメリカの科学技術を基準に自国の高等教育を構成する。そのような過程を通してアメリカの国家イメージや経済的利益は高められ、結果として外交上の利益にもつながる。このためアメリカ政府はしばしば、科学技術をテーマとする対外情報プログラムと、具体的な科学技術移転とをセットで推進した。例えば近代的な農業技術をＵＳＩＳ映画で見せると同時に化学肥料や農薬を輸出し、原子力平和利用博覧会を開催すると同時に

7……Frances Stonor Saunders, *Who Paid the Piper? The CIA and the Cultural Cold War* (London: Granta Books, 1999); *Cultural Cold War: The CIA and the World of Arts and Letters* (New York: The New Press, 1999).

8……Penny Von Eschen, *Satchmo Blows Up the World: Jazz Ambassadors Play the Cold War* (Boston: Harvard University Press, 2005)、齋藤嘉臣『ジャズ・アンバサダーズ――アメリカの音楽外交史』（講談社、二〇一七年）、藤田文子『アメリカ文化外交と日本――冷戦期の文化と人の交流』（東京大学出版会、二〇一五年）、松田武『戦後日本におけるアメリカのソフト・パワー――半永久的依存の起源』（岩波書店、二〇〇八年）、金志映『日本文学の〈戦後〉と変奏される〈アメリカ〉』（ミネルヴァ書房、二〇一九年）、Giles Scott-Smith and Charlotte Lerg, eds., *Campaigning Culture and the Global Cold War: The Journals of the Congress for Cultural Freedom* (London: Palgrave MacMillan, 2017)、井川充雄「原子力平和利用博覧会と新聞社」津金澤聰廣編『戦後日本のメディア・イベント一九四五～一九六〇年』（世界思想社、二〇〇二年）、二四七―二六五頁、小林聡明「ＶＯＡ施設移転をめぐる韓米交渉――一九七二～七三年」『マス・コミュニケーション研究』七五号（二〇〇九年）、一二九―一四七頁、土屋由香・吉見俊哉編著『占領する眼・占領する声――ＣＩＥ／ＵＳＩＳ映画とＶＯＡラジオ』（東京大学出版会、二〇一二年）、土屋由香「ＶＯＡ『フォーラム』と科学技術広報外交――冷戦ラジオはアメリカの科学をどう伝えたか」『アメリカ研究』第五四号（二〇二〇年三月）、六七―八七頁。

原子炉を輸出したのである。

「文化冷戦」と科学技術はこのように深く関連し合っていたが、そのなかで個々の科学者・技術者はどのような役割を果たしたのだろうか。科学史の古典の一つである『科学論の実在――パンドラの希望』の中で、科学哲学者のブルーノ・ラトゥール（Bruno Latour）は、キュリー夫人の娘婿であり、妻イレーヌ・キュリーとともにノーベル化学賞を受賞したフレデリック・ジョリオの例をひいて、科学者と政治家が、それぞれ異なる目的を追求する中で、利害を共有して行くさまを描いた。一九三九年五月、世界中で一〇組ほどの科学者チームが、人類初の核分裂の人工連鎖反応を起こそうと競っていた。しかし、そのための実験は、高価なウラニウムと重水を必要とした。ジョリオは、ベルギーのオートカタンガ・ユニオン・ミニエール社から、放射性鉱物の廃棄場に放置されていた大量の酸化ウラニウムと資金の提供を受けるのと引き換えに、自らの研究成果による特許収入がミニエール社にも配分されるように取り計らった。さらにジョリオは、国防大臣ラオール・ドートリィからも、ノルウェーから重水を輸入するための警護や資金援助と引き換えに、やがては核兵器の製造につながる原子炉の開発を約束した。この逸話を通してラトゥールは、「一方に純粋な科学、他方に純粋な政治」が存在するのではなく、両者は「継ぎ目のない網の目」であると説明する。すなわち「国の独立」というドートリィの目標と「世界初の連鎖反応の実現」というジョリオの目標は、前者が「純政治的」で後者が「純科学的」なものではなく、両者が不可分に混じり合う「不純さ」によってのみ達成され得るというのである。[9] 時代を第二次世界大戦期から冷戦期に置き替えたとしても、やはり科学者と政策立案者は「文化冷戦」という一つの網の目の上で結びついていた。科学者の行動は国際政治によって方向付けられたし、政策立案者もまた当時の科学技術を参照しながら行動したのである。

オードラ・ウォルフは、「アメリカの科学が政治の外側の〝フリー・ゾーン〟で活動していたという考え自体が、冷戦イデオロギーの遺産」であると述べている。[10] 後に見るように、当時のアメリカでは文化や科学が政治から「自由」であることが重視され、そのアンチテーゼとして、文化や科学が政治利用される共産主義国が批判の的となった。しかし、「自由世界」の文化や科学技術が政治とは無関係に存在したというのは、虚構である。本書の各章から浮かび上がるように、アメリカ政府が原子炉開発や宇宙開発に莫大な資源を投入したことも、それらの分野で奨学金が設立され若手研究者・技術者が養成されたことも、ソ連やイギリスとの競争、また第三世界の国々への戦略を背景として成り立っていた。そのような科学技術と政治との結合を不可視化し、政治からの「自由」という虚構を紡ぎだしたのが冷戦イデオロギーであった。本書は、科学技術と政治を同じ平面の上で結びつける「文化冷戦」という「網の目」を可視化することによって、科学技術のもつ政治性、また文化と政治（権力）との相互関係を鮮明に浮かび上がらせる試みである。

文化、冷戦を再定義すべき時代

ところで「文化冷戦」は、「文化」と「冷戦」という、いずれも多義的で論争を呼ぶ概念から成り立っている。筆者は二〇〇九年に共編著書『文化冷戦の時代』を刊行したが、当時に比べると「文化冷戦」という用語の認知度も上がり、それに関する研究もはるかに多様化・精緻化が進んだ。しかしながら、「文化」も「冷戦」も、いまだに定義の確定しない難しい概念であることに変わりはない。そこでこれらの用語についての概念整理を行っておきたい。[11]

「文化」の定義について最も活発に議論してきた学問分野は、恐らく文化人類学であろう。一九二〇年代にフ

9……ブルーノ・ラトゥール／川崎勝・平川秀幸訳『科学論の実在――パンドラの希望』（産業図書、二〇〇七年）、一〇二―一一二頁。

10……Audra J. Wolfe, *Competing with the Soviets : Science, Technology, and the State in Cold War America* (Baltimore : Johns Hopkins University Press, 2013), 4.

11……貴志俊彦・土屋由香編『文化冷戦の時代――アメリカとアジア』（国際書院、二〇〇九年）。

ランツ・ボアズ（Franz Boaz）派の文化人類学者たちが文化相対主義を掲げてから、「文化」にまつわる世界観は大きなパラダイム・シフトを遂げた。「文化」をもつ西洋世界と持たない野蛮世界の二分法的世界観が揺らぎ、「文化」とは人が成長し社会化される環境であり、どのような民族も意味のある文化をその社会に内包しているという理解が受け入れられ始めたのである。ボアズの弟子であったルース・ベネディクト（Ruth Benedict）は、文化には型（パターン）があると主張し、彼女が第二次世界大戦中に行った日本文化の「型」についての研究は、戦後『菊と刀』としてベストセラーになった。[12] しかし、第二次世界大戦後の社会科学全般に大きな影響力を及ぼしたアメリカの文化人類学者クリフォード・ギアーツ（Clifford Geertz）は、「文化」とは習慣や伝統などの「具体的な行動パターン」を指すのではなく、計画や調理法や規則のような、行動の「制御メカニズム」、言い換えれば「コンピューター・エンジニアたちが〝プログラム〟と呼ぶようなもの」であると述べた。[13] さらに一九八〇年代には、ポストモダニズム、フェミニズムなどの新しい学問的潮流を受けて、ジェイムズ・クリフォード（James Clifford）らが、文化人類学における「文化」の書き手／書かれ手の非対称な権力関係を指摘し、研究者によって生産された文化の記述は「部分的真実」でしかないのだと論じた。[14]

さらに、カルチュラル・スタディーズの祖として広く認知されているイギリスの批評家レイモンド・ウィリアムズ（Raymond Williams）は、「文化」（culture）は「英語で一番ややこしい語を二つか三つ挙げるとすれば」必ずその中に含まれると言う。一五世紀にこの語がフランス語から英語に入ってきた時には「耕作」を意味したが、一六〜一九世紀には「人間の発達の過程」という意味も持つようになり、同時にドイツでは一八世紀末にヘルダー（Johann Gottfried von Herder）によって、異なる社会集団・経済集団がもつ多様な個別文化をさす複数形の cultures が提案された。その一方で、一九世紀のドイツでは文明（civilization）と同じ意味でも「文化」が使われており、「野蛮」から「文明」へ至る直線的な人類の発達の歴史を基礎とする世界観に支えられていた。ウィリアムズは、彼の同時代における定義を①「知的・精神的・美学的発達の全体的な過程」、②「ある国民、ある時代、ある集団、あるいは人間全体の、特定の生活様式」、③「知的、とくに芸術的な活動の実践やそこで生み出される作品」の三系統に整理している。そして、彼の時代においては③の用法が「最も広く普及した用法と思われることが多く」、「文化」といえば「音楽・文学・絵画と彫刻・演劇と映画」、あるいはこれらに「哲学・学問・歴史」を加えたものであると解釈されることが多いと指摘している。[15]

一方、国際関係論や国際政治学が「文化」の概念を取り入れるようになった過程には、田中慎吾の研究によれば第二次世界大戦以来、三回の波があったという。その最初のものは、第二次世界大戦中のアメリカで研究された「国家性質」(national character)の研究で、敵国の行動に文化的側面から説明することが目的であった。ここに戦時情報局(Office of War Information : OWI)で日本研究にあたったルース・ベネディクトをはじめとする文化人類学者の研究が応用されていたことは、一般によく知られている。第二の波は、ジャック・スナイダー(Jack Snyder)によるソ連の「戦略文化」に関する研究に代表されるような、一九七〇年代後半～八〇年代前半にかけての米ソ比較研究であった。そして第三の波が、概ね二〇〇〇年代以降「コンストラクティヴィズムの国際関係論」の登場により、国家や非政府アクターのもつ文化や規範が、国際関係とどのような相互関係を持つのかが分析対象となった時期である。第三の波の代表的研究者であるピーター・カッツェンスタイン(Peter J. Katzenstein)は、「文化」とは「慣習や法によって伝えられる国民国家の権威やアイデンティティといった集合モデルを示す幅広いラベル」と定義している。[16] またこれらとは別に、「文化国際主義」を権力政治に代わる国際社会の基本原

12……ルース・ベネディクト／米山俊直訳『文化の型』(社会思想社、一九七三年初版、一九八一年第七刷)、ルース・ベネディクト／長谷川松治訳『菊と刀――日本文化の型』(講談社、二〇〇五年)。

13……Clifford Geertz, *The Interpretation of Cultures* (New York: Basic Books, 1973), 44.

14……ジェイムズ・クリフォード、ジョージ・マーカス編／春日直樹ほか訳『文化を書く』(紀伊國屋書店、一九九六年)、一二、五〇〇頁。

15……レイモンド・ウィリアムズ／椎名美智ほか訳『完訳キーワード辞典』(平凡社、二〇一一年)、一三八―一四八頁。

理として論じた入江昭や、日本で「国際文化論」という分野を拓いた平野健一郎も、国際政治学における「文化」の主要な論者であると言えよう。[17]

歴史学においては(そして、これが本書に最も関わりが深いのであるが)、概ね一九七〇年代から「文化史」という新たな分野が登場し、ギアーツらの人類学からも影響を受けつつ、次第に大きなうねりとなって一九九〇年代末には「新しい文化史」という呼称で歴史学の一分野として確立された。文化史研究の重鎮の一人であるイギリスの歴史学者ピーター・バーク (Peter Burke) によれば、スポーツ、テーブルマナー、巡礼、旅行、読書、音楽、記憶、消費、服飾、住居、身体など、多種多様なテーマが「新しい文化史」の中で研究されてきた。こうした流れの中で、科学史が文化史的な側面から論じられるケースも出てきた。バークはその例として、ガリレオ・ガリレイの科学研究と一七世紀の宮廷文化との関係を論じたマリオ・ビアジョーリの『宮廷人ガリレオ』(一九九三年) などを挙げている。[18]「文化冷戦」の研究も、間接的には「新しい文化史」の発展の影響を受けてきたと考えられるが、そこで取り上げられてきたテーマは「新しい文化史」の多種多様さに比べると、意外にも文学・映画・音楽・芸術という狭い範囲に集中している。「文化冷戦」の主たるアクターとして政府の役割が重要であるがゆえに、政府が文化外交の手段として取り上げるような種類の文化が、まず研究テーマとして選ばれたのかも知れない。しかし「新しい文化史」の多様性に鑑みれば、「文化冷戦」研究の扱う「文化」の範疇にも、もっと多様な要素が含まれ得るように思われる。例えば科学技術は、「文化冷戦」と深い関係があるにもかかわらず、比較的未開拓な分野であると言えよう。

一方、冷戦期の科学技術や学知の編成に関する研究は、「文化冷戦」の研究とはあまり接点を持たずに蓄積されてきた。例えば、山崎正勝の日本の原子力開発の歴史に関する研究は、冷戦期の日米原子力協力の成立過程を詳しく追っているが、学問分野としては科学史に立脚している。市川浩の近著は、ソ連の科学史研究の立場から冷戦期の科学技術史を扱い、藤岡真樹は、アメリカの大学におけるソ連研究の系譜についての研究成果を発表した。海外では水野・ムーア・ディモイア (Hiromi Mizuno, Aaron S. Moore, John DiMoia) による帝国日本から脱植民地化と冷戦に至るアジアの歴史を科学技術で紐解く研究や、オレスケス（Naomi Oreskes）とクリーグによるグローバル冷戦と科学技術に関する論文集、レズリー（Stuart W. Leslie）によるアメリカの軍産官学複合体の形成に関する研究など、枚挙にいとまがない。[19] 本書は、こうした科学技術や学知に関する一群の研究と「文化冷戦」研究とを架橋する役割も果たそうとする。冷戦期の科学技術と政治・外交との相互関係に分け入ることによって、科学技術史と文化冷戦史が相互に重要な要素を共有し合っていることが明らかになるであろう。

さらに、「文化冷戦」のもう片方の難しい概念である「冷戦」についても、近年活発な論争が展開している。ウェスタッドの『グローバル冷戦史』の出版以来、冷戦が米ソの対立あるいはその代理戦争だけに限定される現

16……田中慎吾「対外政策決定論における文化――主要モデルの評価と今後の課題」『国際公共政策研究』第一二巻一号（二〇〇七年九月）、二四三―二五七頁、宮坂直史「テロリズム対策における戦略文化――一九九〇年代後半の日米を事例として」『国際政治』第一二九号（二〇〇二年二月）、六一―七六頁、大矢根聡「コンストラクティヴィズムの視座と分析――規範の衝突・調整の実証的分析へ」『国際政治』第一四三号（二〇〇五年一一月）、一二四―一四〇頁、Peter J. Katzenstein, ed., *The Culture of National Security: Norms and Identity in World Politics* (New York: Columbia University Press, 1996).

17……Akira Iriye, *Power and Culture: The Japanese-American War, 1941–1945* (Cambridge, Massachusetts and London: Harvard University Press, 1981)、入江昭『権力政治を超えて――文化国際主義と世界秩序』（岩波書店、一九九八年）、平野健一郎『国際文化論』（東京大学出版会、二〇〇〇年）。

18……ピーター・バーク／長谷川貴彦訳『〔増補改訂版〕文化史とは何か』（法政大学出版局、二〇一九年）、六五、七五、八六―一〇五頁。英語版は Peter Burke, *What is Cultural History?* (Second edition, Cambridge: Polity Press, 2008)。

19……山崎正勝『日本の核開発　一九三九～一九五五――原爆から原子力へ』（績文堂、二〇一一年）、Hiroshi Ichikawa, *Soviet Science and Engineering in the Shadow of the Cold War* (London and New York: Routledge, 2018)、藤岡真樹『アメリカの大学におけるソ連研究の編成過程』（法律文化社、二〇一七年）、Hiromi Mizuno, et al. eds., *Engineering Asia: Technology, Colonial Development and the Cold War Order* (London and New York: Bloomsbury Academic, 2018); Naomi Oreskes and John Krige, eds., *Science and Technology in the Global Cold War* (Cambridge, Massachusetts and London: The MIT Press, 2014); Stuart W. Leslie, *The Cold War and American Science: The Military-Industrial-Academic Complex at MIT and Stanford* (New York: Columbia University Press, 1993).

象ではなく、アジア・アフリカ・ラテンアメリカなどの脱植民地化過程と同時進行的に起きていたこと、そうした新興国家が大国の対立に翻弄されながらも独自の道を探っていたことに注目が集まるようになった。[20] その一方で、米ソ対立の時期に起こっていた事象のすべてを「冷戦」と呼べるのかどうかという議論も喚起され、「冷戦」と「非冷戦」の腑分けを行う試みも進んでいる。冷戦の直接的帰結であると思われていた事象が、実は戦前の帝国主義やそれへの抵抗、あるいは戦後の同盟外交など、冷戦以外の要因に左右されていたことが指摘されているのである。[21] さらには同盟国内の亀裂や交渉について論じる研究や、同盟の枠組みを超えた類似点を指摘する研究、また冷戦の変容と終結に焦点を当てた研究など、冷戦研究は百花繚乱の歴史を辿ってきた。[22]

本書は、米ソの科学技術開発競争を背景とするアメリカの対アジア政策に焦点を当てるという点で「冷戦」の一つの重要な側面を扱うが、同時にそれらの政策が向けられた相手国の事情の中に、冷戦だけでは説明のつかない内発的事情が存在したことに留意する。アメリカを頂点に放射線状に伝播して行く技術や情報のあり方と、相手国のローカル事情に左右され覇権国の思うようにならない側面との両方に光を当てようとするのである。

2　広報外交・情報政策などの概念整理と担当機関

国家の威信や好感度を高め、外国の人々から理解を得るための対外情報発信、すなわち今日の言葉で言う「広報外交」（パブリック・ディプロマシー）や「広報文化外交」にあたる活動のことを、冷戦初期のアメリカ政府は「海外情報・教育活動」（Overseas Information and Education）・「外国情報プログラム」（Foreign Information Program）・「海外情報プログラム」（Overseas Information Program）などと呼び、必ずしも一貫性が無かった。[23] 本書では、国務省の外交資料集（*Foreign Relations of the United States*）の表題にもなっているOverseas Information Programを採用し、「対外情報プログラム」の訳語を充てることにする。また、具体的なプログラムの実施過程ではなく政策立案に言及する際には、「対外情報政策」の語を用いる。「広報外交」は一九六〇年代以降に登場した用語であり、本書が対象とする一九五〇～六〇年代前半のアメリカ外交を論じる上では、必ずしも適切ではないからである。
冷戦初期の「対外情報プログラム」の目的は、国家安全保障会議（National Security Council : NSC）の政策文書「NSC5509」によると、「アメリカによる平和への奉仕」を強調し、「アメリカが持つ深い道徳性を他国に伝え、アメリカが、学習する自由、言論の自由、信仰の自由、労働の自由、生きる自由、役立つ自由、といった積極的な自由を含む価値の擁護者であることを示す」とともに「ソ連の威信と影響力を阻害」することであった。[24]
今日的な「広報外交」の概念、例えば日本の外務省の定義である「広報や文化交流を通じて、民間とも連携しな

20……O・A・ウェスタッド／佐々木雄太監訳『グローバル冷戦史――第三世界への介入と現代世界の形成』（名古屋大学出版会、二〇一〇年）。

21……益田実ほか編著『冷戦史を問いなおす――「冷戦」と「非冷戦」の境界』（ミネルヴァ書房、二〇一五年）。

22……例えば同盟内部の関係については、小野沢透『幻の同盟――冷戦初期アメリカの中東政策』（名古屋大学出版会、二〇一六年）、青野利彦『「危機の年」の冷戦と同盟――ベルリン、キューバ、デタント　一九六一～六三年』（有斐閣、二〇一二年）など、また同盟関係を超えた類似点については、Jeremi Suri, *Power and Protest: Global Revolution and the Rise of Détente* (Cambridge, MA: Harvard University Press, 2005) などが挙げられる。また冷戦の変容と終焉については、菅英輝『冷戦と同盟――冷戦終焉の視点から』（松籟社、二〇一四年）、菅英輝『冷戦史の再検討――変容する秩序と冷戦の終焉』（法政大学出版局、二〇一〇年）などが挙げられる。

23……このうち「海外情報・教育活動」（Overseas Information and Education）は一九五〇年代初め頃までよく使用されていた言葉で、例えば対日占領軍の民間情報教育局（Civil Information and Education Section : CIE）が情報発信と教育政策の両方を担っていたことからも分かる通り、情報と教育の境界は曖昧であった。留学制度や外国の学生を対象とする教育プログラムなども「海外情報・教育活動」の範疇に含まれていたのである。しかし、教育交流をプロパガンダ政策と混同すべきではないというウィリアム・フルブライト上院議員の強い意向もあり、一九五〇年代半ば以降はこの言葉は次第に使われなくなった。

24……NSC 5509, United States National Security Program, December 31, 1954, Part 6 USIA Program, Department of State, Office of the Historian, *Foreign Relations of the United States*（以下、*FRUS*）1955–57, Foreign Economic Policy; Foreign Information Program, Vol. IX, Document 185, https://history.state.gov/historicaldocuments/frus1955–57v09/d185, 二〇一八年八月二七日閲覧。

がら、外国の国民や世論に直接働きかける外交活動」とは、ニュアンスが異なっていたことに留意しなくてはならない。[25]

冷戦初期に対外情報プログラムを担ったのは、主としてUSIAであった。対外情報プログラムを担う組織は元々は国務省の中にあったが、アイゼンハワー政権初期の一九五三年八月にUSIAとして独立した。伝統的外交を担う国務省と比べて政府内では「二級市民」のように扱われる憂き目に遭いながらも、その役割は拡大して行った。アイゼンハワー自身やその側近たちが心理戦・プロパガンダ戦を重視したこと、そして冷戦そのものが情報戦・心理戦の要素を多分に含んでいたことがUSIAの地位確立に寄与した。アイゼンハワー政権末期には、USIAは八五か国に二〇二箇所の拠点を持ち、三七七一人のアメリカ人スタッフと六八八一人の現地スタッフを擁していた。VOAは一日当たり五〇〇〇万人のリスナーを抱え、USIS映画は年間五〇万人に視聴され、USIAのテレビ番組は四七か国で放映されていた。USIA長官はNSCの正式メンバーとなり、閣議にも出席し、三週間に一回はホワイトハウスで大統領に面会していた。[26]

しかし、科学技術をめぐる対外情報プログラムを担ったのは、USIAだけではなかった。特に「平和のための原子力」(アトムズ・フォー・ピース)をめぐる広報活動においては、アメリカ原子力委員会(Atomic Energy Commission : AEC)が、USIAや国務省との協力の下に大きな役割を担った。AECは、戦時中の原爆開発計画であるマンハッタン計画の研究拠点を引き継ぐ形で戦後に設立された政府機関であった。AECのもととなった研究拠点とは、ニューメキシコ州ロスアラモスの核兵器研究所、テネシー州オークリッジとワシントン州ハンフォードの研究・生産拠点、そして二つの大学、すなわちカリフォルニア大学バークレー校のローレンス(Ernest Lawrence)率いる物理学研究所、そしてエンリコ・フェルミ(Enrico Fermi)が一九四二年に初めて核分裂反応実験に成功したシカゴ大学冶金研究所(Metallurgical Laboratory)である。シカゴ大学冶金研究所は戦後、アルゴンヌ国立研究所として生まれ変わり、主として原子炉の研究開発に従事するようになる。[27] また宇宙開発においては、後に見る通りアメリカ航空宇宙局(National Aeronautics and Space Administration : NASA)がUSIAと緊密に連携した。さらに民間企業や民間団体が、政府の対外情報プログラムに積極的に協力する場合もあった。

ＵＳＩＡを中心とする対外情報プログラムが、国の外交政策と乖離せず国益を最大限に追求するように監視する上で重要な役割を果たしたのが、作戦調整委員会（Operations Coordinating Board : OCB）であった。ＯＣＢは、前身の心理作戦本部（Psychological Strategy Board）からアイゼンハワー政権期に昇格し、ＮＳＣの直轄組織となった。ＯＣＢの会議には、ＵＳＩＡのほかに国務省・国防総省・中央情報局（Central Intelligence Agency : CIA）などの代表者が出席し、国家安全保障にかかわる政策を心理戦的な側面から検討した。アイゼンハワー政権期の政策文書の多くが、安全保障政策の「心理的側面」（psychological aspect）に言及しており、そうした側面は「Ｐファクター」と呼ばれることもあった。例えば在外米軍基地について、「軍事作戦上は基地の重要性は高いが、Ｐファクターはどうか」のような形で、しばしば政府内部の議論に登場する用語・概念となっていたのである。そうした「Ｐファクター」に関して、政府各機関が足並み揃えて効果的に取り組むように調整（コーディネート）するのが、ＯＣＢであった。ＯＣＢの下にはしばしば、特定のテーマに関する「ワーキング・グループ」が設置された。後に述べる通り一九五八年には科学技術に関するワーキング・グループが設けられ、科学技術政策の「心理的側面」が検討されたのである。

さらに、国際協力局（International Cooperation Administration : ICA）は、国務省の下に置かれた対外援助の実務部隊としての性格を有していたが、本書の中で明らかになって行く通り、それは実務部隊という所掌範囲を超えて、

25……外務省ウェブサイト「よくある質問集」、http : //www.mofa.go.jp/mofaj/comment/faq/culture/gaiko.html. 二〇二〇年一一月二三日閲覧。

26……Nicholas Cull, *The Cold War and the United States Information Agency* (Cambridge : Cambridge University Press, 2008), 187.

27……Jack M. Holl, *Argonne National Laboratory 1946–96*, (Chicago : University of Illinois Press, 1997), ixx–xx.

対外情報プログラムに重要な役割を果たしていた。例えばICA長官や、東京のアメリカ大使館内に置かれたICA日本支部は、誰をどのような分野に留学させるか、あるいは誰をどのようなアメリカ視察旅行に招待するかについてしばしば国務省に意見し、ソ連だけではなく同盟国との科学技術競争にも打ち勝つために奔走したのであった。

3 「フォーリン・アトムズ・フォー・ピース」

一九五三年一二月八日の国連総会において、アイゼンハワー大統領は有名な「平和のための原子力」（アトムズ・フォー・ピース）演説を行った。大統領は、アメリカによる「核の独占」がもはや存在せず、核の知識が早晩「他の国々、恐らくはすべての国々に共有される」可能性があることを指摘し、人類が文明の破滅を免れるためには核の国際共同管理が必要であることを説いた。そのために、先進諸国がウランなどの核物質を供出して共同管理し、非軍事目的の研究開発に支援を行い、国際原子力機関（International Atomic Energy Agency : IAEA）を設立することを提案したのである。[28]

アメリカの「平和のための原子力」政策は、アメリカが核を独占することがもはや不可能である上、ソ連が核の平和利用を打ち出していたことへの対抗措置であったが、それと同時に、原子力の平和利用で世界をリードするアメリカというイメージを世界に流布し、発展途上国や友好国の人々の心を掴むための対外情報プログラムでもあった。アイゼンハワー演説の後、アメリカ政府は映画、テレビ、ラジオ、博覧会、講演会、冊子などあらゆるメディアを総動員した「アトムズ・フォー・ピース・キャンペーン」を展開した。一九五五年四月には、原子力平和利用はUSIAの「グローバル・テーマ」（対外情報プログラムのテーマのうち、世界各国に向けて共通に発信する重要性・緊急性の高いテーマ）の一つに指定された。USIAは一九五五年を「原子力平和利用プログラムが準備段階から行動段階に移行する年」と位置づけ、「医療・産業・農業におけるアメリカ製放射性同位体の利用」「アメリカで技術研修を受ける各国の人々」「原子炉・核燃料に関する二国間協定」「アメリカの援助による研究用原子炉の建設」「アメリカの援助による将来的な発電用原子炉の建設」などについての情報を、メディアを通して世界に流した。[29]

さらに一九五五年六月一一日、ペンシルヴァニア州立大学の創設一〇〇周年記念の卒業式演説においてアイゼンハワー大統領は、「研究用原子炉を効果的に使用し、平和的な原子力技術の進歩に不可欠な技術と理解を習得しようとする自由主義国の国民」に対して、研究用原子炉と核燃料物質および原子炉の半額援助を供給すること、また彼らが「発電用原子炉に自ら投資しようとする場合」には、そのための技術情報と技術訓練も提供することを約束したのである。[30] 大統領の提案は、一九五三年一二月の国連演説を実践に移そうとするものであったと同時に、将来の原子炉市場を開拓しようという戦略的意図も含んでいた。小型の研究用原子炉は、大規模な発電用原子炉を将来購入してもらうための「サンプル」でもあったのだ。

28 IAEA website, https://www.iaea.org/about/history/atoms-for-peace-speech. 二〇二〇年五月一日閲覧。

29 "Global Theme IV," April 29, 1955 ; "Global Theme III (revised)," January 3, 1956, RG59, Bureau of Public Affairs, Miscellaneous Records 1944–1962, box 55, National Archives at College Park.（以下、NACP）; Notes on Director's Staff Meeting," April 29, 1955, RG306, Entry P123, 1953–1965, box 1, NACP.

30 Dwight D. Eisenhower, "Address at the Centennial Commencement of Pennsylvania State University," June 11, 1955, The American Presidency Project, https://www.presidency.ucsb.edu/documents/address-the-centennial-commencement-pennsylvania-state-university. 二〇二〇年八月三〇日閲覧。原文は以下の通り。First : we propose to offer research reactors to the people of free nations who can use them effectively for the acquisition of the skills and understanding essential to peaceful atomic progress. The United States, in the spirit of partnership that moves us, will contribute half the cost. We will also furnish the acquiring nation the nuclear material needed to fuel the reactor. Second : within prudent security considerations, we propose to make available to the peoples of such friendly nations as are prepared to invest their own funds in power reactors, access to and training in the technological processes of construction and operation for peaceful purposes.

アメリカ政府内部では、こうした一連の技術援助政策は「フォーリン・アトムズ・フォー・ピース」（Foreign Atoms for Peace）と呼ばれるようになった。詳しくは第2章で述べるが、「フォーリン・アトムズ・フォー・ピース」とは、原子炉の輸出や技術支援のみならず、原子力技術に関する対外情報プログラムまでをも含む幅広い概念であった。アメリカ国内の電力需要は水力・火力で充足していたにもかかわらず、ソ連やイギリスとの熾烈な競争を背景に発電用原子炉の研究開発は加速したため、アメリカの政府と企業は将来的な発電炉の販路を海外に求めた。発電炉が完成した暁にはすぐに輸出できるように、未だそれが完成しないうちから盛んに対外情報プログラムを推進したのである。「フォーリン・アトムズ・フォー・ピース」の概念の中には、このような対外情報プログラムも含まれていた。「アトムズ・フォー・ピース」は「平和のための原子力」または「原子力の平和利用」と訳され、原子力の非軍事利用（民生利用）を指すが、これに「フォーリン」（外国での・対外的な）が付いた「フォーリン・アトムズ・フォー・ピース」は、たんに原子力の民生利用が「外国で」行われるという意味をはるかに超えた多義性を持っていた。したがって本書では、こうした複雑な概念であることを念頭に「フォーリン・アトムズ・フォー・ピース」を日本語訳せずそのままカタカナ表記することとする。

日本に対する「フォーリン・アトムズ・フォー・ピース」とその受容については、既に多くの優れた先行研究がある。例えば、加藤哲郎は、原子力の「平和利用」がアメリカからの一方的働きかけではなく日本国内の多様なアクターによって積極的に推進された過程を分析し、井川充雄は、日本の五大都市で開催された原子力平和利用博覧会でUSIAが行った出口・入口調査の結果をもとに博覧会の影響について論じた。また、最初はイギリス製原子炉を導入し、また国産研究を推進すべきという意見も強かった日本が、アメリカ製軽水炉に傾いて行った過程を詳しく分析した舘野淳や奥田謙造による共同研究もある。吉見俊哉は、原子力が「夢の技術」として人々のイマジネーションをかき立てた様子を電力の歴史に位置づけて論じた。有馬哲夫は一九五五年の原子力平和利用博覧会を中心に、読売新聞社主の正力松太郎と彼を取り巻く人々の政治的駆け引きを描いた。またラン・ツワイゲンバーグ（Ran Zwigenberg）は、広島USISの職員であったアボル・ファズル・フツイ（Abol Fazl

Fotouhi）が、広島での原子力平和利用博覧会を成功させるべく奔走した様子に焦点を当て、博覧会が広島市民への友情の証とされる一方、原爆資料館の展示物を撤去してアメリカの原子力技術を展示したという矛盾を描き出した。筆者も、共編著書の中で広報文化外交という側面から対日「フォーリン・アトムズ・フォー・ピース」について論じた[31]。これらの先行研究からは、アメリカ政府が「フォーリン・アトムズ・フォー・ピース」を通してアメリカ製技術の売り込みを図るとともに被ばくという負の記憶を薄めようとした一方で、日本においては国内の政治家・企業家・科学者たちの思惑が複雑に錯綜する中でその受容が進んだ様子が浮かび上がる。

　これに対して本書では、特に福島第一原発事故以後、日米二国間の文脈で語られることの多かった原子力「平和利用」を、三つの意味で相対化する。その一つ目は、地理的な相対化である。すなわちアメリカ製技術を放射線状に世界に発信するというアメリカ政府の「自己イメージ」と、その放射線の先にある国々との関係において「フォーリン・アトムズ・フォー・ピース」をとらえ直すことで、日本も多くの対象国の中の一つとして考える。二点目は、原子力という技術の相対化である。「文化冷戦」の中で、「フォーリン・アトムズ・フォー・ピース」は特に一九五〇年代の一時期、もっとも重要な対外情報プログラムのテーマであったが、その最盛期はせいぜい一九五五年～五七年の三年ほどであった。科学技術は常に「文化冷戦」の中で重要な位置を占めたが、そのテー

31……加藤哲郎『日本の社会主義——原爆反対・原発推進の論理』（岩波書店、二〇一三年）、井川前掲書、舘野淳「軽水炉の導入と動燃団体制——放棄された自主開発方針」原子力技術史研究会編『福島事故に至る原子力開発史』（中央大学出版部、二〇一五年）、奥田謙造「イギリスからのコールダーホール型商用炉導入」原子力技術史研究会編前掲書。吉見俊哉『夢の原子力——Atoms for Dream』（筑摩書房、二〇一二年）、有馬哲夫『原発と原爆——「日・米・英」核武装の暗闘』（文藝春秋、二〇一二年）、Ran Zwigenberg, *Hiroshima: The Origins of Global Memory Culture* (Cambridge: Cambridge University Press, 2014)、土屋由香「広報文化外交としての原子力平和利用キャンペーンと一九五〇年代の日米関係」竹内俊隆編著『日米同盟論——歴史・機能・周辺諸国の視点』（ミネルヴァ書房、二〇一一年）、一八〇—二〇九頁。

マは変遷して行った。その変化の過程を追うことで、原子力を「文化冷戦」の一側面としてとらえ直す。三点目は、「フォーリン・アトムズ・フォー・ピース」のターゲット層の相対化である。これまで主として一般大衆に向けた原子力平和博覧会や政治家の動きに注目が集まってきたが、本書では各国の若手技術者やテクノクラート（技術官僚）など「科学エリート」と呼ばれた層を対象とした「フォーリン・アトムズ・フォー・ピース」に焦点を当てる。アメリカ政府は対外情報プログラムのターゲット層として、「一般大衆」「科学エリート」「その他のエリート」（政治家など）を分けて考えていた。若手「科学エリート」に対する啓蒙・教育・訓練は、より長期的に技術や知識、そしてアメリカに対する好感を根付かせるという点で、重要な対外情報プログラムであった。本書ではこれまでの研究において比較的看過されてきた「科学エリート」に焦点を当てることで、「フォーリン・アトムズ・フォー・ピース」の全体像をより正確に描こうとする。

4　本書の構成と各章の内容

本書は二部構成となっており、第Ⅰ部（第1～4章）は、核・原子力がテーマである。戦時中のマンハッタン計画（原爆開発計画）に始まる核・原子力研究の中から「原子力平和利用」が生まれ、一時期アメリカ対外情報政策の重要テーマとなるが、水爆実験による対外イメージの悪化などに伴い対外情報テーマとしては後退して行く、その盛衰の過程が描かれる。第1章では、戦後アメリカの原子科学者たちの一部が反共主義イデオロギーと共振して行く過程を分析することで、中立的・客観的であるはずの科学が冷戦に巻き込まれて行った様子を明らかにする。科学と政治の関係を考察することで、そもそもなぜ科学技術が「文化冷戦」の舞台となり得るのかという問題を検討する。続く第2章・第3章では、原子力技術が対外情報プログラムのテーマとして重要性を増して行った経緯と、外国の技術者や留学生たちが「科学エリート」としてその重要なターゲットとなった様子を考察する。第4章は、対外情報プログラムの限界が露呈したケースとして、太平洋における核実験をめぐる情報統制に焦点を当てる。それは「アトムズ・フォー・ピース」が対外情報プログラムとしての魅力を徐々に失って行く過程の始まりでもあった。

第5章以下の第Ⅱ部では、ソ連の人口衛星スプートニク打上成功を契機として、アメリカの対外情報プログラムの中心が原子力からその他の技術へと変遷して行った時期が取り上げられる。第5章は、「スプートニク・ショック」による対外情報政策および科学技術政策の転換について論じる。第6章と第7章はそれぞれ、過渡期に浮上した二つの重要な対外情報テーマであった医療援助と宇宙開発に焦点を当てる。医療援助については伝統的に民間慈善団体が深くかかわっており、「文化冷戦」においても政府と民間の関係が焦点となった。宇宙開発についてはアポロ計画より前の、有人宇宙飛行計画の萌芽期が本書の射程範囲となる。このように本書の構成は概ね時系列順であるが、同時に前半が核・原子力、第4章でその対外情報プログラムとしての限界を論じた後、後半が原子力以外の対外情報プログラムへの変遷というテーマ別の構成にもなっている。

第Ⅰ部　文化冷戦と核・原子力

第1章　文化冷戦と原子科学者たち──「文化自由会議」と『原子科学者会報』

パリに拠点を置き、CIAの資金援助を受けた「文化自由会議」は、左右両極の「全体主義」から文化の自由を守る目的で、一九五〇年六月に発足した。しかし実際の活動は、世界各国の反共勢力を文化・学術の側面から支援することであった。マイケル・ポランニー（Michael Polanyi）やユージン・ラビノウィッチ（Eugene Rabinowitch）のようなナチスドイツの迫害を逃れた亡命科学者たちが、戦後なぜ「文化自由会議」に共鳴し反共リベラリズム路線を歩んだのか。本章では「科学の自由」と「反共」が共振する過程を追うことによって、科学や科学者が「文化冷戦」の重要なアクターであったことを浮き彫りにする。

第2章　「フォーリン・アトムズ・フォー・ピース」と研究用原子炉の輸出

アメリカから外国への原子炉輸出と技術援助は、受入れ国側の様々な事情にも左右された。ここではアメリカから南ヴェトナム、[32]日本、ビルマへの「フォーリン・アトムズ・フォー・ピース」の事例を比較検討することによって、研究用原子炉や研究設備という形のある「物」が、国家の威信や二国間の信頼関係の象徴として、あるいは科学者を海外から帰国させるための魅力あるディスプレイとして、さらにはソ連の接近を阻止するための駆け引きの道具として、柔軟な意味を付与されていたことを論証する。こうした事例を通して、原子力技術が対外情報プログラムとしてなぜ重要であったのかが明らかになる。

第3章　原子力の留学生たち──アルゴンヌ国際原子力科学技術学校

アメリカ政府は、世界各国の若手技術者・科学者たちにアメリカの原子力技術を学ばせるためにシカゴ郊外のアルゴンヌ国立研究所内に「国際原子力科学技術学校」を設立した。それは、各国の「科学エリート」を対象とした対外情報プログラムの最たる例であった。アメリカ政府は、アルゴンヌから世界の国々へ、留学生たちの手によってアメリカ製技術が放射線状に広がって行くイメージを描いていたが、実際には「留学生」たちはそれぞれの国や個人の夢や野望を背負っていた。本章は、「国際原子力科学技術学校」という対外情報プログラムが達成したことと、その限界とを描き出す。

第4章　太平洋の核実験をめぐる逆説の対外情報プログラム

第五福竜丸事件を契機として反核運動が世界に拡がる中、アメリカ政府は放射線量の少ない「きれいな爆弾」（クリーン・ボム）についての対外情報プログラムを実施するが、国際世論に受け入れられることはなかった。逆にアメリカは、相次ぐ放射性降下物による被ばく事故について、情報が拡散しないように秘匿・抑制することに追われる。本章では、レッドウィング作戦（一九五六年）とハードタック作戦（一九五八年）の時期に焦点を当て、アメリカが核実験に関する情報を秘匿しようとする中で、日本の漁業補償交渉がとん挫して行く過程を追う。特に日本の海上保安庁の調査船の被ばく事件は、一連の情報統制の中でも重要なものであった。

第Ⅱ部　新たな対外情報プログラムの展開

第5章「アトムズ・フォー・ピース」から「サイエンス・フォー・ピース」へ

一九五七年一〇月の「スプートニク・ショック」を契機として、アメリカの科学政策は大きく転換する。ホワイトハウス、国務省、USIAにそれぞれ科学顧問が配置され、対外情報プログラムにおける科学の位置づけも、より重要性を増して行った。アイゼンハワー大統領は一九五八年の年頭教書の中で「サイエンス・フォー・ピース」を提言し、アメリカの科学が世界の人々の健康や幸福に寄与するものであることを強調する。政府内外で科学政策に関する報告書がいくつも起草され、その中から対外情報プログラム上、重要なテーマとして浮上してきたのが、次章以下で扱う医療援助と宇宙開発であった。本章では、アイゼンハワー政権末期からケネディ政権にかけての過渡期に焦点を当て、科学技術をめぐる対外情報プログラムが、原子力を中心としたものから、より人々の日常生活に密着したテーマ（医療や食糧、電化製品など）や、逆に非日常的で夢のあるテーマ（有人宇宙飛行）へとシフトして行った様子を追う。

32……ヴェトナム共和国（RVN）が正式名称だが、本書では一般読者にもなじみのある「南ヴェトナム」の通称を用いる。

第6章　「ホープ計画」に見る医療援助政策

前章で見た通り、医療援助は新たな対外情報プログラムのテーマとして脚光を浴びるようになる。一九六〇年、第二次世界大戦で活躍した海軍の病院船を改造した、発展途上国への医療援助船「ホープ号」が出港した。USIAは、これが純全たる民間ボランティアによる国際親善活動であることを宣伝したが、実はこの「ホープ計画」は最初からアメリカ政府が注意深く監視し、むしろ「民間」であることが対外情報プログラムとして利用されていた。USIAはホープ号をUSIS映画やVOAラジオ放送などに最大限に利用するが、「民間主導」と「政府関与」の両立は、文化冷戦の矛盾や限界を露呈することになる。

第7章　新たな対外情報プログラムとしての宇宙開発

宇宙は米ソの熾烈な競争の場となったが、同時に国境線の無い自由な空間でもあったことから、地上の紛争とは無縁な夢のある対外情報プログラムの素材として有望視された。NASAの広報室は、USIAとの緊密な連携の下に対外情報プログラムを積極的に推進し、特にアメリカ初の有人宇宙飛行計画である「マーキュリー計画」では、NASAとUSIAの連携関係が最大限に発揮された。原子力とは異なり技術援助ができないという限界があったにもかかわらず、それは人気のある対外情報プログラムとなった。しかし、日本のように自前の宇宙計画を推進しようとしていた国にとっては、アメリカの宇宙技術は相対的なものであった。

第 I 部

文化冷戦と核・原子力

Atoms for Peace

第1章

文化冷戦と原子科学者たち

「文化自由会議」と『原子科学者会報』

第Ⅰ部では、原子科学や原子科学者、そして原子力技術援助が、文化冷戦の中で果たした役割について探求する。原子科学者たちは、ある時はアメリカの対外情報プログラムのターゲットとなり、またある時にはその担い手となった。さらに研究用原子炉や原子力発電の技術は、第三世界の国々への魅力ある援助として外交に活用され、また映画や展示会などを通してアメリカの近代性を象徴することもあった。「アトムズ・フォー・ピース」（平和のための原子力）は、一九五〇年代半ばから数年間アメリカの対外情報プログラムの花形となり、その後は次第に存在感を失って行くが、第1章ではまず、そうした盛衰の「前史」として、原子科学が文化冷戦と結びついた原点とも言える出来事に焦点を当てる。それは原爆開発を目的とした「マンハッタン計画」に携わり、後に核軍縮を唱えたリベラルな科学者たちが、文化冷戦に参入して行く姿である。科学技術の自律性・非政治性を唱えた科学者たちが、なぜ、どのように反共主義思想と共振して行ったのかを精査することで、科学技術と国際政治との距離の近さについて考察を加えたい。そのような科学と政治の親和性は、次章以下で取り上げることになるアメリカの対外情報プログラムの中で、なぜ科学技術が大きな役割を果たしたのかということに深く関係する。科学技術は政治的に中立であるという広く流布した見方、そしてそれに支えられた科学者の権威こそが、対外情報プログラムにおける科学技術の魅力の源泉となっていたのだが、実はそうした中立性・自律性は危ういものであった。ここに登場する著名な科学者たちが、アメリカ中央情報局（ＣＩＡ）の財政支援を受けた「文化自由会議」（ＣＣＦ）と接点を築いて行く過程を追うことで、次章以下の議論の前提となる、科学技術と文化冷戦との

写真 1−1　ユージーン・ラビノウィッチ（Eugene Rabinowitch）. University of Chicago Photographic Archive, [apf1−06929r], Special Collections Research Center, University of Chicago Library.

写真 1−2　レオ・シラード（Leo Szilard）. University of Chicago Photographic Archive, [apf1−08060r], Special Collections Research Center, University of Chicago Library.

結びつきを示すことが本章の目的である。

一九四五年、原爆開発を目的とする「マンハッタン計画」の一部であったシカゴ大学「冶金研究所」の科学者たちが、核・原子力研究の軍事統制に反対し核の国際管理を提唱するシカゴ原子科学者会（Atomic Scientists of Chicago）を結成し、雑誌『原子科学者会報』（*Bulletin of the Atomic Scientists*）を創刊した。その中心となったのはロシア生まれのユダヤ系科学者ユージン・ラビノウィッチ（Eugene Rabinowitch）（写真1—1）と同僚のハイマン・ゴールドスミス（Hyman Goldsmith）で、編集委員にはJ・ロバート・オッペンハイマー（J. R. Oppenheimer）、イジドール・イザーク・ラービ（I. I. Rabi）、レオ・シラード（Leo Szilard）（写真1—2）など、著名な科学者たちが名を連ねていた。『原子科学者会報』の目的は、原子力時代における科学者の責務を明らかにするとともに、原子力がもたらす諸問題について読者を啓蒙することであった。[2]戦後、核に関する啓蒙雑誌は全米で数多く刊行されたが、中でも『原子科学者会報』は権威ある地位を確立し、科学者のみならず核軍縮や国際問題に関心のある教育者や市民の中にも読者を獲得した。

一九四九年に『原子科学者会報』はシカゴ原子科学者会から独立した。シカゴ原子科学者会は政治運動の色彩を強めて行くが、次第に会員数が減り一九五九年には解散に至る。[3] その背景には、シカゴのみならず全米の科学者たちが、水爆開発やソ連との協調、世界政府運動などの争点をめぐり激しく分裂・対立していたという状況があった。[4] 一方『原子科学者会報』は核問題に関する欧米知識人の良心を象徴する雑誌として、二〇二〇年現在まで刊行され続けている。一九四七年に表紙デザインに採用された「終末時計」（Doomsday Clock）[5]は、核軍縮のシンボルとなった（写真1―3）[6]。

『原子科学者会報』とその創設者ラビノウィッチは、「科学国際主義」の文脈で語られることが多い。例えばパトリック・スレイニー（Patrick David Slaney）は、ラビノウィッチと『原子科学者会報』が科学者の国際交流を重

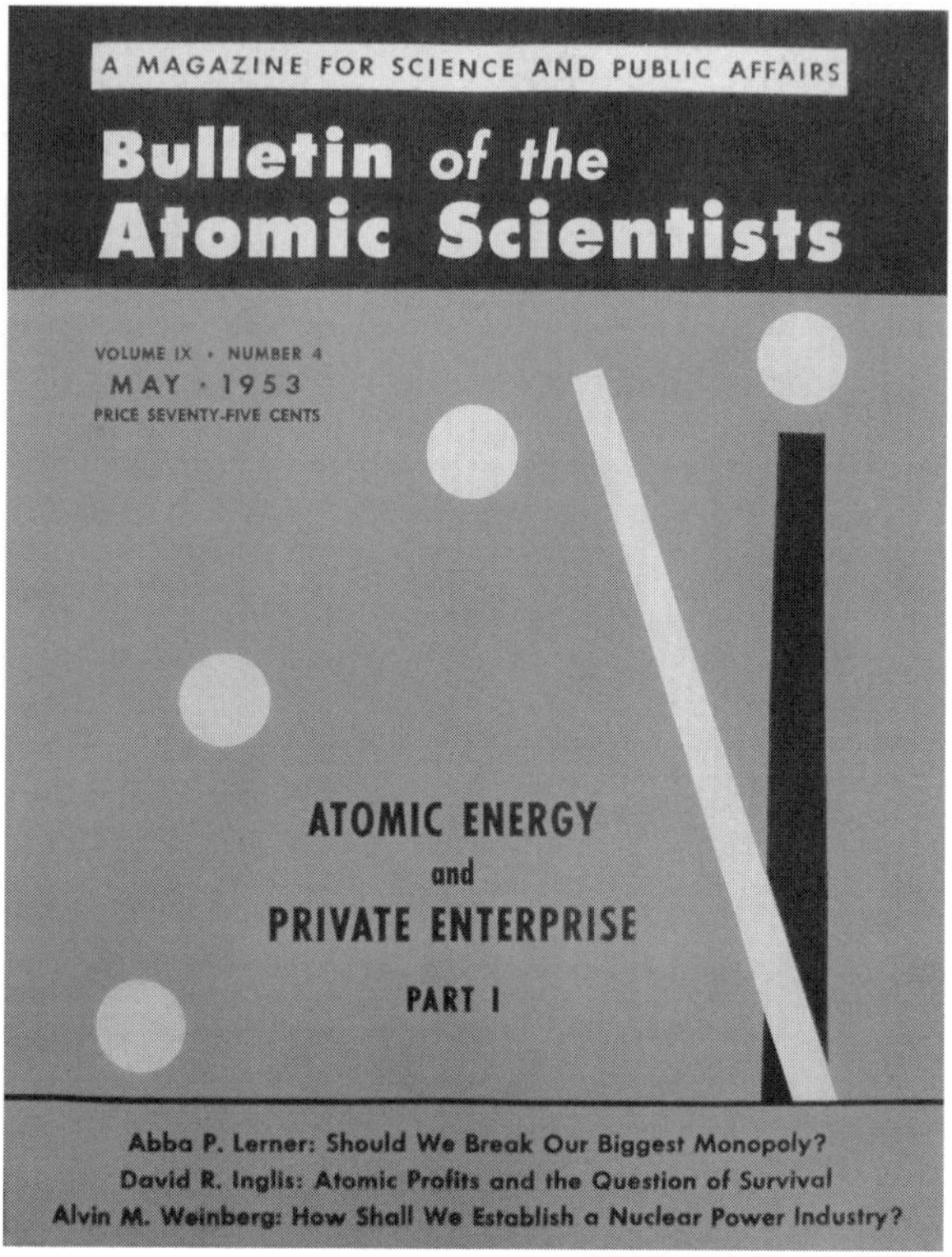

写真 1–3　『原子科学者会報』1953 年 5 月号の表紙。「終末時計」の針は，人類滅亡（Doomsday）まで時間が僅かしか残されていないことを示している。Special Collections Research Center, University of Chicago Library.

んじ、入江昭の言う「文化国際主義」すなわち戦争を回避する最善の方法は、ナショナリズムを排して異文化間の相互理解を促進することであるという理念に立脚していたと論じている。しかしこの論考は、主としてラビノウィッチが比較的初期（一九五〇年前後）に書いた『原子科学者会報』の記事に依拠しているため、彼がその後

1……Roy MacLeod, "Consensus, Civility, Community: *Minerva* and the Vision of Edward Shils," in *Campaigning Culture and the Global Cold War: the Journals of the Congress for Cultural Freedom*, eds. Giles Scott-Smith and Charlotte Lerg (London: Palgrave MacMillan, 2017), 48–49. シカゴを中心とする原子科学者たちについては豊かな研究蓄積がある。例えば日本語文献では、中沢志保「アイゼンハワー政権後期における核軍縮交渉――核実験停止をめぐる問題を中心に」『文化女子大学紀要 人文・社会科学研究』一三号（二〇〇五年一月）、四一―五三頁、同『オッペンハイマー――原爆の父はなぜ水爆開発に反対したか』（中央公論社、一九九五年）、同「水爆開発反対勧告と科学者の立場」『国際関係学研究』十七号（一九九〇年）、九―二九頁、同「レオ・シラードと原子科学者運動――原子力の開発と管理の視点から」（一九九一年一月）、『国際関係学研究』一八号（一九九一年一月）、五一―六〇頁、山崎正勝・日野川静枝編著『原爆はこうして開発された』（青木書店、一九九〇年）などを参照されたい。また翻訳書としてスミスによる古典的研究が挙げられる。A・K・スミス／広重徹訳『危険と希望――アメリカの科学者運動一九四五―一九四七』（みすず書房、一九六八年）、四四六―四四七頁（Alice K. Smith, *A Peril and a Hope: The Scientists' Movement in America, 1945–47* [1965; repr., Cambridge, MA: MIT Press, 1971]）。英語文献では、Lawrence S. Wittner, *Confronting the Bomb: A Short History of the World Nuclear Disarmament Movement* (Stanford: Stanford University Press, 2009) や、Jessica Wang, *American Science in an Age of Anxiety: Scientists, Anticommunism & the Cold War* (Chapel Hill and London: The University of North Carolina Press, 1999) などが挙げられる。

2……Special Collections Research Center, University of Chicago Library, Guide to the *Bulletin of the Atomic Scientists* Records 1945–1984, https://www.lib.uchicago.edu/e/scrc/findingaids/view.php?eadid=ICU.SPCL.BULLETIN. 二〇一八年二月二六日閲覧。

3……Special Collections Research Center, University of Chicago Library, Guide to the Atomic Scientists of Chicago Records 1943–1955, https://www.lib.uchicago.edu/e/scrc/findingaids/view.php?eadid=ICU.SPCL.ASCHICAGO. 二〇一八年二月二六日閲覧。

4……スミス前掲書、四四六―四四七頁。

5……人類が核兵器による滅亡の危機にどれだけ近づいているかを示す架空の時計。

6……現在の『原子科学者会報』については以下のウェブサイトを参照。*Bulletin of the Atomic Scientists* website, https://thebulletin.org/. 二〇一八年二月一八日閲覧。

次第に反共主義と共振して行った経時的変化が看過されている。[7]

核軍縮を目指すリベラルな科学雑誌『原子科学者会報』と、その創設にかかわった科学者たちは、一九五三年頃から徐々にCIAの財政支援を受けた文化自由会議と接点を築いて行った。文化自由会議は、共産主義と全体主義の両方から文化的「自由」を守ることを目的として設立され、そこにはCIAの関与を知らない知識人たちも所属していたので、一概にアメリカ政府の宣伝機関と断じることは出来ないが、その活動の多くが共産主義に対抗する勢力を世界各国で育成することに費やされていたことは否定できない。文化自由会議は、『エンカウンター』（*Encounter*）をはじめとする複数の雑誌を発行していたが、『原子科学者会報』はこれら文化自由会議の傘下にあった雑誌とは異なり、シカゴ大学を拠点とする独立誌であった。にもかかわらず編集の中枢に居た複数の人物が、『原子科学者会報』と文化自由会議の両方で重要な役割を担っていたのはなぜだろうか。そこには文化冷戦を背景に、科学の政治からの「自由」を謳うこと自体が、冷戦思想に絡めとられて行った過程があった。

文化自由会議に関しては、一九八九～九九年にいくつかの先駆的研究が刊行された。例えば文化自由会議の活動は共産主義と戦うために必要なものであったとその正当性を強調したピーター・コールマン（Peter Coleman）や、逆に文化自由会議の秘密支援活動は開かれたアイデアの市場を蝕んだと批判したフランセス・ストーナー・ソーンダーズなどである。[8]二〇〇〇年代に入ると、より複眼的で重層的な分析を加える研究が現れた。例えば文化自由会議の正当性を部分的に再評価したサラ・ミラー・ハリス（Sarah Miller Harris）、文化自由会議は同時代の政治経済と結びついた「常識的」な文化的価値を推進したと分析したガイルズ・スコットスミス、欧米の知識人たちが逆にCIAを利用していたと論じたヒュー・ウィルフォード（Hugh Wilford）などである。日本では辛島理人が二〇一二年に、文化自由会議の「主導者の一人」であったエドワード・シルズ（Edward Shils）から「反共リベラリスト」として評価された日本人経済学者に焦点を当てた論考を著した。[9]

文化自由会議に関する研究はここでいったん収束したかに見えたが、二〇一七年七月と二〇一八年一一月に、本章に関連の深い研究が相次いで刊行された。それらは、スコットスミスとラーグ（Charlotte A. Lerg）が編纂し

た論文集 *Campaigning Culture and the Global Cold War: The Journals of the Congress for Cultural Freedom*（2017）と、ウォルフによる単著 *Freedom's Laboratory: The Cold War Struggles for the Soul of Science*（2018）である。[10] 前者は、文化自由会議が発行していたいくつかの雑誌に焦点を絞り、既存研究がヨーロッパの文脈に偏っていたことを是正してアジア、ラテンアメリカ、中東などの地域にも目配りをした論集である。この中でウォルフは、文化自由会議が刊行していた雑誌『科学と自由』（*Science and Freedom*）についての章を担当し、『科学と自由』は発行部数も少なく影響力は限定的であった上、編集長一族が「私物化」したために文化自由会議からの援助も打ち切られ、結局「科学は、初期の文化冷戦史の中で単なる脚注」のような存在にとどまったと結論付けた。[11] しかし、ウォルフが翌二〇一八年一一月に刊行した単著では、雑誌『科学と自由』は短命に終わったものの、科学は文化自由会議の活動の中で重要なテーマであったこと、またＣＩＡや国務省をはじめとするアメリカ政府機関が、科学を外交手段として重視し、文化自由会議や民間財団などを通して科学者の国際的な活動を支援していたことが

7……Patrick David Slaney, "Eugene Rabinowitch, the *Bulletin of the Atomic Scientists*, and the Nature of Scientific Internationalism in the Early Cold War," *Historical Studies in the Natural Sciences*, vol. 42, no. 2 (2012): 114–142.

8……Peter Coleman, *The Liberal Conspiracy: The Congress for Cultural Freedom and the Struggle for the Mind of Postwar Europe*（New York: Free Press, 1989）; Saunders, *Who Paid the Piper?*

9……Sarah Miller Harris, *The CIA and the Congress for Cultural Freedom in the Early Cold War: The Limits of Making Common Cause*（London: Routledge, 2016）; Giles Scott-Smith, *The Politics of Apolitical Culture: The Congress for Cultural Freedom, the CIA, and Post-War American Hegemony*（London: Routledge, 2002）; Hugh Wilford, *The Mighty Wurlitzer: How the CIA Played America*（Cambridge, MA: Harvard University Press, 2009）. 辛島理人「戦後日本の社会科学とアメリカのフィランソロピー――一九五〇～六〇年代における日米反共リベラルの交流とロックフェラー財団」『日本研究』四五巻（二〇一二年三月三〇日）、一五五―一八三頁。

10……Scott-Smith and Lerg eds. *Campaigning Culture*; Wolfe, *Freedom's Laboratory*.

11……Audra J. Wolfe, "*Science and Freedom*: The Forgotten Bulletin," in *Campaigning Culture*, 28–39.

取り上げられている。科学と文化冷戦との深い関係に着目するウォルフの視角は、筆者も共有するものである。ただ、二〇一八年九月に本章の下敷きとなった論文を刊行した際には、ウォルフの二〇一七年の論文は参照することができたものの、二〇一八年一一月の著書は未刊であり参照できなかった。[12] そこで本章では、ウォルフの新たな研究を踏まえて議論を深めるとともに、ウォルフの著書では深く考察されていないテーマ、すなわちリベラルな科学者たちが反共主義に引き寄せられて行った過程に焦点を当てることで、文化冷戦と科学技術の関係を論じることの意義を改めて示すこととしたい。

1　シカゴの科学者たちと『原子科学者会報』の創刊

『原子科学者会報』の創設者で編集長を務めたラビノウィッチは、一九〇一年帝政ロシアのユダヤ系家庭に生まれたが、ポーランド経由でドイツに亡命し、一九二六年ベルリン大学で化学の博士号を取得する。ゲッティンゲン大学のジェームズ・フランク（James Franck）の下で研究助手を務めたが、ナチスのユダヤ人迫害を逃れて一九三三年にコペンハーゲンのニールズ・ボーア（Neils Bohr）のもとへ、そこからさらにロンドン大学ユニヴァーシティ・カレッジに移る。一九三九年、彼はアメリカのマサチューセッツ工科大学（Massachusetts Institute of Technology : MIT）に奉職してアメリカ国籍を取得し、一九四四年からマンハッタン計画に加わる。戦後はイリノイ大学で研究を続ける傍ら、イギリスの哲学者ラッセル（Bertrand Russell）と、ドイツ生まれのアメリカの物理学者アインシュタイン（Albert Einstein）の呼びかけで核兵器廃絶を訴える科学者たちが始めた「パグウォッシュ運動」のリーダーとしても活躍し、一九五七年から七三年に死去するまで会長を務めた。[13]

戦時中、シカゴ大学冶金研究所の科学者たちは核が人類に及ぼす影響について懸念を抱き、核の国際管理を訴え始めた。研究所の化学部門を統括していたのはラビノウィッチに遅れてアメリカに亡命したフランクで、彼の下にはラビノウィッチが居た。またアインシュタインの下で博士号を取得したハンガリー系ユダヤ人の亡命科学者シラードも、冶金研究所のメンバーであった。シラードはローズヴェルト大統領に原爆投下の延期を促す書状を渡そうとしたが、大統領の病死によりトルーマン新政権のバーンズ国務長官に面会して同じ趣旨を訴えた。しかし、彼の独断的な行動はマンハッタン計画の責任者レズリー・グローブズ将軍（Leslie R. Groves）の怒りを買い、冶金研究所のアーサー・コンプトン所長（Arthur Compton）は科学者たちの意見を調整するために、フランクを長とする「原子力の社会的・政治的影響に関する委員会」を設置した。委員会は一九四五年六月一一日スティムソン陸軍長官宛に、日本への原爆投下に反対する「フランク報告」を提出したが、起草の実務担当者はラビノウィッチであった。英語を「楽に書きこなすことができなかった」フランクとは対照的に、ラビノウィッチは英語を完全に使いこなす「適応力のあるコスモポリタン」であり、「フランクの信頼できる通訳」の役割を果たしていた[14]。フランク報告は、すでに日本への原爆投下を決定していたアメリカ政府によって黙殺されたが、科学者たちの運動は止まらず、一九四五年一一月、冶金研究所の科学者たちが結成した「シカゴ原子科学者会」に他のマンハッタン計画の科学者たちも加わり、三〇〇〇人規模の「原子科学者連盟」（Federation of Atomic Scientists、翌月「アメリカ科学者連盟」Federation of American Scientists と改称）が結成された。

こうした科学者たちの運動の中から生まれたのが『原子科学者会報』であった。それはラビノウィッチと同僚のゴールドスミスによって一九四五年一二月に創刊され、初期にはアインシュタインが率いる原子科学者緊急委員会（Emergency Committee of Atomic Scientists）の財政支援によって二万部が印刷され、アメリカ科学者連盟の地

12……土屋由香「『反核』と『反共』——一九五〇年代における科学雑誌『原子力科学者会報』と文化自由会議」『アメリカ史研究』四一号（二〇一八年九月）、三六—五一頁。

13……Special Collections Research Center, University of Chicago Library, Guide to the Eugene I. Rabinowitch Papers, https://www.lib.uchicago.edu/e/scrc/findingaids/view.php?eadid=ICU.SPCL.RABINOWITCH. 二〇一八年三月四日閲覧。

14……スミス前掲書、二六頁。

方組織や外国の科学者・図書館には無料配布された。[15] 一九四〇年代の『原子科学者会報』は、核の文民統制と国際管理、そして情報公開というテーマに多くの紙面を割いた。例えば『原子科学者会報』が創刊された頃にはちょうど、核情報の機密化と軍管理を唱える「メイ・ジョンソン法案」(一九四五年一〇月議会に提出)が審議されていたが、『原子科学者会報』は「軍管理反対の世論を動員」することに一役買い、結局メイ・ジョンソン法案は廃案に追い込まれた。また、原子力の国際管理構想をまとめた「アチソン・リリエンソール報告」や、これに修正を加えた「バルーク案」が起草された時には、『原子科学者会報』は理想的な核管理のあり方について活発な論戦を展開した。編集長のラビノウィッチは、核の文民統制、国際管理、そして「科学の自由」は相互に不可分な関係にあると考えていた。なぜなら文民統制によって適切な情報公開が行われれば、国境を越えた科学者たちの自由な交流、すなわち「科学の自由」が生まれ、ソ連も含めた国際的な信頼関係によって核の国際管理が可能になるからである。[16] この時期には、前述のスレイニーの論考が強調した通り、ラビノウィッチと『原子科学者会報』は国際理解によって平和を構築する「文化国際主義」を奉じていたと言えるかも知れない。しかし、彼の「科学の自由」の定義は、後に変容を遂げることになる。

シカゴの科学者たちの運動を概観すると、その主要メンバーの多くが亡命者であったことに気付かされる。これはマンハッタン計画の一部として冶金研究所が設立された際に、コンプトン所長がゼロからの組織作りに苦労し、いったん核関連研究から排除されていた亡命科学者たちを呼び寄せたことに起因する。ナチス政権の誕生後、コロンビア大学などの研究機関はユダヤ系科学者をスカウトし彼らの亡命を助けたが、彼らの中には核物理学者や核化学者が数多く含まれていたのである。多くの亡命科学者が集うシカゴ大学には、コスモポリタニズムと「寄り合い世帯の民主主義」に彩られたコミュニティーが形成された。[17] こうした背景が核兵器への深い懸念と、国際協調を求める運動に結び付いたと考えられる。[18] しかしアメリカ政府は、科学者たちの政治的な運動に次第に警戒感を強めた。「赤狩り」(マッカーシズム)を推進したマッカーシー上院議員は、アメリカ科学者連盟に「共産主義者とその仲間が浸透している」と断じ、多くの科学者たちが議会で喚問された。オッペンハイマーが「危険人物」として公職をはく奪された事件も、こうした流れの延長上にあった[19]。

2　文化自由会議との出会い

一九四九年に『原子科学者会報』はシカゴ原子科学者会から独立し、雑誌刊行のみを目的とするイリノイ州公認の非営利団体「核科学教育基金」(the Educational Foundation for Nuclear Science) の傘下に移った[20]。これは、原子科学者緊急委員会からの資金援助が無くなり他に資金源を求める必要が生じたことにもよるが、政治色を強めるシカゴ原子科学者会からの切り離しを図ったとも考えられる。編集長のラビノウィッチは、フランクらとともにシカゴの科学者の運動の中枢を担ってきたが、運動の中では穏健派であった。アメリカ科学者連盟が発足した時、より先鋭的な運動を目指して組織の大規模化に反対した原子科学者たちに対して、彼は「党派的集団によって経営される『理論』団体」に陥ることに反対を唱えた[21]。特に一九四九年以後、彼は『原子科学者会報』があらゆる政治運動から距離を置くことを強調した。例えば一九五〇年、『原子科学者会報』と世界政府運動との関係につ

15……Wittner, *Confronting the Bomb*, 3–13. スミス前掲書、二六八―二七〇頁。

16……Wang, *American Science in an Age of Anxiety*, 21. スミス前掲書、三八四―三八五、四〇一―四〇二、四二八頁。

17……山崎・日野川前掲書、四八―五〇、一八一―一八五頁。

18……この点に注意を喚起してくださったシカゴ大学スペシャル・コレクション・リサーチ・センターのダニエル・メイヤー(Daniel Meyer) 所長に深謝する。

19……Wittner, *Confronting the Bomb*, 35. マンハッタン計画で重要な役割を果たした高名な科学者ロバート・オッペンハイマーが、水爆開発に反対するなど政府に従順でなかったことが原因で、若い頃の共産主義者との交流を問題にされセキュリティ・クリアランスをはく奪された事件。詳しくは、中沢『オッペンハイマー』を参照。

20……Guide to the Atomic Scientists of Chicago Records 1943–1955. 前掲ウェブサイト。

21……スミス前掲書、二五五頁。

いて問われたラビノウィッチは、「『原子科学者会報』は、これまで特定の運動と同一視されないよう細心の注意を払ってきた。……『原子科学者会報』がもし特定の政治的分派の一部となれば、その存在意義は失われる。……私は編集者として、『原子科学者会報』が政治的な両極端に陥らず、政治を完全に避け、偏らない情報源となるよう、そして科学的発見の政治的帰結に関する開かれたディスカッションの場となるよう努力してきた。」と述べている。[22]

こうした姿勢が功を奏してか、『原子科学者会報』はフォード財団から潤沢な寄付金を得て発行部数を二万五〇〇〇部まで拡大して行った。理事会用資料として作成された「寄付金一覧」によると、フォード財団から一九五一年に二万五〇〇〇ドル、一九五三年に三万五〇〇〇ドルの寄付金を受けており、これが一九五〇年代を通して購読料以外の主たる運営資金となった。また一九五〇年代の『原子科学者会報』誌面にはジェネラル・エレクトリック社等の原子力関連産業の広告が頻繁に掲載されており、広告収入も得ていたことがうかがえる。理事会資料によれば、海外の購読者は、オーストラリア三三件、カナダ一二八件、英国八五件、フランス六九件、ドイツ六二件、インド四〇件、イタリア四六件、日本七八件、ソ連三八件などとなっており、先進国を中心に多くの海外の大学や研究機関に送付されていたことが分かる。[23]

では『原子科学者会報』が文化自由会議と接触を持つようになった経緯は、どのようなものだったのだろうか。文化自由会議は一九五〇年六月二六日、「政治勢力からの干渉を受けない自由な言論・文化活動を守る」ことを目的としてベルリンで結成された。発足会議にはアーサー・ケストラー（Arthur Koestler）、カール・ヤスパース（Karl Jaspers）、ジョン・デューイ（John Dewey）、アーサー・シュレジンガー（Arthur Schlesinger, Jr.）、シドニー・フック（Sidney Hook）など著名な知識人たちが参加した。この後、文化自由会議はパリに拠点を置く恒常的組織となる。文化自由会議の運営の中枢にいたのは、エストニア出身の亡命知識人マイケル・ジョッセルソン（Michael Josselson）で、彼はＣＩＡのフランク・ウィズナー（Frank Wisner）と緊密に連携していた。中心的なメンバーは、発足会議の企画者で文化自由会議の主要雑誌『エンカウンター』の編集にも携わったメルヴィン・ラスキー（Melvin Lasky）や、事務局長を務めたニコラス・ナボコフ（Nicolas Nabokov）、イニャツィオ・シローネ（Ignazio Silone）などであった。そして文化自由会議の学問的支柱となったのが、『原子科学者会報』の創刊にも携わった社会学者エドワード・シルズである。フィラデルフィアのロシア系ユダヤ移民の家庭に生まれたシルズは、ペンシルヴァニア大学を卒業後、働きながらニューヨークとシカゴの夜間大学で社会学を学び、一九三八年シカゴ大学の教員となった。彼は生涯シカゴ大学に在籍し後には社会学部長も務めるが、一方で第二次世界大戦中には政府の情報・諜報活動にも従事していた。戦時情報局（ＯＷＩ）や戦略局（Office of Strategic Services : OSS）で情報分析やプロパガンダ政策に携わりながら、同じく情報・諜報分野で活躍していた欧米知識人たちとのネットワークを築いた。[24] こうした経歴が、彼が戦後、文化自由会議に深く関わる下地となったと考えられる。

文化自由会議発足の理念は、反共主義だけではなく左右両極の「全体主義」からの自由であった。ファシズムと共産主義の両方をアメリカの知的自由に対する脅威として排除する考えは、一九三〇年代にもジョン・デューイ率いる「文化的自由のための委員会」（Committee for Cultural Freedom）などによって表明されており、[25] 文化自由会議が初めて唱えたものではなかった。しかし冷戦期に設立された文化自由会議の活動の大部分は、共産主義に対抗する勢力を国内外で育てることに主眼を置いていた。ここにＣＩＡが資金援助を行う理由があったと考えら

22 From Rabinowitch to W. W. Waymack, March 30, 1950, Rabinowitch, Eugene I. Papers, box 19, Special Collections Research Center, University of Chicago Library.（以下、Rabinowitch Papers）

23 From Editorial Staff to Board of Directors and Editorial Board, June 25, 1960 ; “Report to the Board of Directors of the Bulletin of the Atomic Scientists,” from Rabinowitch, October 26, 1963, Rabinowitch Papers, box 19. なお一九六〇年代に入ると『原子科学者会報』は経営困難に陥り、他の補助金申請や大手出版社の傘下に入ることも検討し始めた。

24 MacLeod, *Consensus, Civility, Community*, 46–48.

25 前川玲子『アメリカ知識人とラディカル・ビジョンの崩壊』（京都大学学術出版会、二〇〇三年）、一六〇頁。

れる。CIA内には文化自由会議との連絡係が置かれ、国際組織部長のコード・メイヤー（Cord Meyer）がこの任務に就いていた。一九五〇年代後半になると文化自由会議はアジア、中東、アフリカ、ラテンアメリカにも進出した。[26]

文化自由会議は、発足当初から政治と科学の関係に関心を示していた。ベルリンにおける発足式には核実験に反対したことでも有名なノーベル賞遺伝学者ハーマン・マラー（Hermann Joseph Muller）らが参加し、「科学の自由は、より一般的な意味での自由よりも敏感に反応する〈炭鉱のカナリア〉である」から、科学の自由が脅かされれば他の自由も危ないという議論が共有された。シドニー・フックが中心となって文化自由会議のアメリカ支部「アメリカ文化自由委員会」を設立した際、マラーが副委員長に就任し、マラーを通してラビノウィッチがリクルートされたという。一方ハンガリー出身のマンチェスター大学教授マイケル・ポランニー（Michael Polanyi）は、ヨーロッパで文化自由会議の科学関係の活動を担って行く。ポランニーは著名な化学者であったが、一九三三年にナチスの迫害を逃れイギリスに亡命して以来、科学と社会の関係について発言を続け、ついには社会学者に転身してしまった。第二次世界大戦中から戦後にかけて、彼は英国科学自由協会（British Society for Freedom in Science）のリーダーとして、マルクス主義科学者の影響力拡大を阻止することに心血を注いだ。彼は文化自由会議の下に科学に関する特別委員会を設立し、一九五三年七月にハンブルグで国際会議を開催する。この「ハンブルグ会議」によって、ポランニーの主張する「自治的な科学者コミュニティー」の概念はアメリカにも広まり、彼の周囲には「共産主義に反対する科学者たちの有機的な集合体」が形成されて行った。[27] ラビノウィッチとシルズも、ハンブルグ会議への参加を契機にポランニーの人的ネットワークに参入する。

文化自由会議に出資していたCIAのみならず、アメリカ国務省もハンブルグ会議に大きな関心を寄せ、出席者の人選にも関与していた。一九五二年一〇月二〇日、CIAのメイヤーが国務省の科学顧問ケプリー（Joseph B. Koepfli）を訪れ、文化自由会議が「科学と自由」をテーマとする国際会議を企画しており、その準備会議が一二月にブリュッセルで開かれること、「CIAと国務省はこの会議に非常な関心を持っており、『適切な人物』をアメリカ代表として送り込みたいと思っている」ことを伝えた。ＣＩＡはコロンビア大学教授で『原子科学者会報』の編集委員でもあったラービに準備会議への参加を打診したが、彼は健康上の理由で辞退し、かわりに同じコロンビア大学教授でウクライナ出身の遺伝学者ドブジャンスキー（Theodosius Dobzhansky）を推薦した。メイヤーはケプリーに、国務省から再度ラービを説得してもらえないかと頼んだ。ケプリーがラービに連絡を取ったところ、彼は他の参加者と「必ずしも意見が一致していない点がある」と言い、ドブジャンスキーが準備会議に参加した上で、もしどうしても自分がハンブルグ会議に参加したほうが良いということになれば再考すると述べた。[28] ハンブルグ会議に「討論者」として参加したシルズとラビノウィッチも、当然ながらＣＩＡや国務省の眼鏡にかなう「適切な人物」であったということであろう。

一九五三年三月になると、ロックフェラー財団のウォレン・ウィーバー博士（Warren Weaver）が国務省を訪れ、ハンブルグ会議に一万ドルの資金援助を求められていることを明かし、支援が適切かどうか国務省の意見を求めた。後日ケプリー（国務省科学顧問）、メイヤー（ＣＩＡ）、ホーシー（Outerbridge Horsey）（国務省政策企画室）の三人が相談した結果、ウィーバーに以下の内容が伝えられた。

一．この会議をアメリカ政府は好意的に見守っている。

二．発表者は全員「かなり注意深くチェックされており、“sleeper”が含まれている可能性は極めて低い。」（筆者註：sleeper は緊急時に備えて待機する「冬眠スパイ」を意味するが、ここでは会議で突然アメリカ政府にとっ

26……Scott-Smith and Lerg, “Introduction：Journals of Freedom?” in *Campaigning Culture*, 1–4.

27……Wolfe, “*Science and Freedom*,” 28–29；*Freedom's Laboratory*, 79–80.

28……Office Memorandum from J. B. Koepfli, October 20, 1952, RG59, Entry 1549, Records Relating to International Conferences, box 9, NACP.

て不都合な発言を行うような人物を指していると思われる。）

三．会議は相当の影響力があると思われ、「相手方にかなり打撃を与える」だろう。

四．政治的影響のある会議なので、支援するかどうかは財団自身で判断してほしい。[29]

この後、ロックフェラー財団は会議を財政支援することを決定した。前川玲子は、ロックフェラー財団による助成活動の研究の中で、ハンブルグ会議を含む文化自由会議の主催する複数の会議について、ロックフェラー財団が国務省の承認の下に助成を行っていたことを明らかにしているが、ＣＩＡもまた、同財団による助成について国務省とともに検討・承認を行っていたことが分かる。[30]

国務省・ＣＩＡがハンブルグ会議を「相手方」―おそらく共産主義陣営を意味すると思われる―に「打撃を与える」手段と見なしていたことは、科学や科学者が、西側の正当性や優位性を証明しその魅力を発信する「文化冷戦」の手段と認識されていたことを示している。「文化冷戦」のツールとしての科学者の立ち位置をさらに浮き彫りにする出来事が、ラビノウィッチによる政府公用機の利用申請をめぐる経緯である。ハンブルグ会議一カ月前の一九五三年六月、ラビノウィッチは海軍研究所（Office of Naval Research : ONR）のオア・レイノルズ博士（Orr Reynolds）[31]にハンブルグ会議への参加を伝え、この機にヨーロッパで開催される他の会議にも出席したいので、「ＯＮＲとの契約に基づき、アメリカ軍航空サービス（ＭＡＴＳ）を利用したい」と申し出た。ＭＡＴＳとは、国防総省が管轄する貨物や旅客の輸送事業 “Military Air Transport Service” のことだと考えられる。またＯＮＲとは、戦時中の海軍の科学技術研究を平時に継続する目的で設立された研究所で、多様な分野の研究者に資金を提供して委託契約研究を行っていた。[32] ＯＮＲは軍事研究に限定することなく潤沢な研究資金援助を行ったので、多くの大学がＯＮＲの資金を受け入れており、[33] ラビノウィッチが委託研究を行っていたことも不自然ではない。しかし、ラビノウィッチがＯＮＲとの契約を理由に公用機の利用を求めたことは、彼が政府公認の研究を行っているという強い自覚を持ち、ハンブルグ会議への出席も公用の延長上として認識していたことを示している。レイノルズはこの依頼を承認すべきかどうか、国務省科学顧問室に相談した。科学顧問室のニール・キャロサーズ（Neil Carothers）は、前出のホーシーと相談した結果、「ＭＡＴＳを使うとしたら、その根拠はハンブルグ会議以外の科学会議でなくてはならない」ものの、「インフォーマルな話としては」、ハンブルグ会議への出席はＭＡＴＳ利用を許可する上で、「ネガティブな要因ではなくポジティブな要因である」とレイノルズに返答した。[34] つまり国務省は、ハンブルグ会議への参加を「公用」とは呼べないまでも国益に資する活動と評価していた。以上から、ラビノウィッチは、「反体制的」な他のシカゴの科学者たちとは異なりアメリカ政府（国務者やＣＩＡ）との相互信頼関係を築いていたこと、またアメリカ政府は、彼のような科学者が自由主義陣営の代表として国際会議で発言することが、冷戦を戦う上で有用な手段であると見なしていたことが分かる。

ハンブルグ会議終了後、文化自由会議の「科学と自由委員会」が正式に発足し、翌年マイケル・ポランニーの

29……Office Memorandum from J. B. Koepfli, March 16, 1953, RG59, Entry 1549, Records Relating to International Conferences, box 9, NACP.

30……Reiko Maekawa, "The Rockefeller Foundation and Refugee Scholars during the Early Years of the Cold War,"『英文学評論』第八八集（二〇一六年二月）、八五―一一三頁。

31……生理学者であるOrr Raynoldsは、第二次世界大戦中に海軍の医学・外科学局（Bureau of Medicine and Surgery）に勤めたことを契機に、戦後は海軍研究所の生物学部長となった。一九五七年には国防総省科学局長（Office of Science, the Department of Defense）、後にはアメリカ航空宇宙局（ＮＡＳＡ）の生物研究部長となった。Obituaries, *The Baltimore Sun*, April 27, 1991, http：//articles.baltimoresun.com/1991-04-27/news/1991117055_1_physiological-society-american-physiological-reynolds. 二〇一八年三月一六日閲覧。

32……ＯＮＲウェブサイト、https：//www.onr.navy.mil/About-ONR/History/History-Research-Guide. 二〇一八年三月一六日閲覧。

33……Wolfe, *Competing with the Soviets*, 26.

34……Office Memorandum from Neil Carothers, June 2, 1953, RG59, Entry 1549, Records Relating to International Conferences, box 9, NACP.

息子夫婦の自宅を編集室として『科学と自由』が創刊された。一九五四年七月に開催された創刊会議には、ラビノウィッチとシルズも参加した。ウォルフが論じた通り、この雑誌は発行部数も七〇〇〇部と少なく文化自由会議本部からの支援も途中で打ち切られたため、その影響力は限定的であった。ポランニー親子は文化自由会議からの指令に従順ではなく「グローバルな共産主義と戦う」ことよりも「西側における学問研究の自由」にばかり焦点を当てたため、文化自由会議から疎んじられた。[35] しかし文化自由会議の科学部門の情報発信経路は、一つだけではなかった。なぜならラビノウィッチとシルズを介して、『科学と自由』よりも広い読者層をもつ『原子科学者会報』というメディアが「科学と自由委員会」の理念や活動を発信して行ったからである。

例えばハンブルグ会議の内容は、『科学と自由』の創刊以前に『原子科学者会報』誌上で紹介された。ポランニーの開会挨拶は一九五三年一一月号、またシルズによる会議の概要と感想は一九五四年五月号に掲載されている。ポランニーは開会挨拶の中で、ハンブルグ会議の目的は「全体主義の下における学者や学問の扱われ方に対する反論を喚起すること」のみならず、自由主義社会においても「学問の自由の原則をより明確に認識すること」であるとした。大学への「共産主義の浸透」によってアカデミアが過激思想の温床だというイメージが社会に広まり、また研究費の政府依存が高まるにつれて「国家の役に立つ研究かどうか」という基準が重視される中、「知識の進歩それ自体のための学問」と、それに対する一般社会からの「敬意」を回復する必要があるとポランニーは主張した。[36] 一方シルズは、会議には一九か国・一一九人の科学者たちが参加し、大成功を修めたと記した。また会議の最大の成果は科学研究が「自律的・自活的な力によって、ある種の社会的・文化的システムを構成し、そのシステムは「必然的に比較的独立性のあるものでなくてはならない」という認識に到達したことだとした。シルズの記事からは、科学が本来あるべき自律的な姿のアンチテーゼとして、ソ連が頻繁に引き合いに出されていた様子が分かる。例えば、ソ連政府の干渉にもかかわらず「真実への愛」を失わないロシア人科学者がまだ存在しているという報告や、ユダヤ系ポーランド人の亡命物理学者アレクサンダー・ワイスバーグ（Alexander Weissberg）による、亡命前のソ連での苦労談などが紹介されている。[37]

『原子科学者会報』に掲載されたハンブルグ会議の記録から看取できる「科学の自由」の定義は、一九四〇年代にラビノウィッチが唱えた「国境を越えた科学者たちの自由な交流」とは異なるものである。ハンブルグで議論された「科学の自由」とは、科学者の自律的コミュニティーと自由な研究活動を守ることであり、それは自由主義社会においてのみ可能であるという前提に立っていた。このように文化自由会議が唱える「科学の自由」の概念に接する中で、ラビノウィッチの「科学の自由」の定義も次第に変化して行くのである。

3　ラビノウィッチ、シルズ、文化自由会議、『原子科学者会報』をつなぐ共通項

ラビノウィッチとシルズは、ハンブルグ会議以後も文化自由会議との関係を維持するが、圧倒的に文化自由会議に深く関与したのはシルズであった。彼はポランニーの後を継いで「科学と自由委員会」の委員長となった[38]。委員会は、反共パンフレットを世界各国に配布する活動なども行っており、『科学と自由』廃刊後もこうした活動は存続した。またシルズは『科学と自由』に代わる新たな雑誌として文化自由会議直轄の『ミネルヴァ』（*Minerva : A Review of Science, Learning and Policy*）を創刊し、三三年間その編集長を務めた。このように文化自由

35――Wolfe, *Competing with the Soviets*, 28, 31, 39.

36――George Polanyi, "Protests and Problems," *Bulletin of the Atomic Scientists*（以下、*BAS*）, vol. ix, no. 9（November 1953）: 322, 340.

37――Edward Shils, "The Scientific Community : Thoughts After Hamburg," *BAS*, vol. x, no. 5（May 1954）: 151–155.

38――MacLeod, *Consensus, Civility, Community*, 46–50 ; "Committee on Science and Freedom : Report on Activities in the Period February-August 1956," Rabinowitch Papers, box 21.

会議で重要な役割を担う一方、シルズは『原子科学者会報』においても編集委員であり常連の寄稿者でもあった。「反共主義者であると同時に、いかなる全体主義にも反対」し、「学術研究の独立性と、秩序ある社会を維持するために知識人が果たすべき社会的責務」を掲げるシルズの信念は、文化自由会議と『原子科学者会報』の両方で発露されていたと考えられる。[39]

一方ラビノウィッチも「科学と自由委員会」と頻繁に連絡を取り合い、彼の提案によって一九五六年八月にパリで「科学と自由委員会」の国際会議（「勉強会」と称された）が開催された。[40] そこでは文化自由会議幹部のほか、ユーゴスラビア、チリ、スペインなど海外からの参加者も報告を行った。ポランニーは「マルクス主義の魔法」(The Magic of Marxism) と題する講演を行ったが、これは同年六月に『原子科学者会報』に掲載された論考を下敷きにしていた。その論考の中でポランニーは、マルクス主義が知識層に対して魅力を持った理由は「モラルの問題を科学的真実として提示した」ことによると分析し、それが虚構であると主張していた。[41]

「勉強会」でラビノウィッチが報告した「公共問題における科学者の役割と学問《アカデミック》の自由《フリーダム》の新たな意味」と題するペーパーからは、「科学者の役割」や「科学の自由」についての彼の考えが、一九四〇年代から微妙に変容していることが読み取れる。報告の中でラビノウィッチは、科学者の「事実に基づいた」「合理的」思考が、各国の政策に影響力を増して行くことを予言する。しかし、今後影響力を持つ科学者たちは、「ボーアやオッペンハイマーやフェルミやコンプトンのような旧世代」の「知識人」とは異なるタイプ、すなわち社会や政治に対する態度においてより「均質」で、「オープン・マインドさと偏見の無さ」をもつ世代であると述べた。このような科学者が世界各国で影響力を持てば、国家間の差異は縮まり、コミュニケーションは容易になるであろう。科学者の役割は、そのような世界を実現するために、あらゆる手段で国家や国民の思考を「合理化」することである。ラビノウィッチはこのように、政治的な発言を行ってきたシカゴの科学者たちを「旧世代」と評し、これからの時代には事実と合理性だけを重んじる科学者が求められるとしたのである。またラビノウィッチは、国家への「忠誠心」を過大に求めるアメリカの風潮を批判する一方、政府への研究費の依存が高まる中で、政府が研究者の政治信条に「関心を持つこと」は避けられないとも述べ、学問の自由を守るためには大学が研究費の受け皿となる等の工夫が必要だと論じた。[42] 先に見た通り、一九四〇年代のラビノウィッチは、核の脅威について市民や科学者を啓蒙することを「科学者の役割」と考えて『原子科学者会報』を立ち上げ、ソ連を含めた世界の科学者たちが自由に交流できることを「科学の自由」と考えていた。ところが一九五六年の「勉強会」では、「科学者の役割」は国家や国民を合理化することに、「科学の自由」は政府からの財政支援と監視を受けながらも大学という砦の中で自由に研究をすることにすり替わっている。

一方「アメリカ合衆国における科学者の運動についての考察」と題するシルズの報告は、シカゴの科学者たちの運動がアメリカ社会に「過激な批判を向けるものではない」ことを強調し、「政治的・経済的な権力」の中に「知的活動に対する敬意」があったことが、科学者たちがマッカーシズムに対抗し得た原因だと分析した。シルズによれば、「知の自由」とは、アカデミア・政府・経済界が「基本的な親近感」に基づく「相互の敬意」で結ばれることによって保障されるのだった。[43]

39……MacLeod, 46, 50–51.

40……From Polanyi to Rabinowitch, October 31, 1954 ; From Polanyi to Rabinowitch, January 25, 1955 ; From Schwarzschild to Rabinowitch, May 11, 1955 ; From Nabokov to Rabinowitch, August 18, 1955, Rabinowitch Papers, box 20.

41……"Committee on Science & Freedom, Study Group, Paris 1956 Agenda," Rabinowitch Papers, box 21 ; Michael Polanyi, "The Magic of Marxism," *BAS*, vol. xii, no. 6 (June 1956) : 211–214, 232.

42……Eugene Rabinowitch, "The Role of Scientists in Public Affairs and the New Meaning of Academic Freedom (Revised Version)," International Association for Cultural Freedom Records, box 402, Special Collections Research Center, University of Chicago Library.（以下、IACF Records）一九六七年にＣＩＡの関与が公になり批判が起きると、文化自由会議は国際文化自由協会（the International Association for Cultural Freedom : IACF）と名前を変え、以後はフォード財団からの財政援助で運営されるようになった。シカゴ大学に所蔵されている国際文化自由協会の文書には、文化自由会議時代のものも含まれている。

43……Edward Shils, "Observations on the Scientists' Movements in the United States," IACF Records, box 402.

このようにラビノウィッチとシルズの「科学と自由」に関する考えが、政府とアカデミアの相互信頼・相互依存を基調としたものであったところに、国務省やCIA、そして文化自由会議が彼らを信頼した理由があり、同時に彼らが政府との対決姿勢を強める、よりリベラルな科学者たちから距離を置いた理由もあったと考えられる。ラビノウィッチ、シルズ、文化自由会議、『原子科学者会報』に通底する共通点とは、つまるところ科学的合理主義と国家権力への信頼であったと言えよう。一九六〇年代の後半に、CIAが数々の民間基金を通して学術・文化活動に資金援助を行っていたことが明るみに出た時、ラビノウィッチが主導的立場に居た「パグウォッシュ会議」もCIAの資金経路の一つであるカプラン基金（Kaplan Fund）から補助金を受けていたことが判明した。これを受けてラビノウィッチが、「ONRであれCIAであれ、活動の方向性に影響を与えようとはしなかったので、科学の自由や学門の自律性は維持されていた」と言い切ったことは、彼の国家権力への無垢な疑いの無さを象徴的に示している。[44] 発足時には核全面廃絶を訴えていたパグウォッシュ会議が、次第に核保有を認め核抑止論を唱えるようになった一連の変化は、おそらくCIAが直接「影響を与えようとした」結果ではなかっただろう。しかしそのような変化は、ラビノウィッチや『原子科学者会報』が次第に自由文化会議との距離を詰めて行った過程と似ている。いずれも科学・科学者の自由や自律性を唱え、科学は合理的・非政治的であるという一種の権威に立脚して活動していたが、そこから発信される内容は次第に冷戦思想に彩られ、全面的な核廃絶論や、政治権力への異議申し立ては排除されて行ったのである。

4 『原子科学者会報』における「科学者の役割」と「科学の自由」

「科学者の役割」や「科学の自由」に関する論調の変容は、『原子科学者会報』の誌面にも表出していた。『原子科学者会報』は、核軍縮、市民防衛、放射性降下物、科学者の忠誠問題など多様なテーマを取り上げ、様々な意見を中立・客観的に掲載する方針を標榜していたが、それでもやはりラビノウィッチとシルズが『原子科学者会報』の「顔」であり、彼らの意見が編集部の意見であった。ラビノウィッチはほぼ毎号に論説（editorial）を掲載した上、論文もしばしば寄稿した。シルズも常連の寄稿者であった。ポランニーは、寄稿回数はそれほど多くはないものの、『原子科学者会報』誌上では「常連の執筆者」と紹介されている。したがって彼らの論点を検討することは、『原子科学者会報』の基本姿勢や、一九四〇年代からの変化を読み解くことになると考える。『原子科学者会報』は、原則として七・八月の二カ月を除く毎月、年間で一〇巻が発行されていた。ここではシカゴ大学文書館に保管されている一九五三～五八年までの六年間・約六〇冊を分析対象とする。

まず「科学者の役割」が政府や市民への啓蒙教育であるという一九四〇年代以来の論点は、一九五〇年代の『原子科学者会報』にも見られるが、啓蒙の内容には変化が現れる。一九五三年一〇月号でラビノウィッチは、戦争の記憶は世代交代とともに薄れるので、「一九四五年に原子科学者が始め、多くの批難にさらされてきた恐怖のプロパガンダ（scare propaganda）」を継続する必要があると論じた。[45] ここではまだ一九四〇年代と変わらず、核の脅威について科学者が啓蒙教育を行うことが重視されている。一九五五年一月になるとラビノウィッチは、核廃絶がもはや絶望的となった今、核戦争を回避するためには「主権国家の枠組みを超えた超国家的権力の設立」を目指すことが必要であり、アメリカをはじめとする自由主義諸国が「新たな倫理基準」を創出し「世界コミュニティー」の構築に向けて努力をする姿を世界に示せば、「共産主義者によるソビエト世界連邦の青写真にも対抗することができる」と論じた。[46] 一九五七年六月号では、「科学者のもっとも重要な公的責務」は、「現在進行中の科学技術革命に釣り合うような、政治的・倫理的な刷新の必要性」について、「世界の人々を教育するこ

44……Wolfe, *Freedom's Laboratory*, 170.
45……Rabinowitch, "The Narrowing Way," *BAS*, vol. ix, no. 8（October 1953）: 294–295, 298.
46……Rabinowitch, "Living With H-Bombs," *BAS*, vol. xi, no. 1 (January 1955）: 5–8.

と」であると述べられている。[47]ラビノウィッチの信じる「科学者の役割」は、核の恐怖に関する啓蒙教育を行うことから、「科学技術革命」に対応する新たな「世界コミュニティー」を構築するための啓蒙教育へと変化を遂げたことが分かる。それでは彼の言う「世界コミュニティー」とは、いかなるものなのか。ラビノウィッチは明確な定義なしに幾度となくこの「世界コミュニティー」という表現を用いているが、一九五八年一月号の論説には、その内容が少し垣間見える。その論説でラビノウィッチは、核抑止も核実験停止も対処療法でしかなく、より根本的な平和構築の方法は共産主義国も巻き込んだ「世界コミュニティー」の形成であると述べている。そして、「いかなる科学的発見も技術的進歩も、人類全体の役に立つもの」であるから、「科学を共通の精神的・物理的需要のために用いる世界コミュニティーの創成」にこそ人類の希望があるのだと説いている。[48]つまり「世界コミュニティー」とは、一九四〇年代に主張されていたような科学者どうしの国際交流を指すのではなく、「役に立つ」技術が自由に流通するような世界を意味していたようだ。そのような自由主義的な「世界コミュニティー」はまた、「ソビエト世界連邦」の目論見に対抗するものと捉えられていたのである。

次に、一九四〇年代にラビノウィッチらが唱えていた核の文民統制と国際管理についても、論調に大きな変化が見られる。中沢志保も指摘する通り、一九五〇年代後半になるとアメリカ政府は、「核兵器の国際管理や全面廃棄という方針をもはや不可能と断定し、核廃絶という軍縮ではなく、核兵器体系を保持しながら核兵器国間で軍備管理を行うという方向に方針を転換」し、「この変化は、政府関係者のみならず原子科学者の同時期の認識にも現れ」た。ラビノウィッチも一九五七年一〇月の論説で、もはや「核兵器の全廃は非現実的」として、「抑止力をなるべく低レベルに」とどめつつ、一方で「軍拡競争をスローダウンさせる」ことで、核の国際管理のため下地を作ることが必要だと述べている。[49]また、ひとたび戦争が起きれば必ず核兵器が使われるであろうという認識の下に、ラビノウィッチは民間防衛の必要性についても積極的に発言した。核攻撃に対する脆弱性が改善されていないことに警鐘を発し、都市人口の拡散や、大量避難の準備を促したのである。[50]

そして「科学の自由」については、「国境を越えた科学者の自由な交流」を求める一九四〇年代の主張が完全に失われたわけではなかったが、自由主義諸国の科学者たちが当然享受すべき自由が脅かされることへの警鐘や、科学は本質的に自由主義と親和性があるという主張へと重点移動が見られた。例えば一九五三年三月号でラビノウィッチは、科学の価値とは本来、「事実の尊重」、「嘘や隠ぺいの拒否」、「反論への寛容さ」などの「倫理的原則」を推進することにあるが、そうした価値がアメリカの「反知性主義・反合理主義」という科学界の「外から」の危機と、一部の科学者が（特に共産主義者による）政治的介入を許してしまうという「内側から」の危機の両方に直面していると論じた。これら二つの危機から「科学の自由と自律性」を守らなくてはならないと、ラビノウィッチは主張した。[51] シルズは一九五五年四月号で、科学は本来「人間の本質とその自由の最高次の表現」であり、科学者のコミュニティーは「自由社会の縮図」であると述べ、科学の中に「理性的な人間が自主的に自らを調整する、自由社会のモデル」が存在すると唱えた。[52]

マンハッタン計画でロスアラモス研究所長を務めたオッペンハイマーが、若い頃一時的に共産主義に傾倒したことを理由に「セキュリティ・リスク」の烙印を押され公職をはく奪された事件では、ラビノウィッチもシルズもオッペンハイマーを擁護し政府を批判した。しかし、その批判の矛先は政府の不寛容さではなく、本来「自由」であるはずのアメリカにおいて、その理念にもとる「逸脱」が起きたことに向けられた。シルズは、オッペンハイマー事件はアメリカが「自由な社会からまた一歩、斜面をすべり落ちた」ことを意味すると述べた。[53] ラビ

47……Rabinowitch, "The Frozen Map," *BAS*, vol. xiii, no. 6 (June 1957): 208–211, 215.
48……Rabinowitch, "New Year's Thoughts," *BAS*, vol. xiv, no. 1 (January 1958): 2–6.
49……Rabinowitch, "About Disarmament," *BAS*, vol. xiii, no. 8 (October 1957): 277–282. 中沢（二〇〇五年）、四三頁。
50……Rabinowitch, "Must Million March?" *BAS*, vol. x, no. 6 (June 1954): 194–195, 238.
51……Rabinowitch, "Science Faces a Double Danger," *BAS*, vol. ix, no. 2 (March 1953): 34–35, 42.
52……Shils, "Security and Science Sacrificed to Loyalty," *BAS*, vol. xi, no. 4 (April 1955): 106–109, 130.

ノウィッチも、政府の方針と異なる助言をした者が「危険人物」に認定されるようなやり方は、これまでのアメリカ政治からの重篤な逸脱であり、「理性的で勇気あるリーダーに統治された自由の国」というアメリカの評判を著しく傷つけるものであると批判した。[54] 同じ理由でラビノウィッチは、アメリカ原子力委員会（AEC）が放射線被ばくの遺伝的影響についての科学者の研究発表に介入したことにも激しく反発した。ジュネーブ会議で遺伝学者ハーマン・マラーが発表するはずだった放射能の遺伝への影響に関するペーパーが、直前になってAECによって差し止められたのである。この当時、核実験による放射能汚染に世界的な関心が集まりつつあり、微量の放射線でも遺伝子に何らかの影響を及ぼすとして警鐘を発していたのが、マラーをはじめとする遺伝学者たちであった。[55]「ソ連においてさえルイセンコ主義[56]が衰退している」にもかかわらず、アメリカで科学に「オフィシャル・ライン」が敷かれたと述べて、ラビノウィッチはAECを共産主義に例えて批判した。[57] これらの論に共通するのは、本来「自由な社会」であるはずのアメリカにおいて、科学者の自由が奪われることが「逸脱」であるという認識、そして本来あるべきアメリカの姿の正反対の社会として共産主義国をとらえる二分法的な世界観である。ソ連も含めた科学交流を「科学の自由」と呼んでいた一九四〇年代から考えると、「自由」の定義は大きく変容していたことが分かる。

「科学者の役割」や「科学の自由」をめぐる『原子科学者会報』の議論が一九四〇年代から一九五〇年代へと変容を遂げたことは、文化自由会議との接点を通してラビノウィッチらが「反共リベラリズム」の洗礼を受けたことと無関係ではないだろう。前川玲子の研究によれば、一九三〇年代に左翼思想に傾倒したニューヨークのユダヤ系知識人たちの一部は、戦後「反共リベラリズム」へと傾いて行ったが、その中にはシドニー・フックのような文化自由会議の関係者も含まれていた。「反共リベラリズム」を支持することで、欧米の自由主義、民主主義を保守するという」選択は、左翼運動に挫折した知識人たちが「無力感」から抜け出し「全体主義という悪」と戦うことに対する「倫理的情熱」を与えたのである。[58] ラビノウィッチをはじめとするシカゴの原子科学者の多くは、ソ連やヨーロッパから亡命した移民一世であり、三〇年代のラディカリズムをアメリカで経験したフックのような「ニューヨーク知識人」たちとは背景が異なるが、文化自由会議に集う「反共リベラリスト」たちとの交流の中で、ラビノウィッチもまた、共産主義と戦うことで欧米の自由主義を守るという二分法的な世界観を獲得していったと考えられる。

スコットスミスは文化自由会議の研究の中で、アントニオ・グラムシの「ヘゲモニー」概念を用いて、文化自由会議は同時代の欧米知識人たちが広く共有していた文化的価値、すなわち文化は政治から独立すべきであるという「非政治的」な価値を、皮肉にも「政治的」なプロセス、すなわちＣＩＡによる資金援助を受けた活動によって普及したと分析した。[59]『原子科学者会報』とその編集者たちもまた、科学は政治から独立すべきであるという文化的価値観を共有していたが、それは次第に共産主義を排撃することによって、また国家の庇護と協力によって守られるべき欧米自由主義社会の特権として位置づけられて行った。歴史学者エリック・フォーナーが指摘した通り、一九五〇年代のアメリカでは「自由を愛することがアメリカ社会の明示的な特徴であるという概念」が広く行き渡り、「全体主義」がその対極にある概念として流布していた。[60]このような考えが科学の世界に

53……Edward Shils, "Scientists Affirm Faith in Oppenheimer," *BAS*, vol. x, no. 5 (May 1954): 188–191; Shils, "The Slippery Slope," *BAS*, vol. x, no. 6 (June 1954): 242, 256.

54……Rabinowitch, "What is a Security Risk?" *BAS*, vol. x, no. 6 (June 1954): 241, 256.

55……Toshihiro Higuchi, *Political Fallout: Nuclear Weapons Testing and the Making of a Global Environmental Crisis* (Stanford: Stanford University Press, 2020), 63–68.

56……メンデルの遺伝学を「ブルジョワ的」として否定し、農作物などが後天的に特質を獲得することが可能と主張するロトフィム・ルイセンコの学説がスターリンの支持を受け、これに反対する生物学者たちが粛清された事件。

57……Rabinowitch, "Genetics in Geneva," *BAS*, vol. xi, no. 9 (November 1955): 314–316, 343.

58……前川前掲書、一九二頁。

59……Scott-Smith, *The Politics of Apolitical Culture*.

も浸透していたことを、本章の事例は示している。核軍縮思想から出発した『原子科学者会報』は、一九五〇年代には米ソの核による均衡を否定することなく、自由主義社会を守り拡大することに科学者の責務を見出して行ったのである。

ラビノウィッチのような科学者が文化自由会議と共振して行く過程は、科学と国際政治が結びつく一つの結節点を示す好例である。彼らは一貫して科学の自由と自律性を唱え続けたが、自由と自律がアメリカを中心とする自由主義諸国の特権として語られる限り、彼らの主張は反共主義と矛盾するどころか相互に支え合う関係にもなり得たのである。ラビノウィッチのように国際的なネットワークを持ち、しかも国家権力に対する信頼を失わない科学者は、アメリカ政府にとってかけがえのない資産であった。だからこそCIAや国務省、そしてCIAの支援を受けた文化自由会議は、彼のような科学者を文化冷戦の戦力として大切にしたのである。むろん科学者のすべてがそのような道筋をたどったわけではない。ラビノウィッチらと袂を分かった、よりラディカルな科学者たちは、オッペンハイマーのようにマッカーシズムの犠牲となって行った。科学と科学者にとっても、その時代のヘゲモニックな世界観から完全に「自由」で居ることは難しく、自由で居ようとする者は国家権力や社会による制裁を受ける危険に晒されたのである。

本章では、科学者たちが原子力の「軍事利用」に関連して冷戦政治に巻き込まれて行く様子を辿ったが、米ソ両国は戦後間もなく原子力の「平和利用」、すなわち原子力発電や放射性同位元素の開発にも着手する。アメリカ政府は原子力の「平和利用」を対外情報政策の中心に据え、ここでもまた科学と科学者は、「文化冷戦」の重要なアクターとなって行く。研究用原子炉の提供や技術援助は、たんに対外援助政策という意味だけではなく、アメリカのイメージを高め外国の人々の心を勝ち取るための手段としても利用されるのである。次章ではアメリカによる研究用原子炉の提供がどのような経緯で提案され、「文化冷戦」の中でいかなる意味を持ったのかを、南ヴェトナム、日本、ビルマの三つの事例を通して検討する。

60……エリック・フォーナー／横山良ほか訳『アメリカ自由の物語——植民地時代から現代まで』（下）（岩波書店、二〇〇八年）、一三七、一四〇頁（Eric Foner, *The Story of American Freedom*［New York：W. W. Norton & Co., 1999］）。

第2章

「フォーリン・アトムズ・フォー・ピース」と研究用原子炉の輸出

序章でも触れた通り、一九五五年六月一一日、アイゼンハワー大統領はペンシルヴァニア州立大学創設一〇〇年記念の卒業式においてスピーチを行った。その中で大統領は、アメリカの友好国に対して研究用原子炉と核燃料、原子炉の半額援助、そして技術情報と研修を提供することを約束した。[1] 卒業式の祝辞としては奇異にも思えるこの講演内容には、それなりの理由があった。ペンシルヴァニア州立大学はこの年、他大学に先がけて出力一メガワットのトリガ（Training Research Isotopes General Atomics : TRIGA）型研究炉を導入しており、それは間もなく臨界に達する予定であった。[2] 大統領は聴衆を前に、その日の朝にトリガ型研究炉を見学したことを伝え、今後ペンシルヴァニア州立大学で原子力に関する最新研究が生み出されるであろうことを祝した。また「原子力エネルギーの時代」には、無限のチャンスとともに新たな課題も生じることが予想されるため、「豊富な知識と、聡明な思いやりと、インスピレーションに満ちた精神」が求められるとして、卒業する若者たちを鼓舞した。

研究用原子炉の普及が進んだ背景には、アイゼンハワー大統領自身が推進した「平和のための原子力」（アトムズ・フォー・ピース）政策による後押しがあった。ペンシルヴァニア大学も、原子炉そのものは大学の予算で建造したが、核燃料についてはアメリカ原子力委員会（AEC）から提供を受けていた。したがってペンシルヴァニア州立大学の原子力研究への大統領の祝福は、裏を返せば彼自身の政策への祝福であったとも言えよう。ペンシルヴァニア州立大学はこの年、アイゼンハワー大統領に名誉博士号を授与したが、これも大学の原子力研究の推進が、大統領の「平和のための原子力」の恩恵によるものであったからにほかならない。

続けて大統領は、アメリカのみならず他の「自由世界の諸国においても高い能力をもった人々が居て、機会さえ与えられれば知のフロンティアを前進させ世界の平和と進歩に貢献する」だろうと述べて、科学技術の進歩がアメリカのみならず「自由世界」全体に拡大すべきであることを強調した。冒頭で述べた、原子炉・核燃料などを外国に提供するという宣言は、この直後に出てくる。

むろん大統領の宣言は独断で行われたものではなく、政府内で十分に練られた結果であった。一九五三年一二月八日の国連総会において、アイゼンハワー大統領は華々しく「平和のための原子力」演説を行ったが、その後、原子力をめぐる国際協力は、なかなか具体的進展を見ることはなかった。米ソのみならずイギリスやフランスも含めた核開発競争の中で、各国が核燃料物質を出し合ってプールするという当初の案は、非現実的になって行った。そうした中、アメリカ政府の国家安全保障会議（ＮＳＣ）は、ＮＳＣ５４３１シリーズ「原子力平和利用における他国との協力」（一九五四年八月）、そしてＮＳＣ５５０７シリーズ「原子力の平和利用」（一九五五年三月）という重要な政策文書を起草した。ＮＳＣ５４３１／１は、二国間協定に基づき原子力に関する技術研修、技術情報、コンサルティング・サービス等を外国に提供し、そうした活動を通して「最大限の心理的・教育的利益を引き出し続けること」（Maximum psychological and educational advantage should continue to be taken）を謳っていた。また小型の研究用原子炉を提供することが、対象国が将来的に原子力発電を実現するための「自然な一歩」（a natural step）であるとも述べられていた。一方ＮＳＣ５５０７／２は、近い将来いくつかの諸国にアメリカ製発電炉を建設することは「大きな心理的利益」（great psychological advantages）をもたらすだろうと指摘した。しかし

1……Dwight D. Eisenhower, "Address at the Centennial Commencement of Pennsylvania State University," June 11, 1955.

2……Pennsylvania State University, College of Engineering website, https://www.rsec.psu.edu/Penn_State_Breazeale_Reactor.aspx. 二〇二〇年一〇月二一日閲覧。

ながら、原子力発電のコストの高さや建設場所の選定の難しさを勘案すると、建設費・運転費ともに安い小型研究炉は、「はるかに小さなコストで国際協力における心理的利益を確保する手段」(means of securing psychological advantage in international cooperation at a much lower cost) になり得るとしていた。[3] すなわち小型の研究用原子炉は、将来より大規模な発電用原子炉を輸出するための布石であり、市場開拓の手段であるとともに、小型研究炉そのものが「心理的・教育的」な利益の源泉でもあると考えられたのだ。一九五〇年代半ばの段階では、アメリカにおいても発電炉は未だ開発段階であったから、将来の海外市場を開拓するといっても未確定要素が多かった。[4] そのような状況下で小型研究炉を提供することは、まだ実際には出来上がっていない商品のサンプルを手渡し、その商品を使いこなすための技術や人材を育てるようなものであった。そうした行為が、アメリカへの感謝や尊敬、そして技術教育を通じた継続的なコミットメントを生み出すことを、アメリカ政府は期待したのである。

外国に原子炉の提供を行うためには、アメリカ原子力法の規定により、まず対象国との間に二国間協定(研究協定)を結ぶ必要があった。一九六〇年末までに、アメリカ政府は三七か国と二国間協定を締結し、締結国に対してはアメリカ製原子炉購入にあたって三五万ドル(もしくは原子炉価格の半分)の財政的支援も提供した。原子炉本体の部品はすべてアメリカの企業から輸入され、発展途上国においては建設作業もアメリカの建設会社によって行われる場合が多かった。アジアにおいては、日本、台湾、フィリピンが一九五五年に二国間協定を締結し、それに韓国(一九五六年)、タイ(一九五八年)、南ヴェトナム(一九五九年)、インドネシア(一九六〇年)が続いた。[5] しかし、中には後に述べるビルマのように、原子炉は提供されずに(すなわち協定は結ばれずに)放射性同位元素に関する実験設備だけが提供された国もあった。アメリカ政府はこれらの国々に対して、どのような基準といかなる交渉過程をもって原子力技術援助を決定していたのであろうか。NSCが述べたように、原子炉の提供はソ連との競争において「心理的利益」を得ることにつながると考えられていた。一方援助対象国にとっては、アメリカ製原子炉の受け入れは、科学技術や学知を通してアメリカを中心とする「自由世界」の一角に組み込まれる可能性を示唆していた。序章で示した通り、科学技術はそれを受け入れる社会や文化のあり方にも影響を与えるがゆえに、原子炉を輸入することは、単なる技術移転にとどまらない深く長期的な帰結を伴う。したがって二国間協定の締結は、アメリカと受け入れ国の双方にとって、極めて政治的な選択であった。

しかし結果的に見れば、アメリカ製研究用原子炉の提供を受けた全ての国が、アメリカ政府が期待したように後に発電炉を購入し、アメリカ製技術への依存体制を育んだわけではなかった。南ヴェトナムの事例では、アメリカの意思決定の裏に果たして合理性があったのかどうか疑念を抱かざるを得ない。アメリカはインドシナ戦争のさなかに南ヴェトナムに研究用原子炉の提供を行うものの、サイゴン陥落の直前にヴェトナム人民軍（北ヴェトナム）によって接収される。またアメリカは韓国に対しても研究炉を提供したが、朴正熙（パク・チョンヒ）の核武装への野心を恐れ、より大型の原子炉の提供は長い間行われなかった。結果として、一九七八年になってようやく韓国の原子力発電は始まったのである。フィリピンは一九七六年に原子力発電所の建造を開始したものの、特に一九七九年アメリカで発生したスリーマイル島原子力発電所事故の後、猛烈な反核運動に遭い、結局原子力発電は行われずじまいに終わった。こうした事例から明らかなように、原子炉の新規市場を開拓するというアメ

3 ……Document 238, "National Security Council Report, NSC5431/1, Statement of Policy by the National Security Council on Cooperation With Other Nations in the Peaceful Uses of Atomic Energy," August 13, 1954 *FRUS*, 1952–1954, National Security Affairs, Volume II, Part 2, https://history.state.gov/historicaldocuments/frus1952-54v02p2/d238; Document 14. "National Security Council Report, NSC5507/2, Peaceful Uses of Atomic Energy," March 12, 1955, *FRUS*, 1955–1957, Regulation of Armament; Atomic Energy, Volume XX, https://history.state.gov/historicaldocuments/frus1955-57v20/d14. 二〇二〇年一一月五日閲覧。

4 ……イギリス原子力公社総裁であったW・マーシャルによれば、アメリカ製軽水炉の実用化は一九五八年に漸く可能になったという。この点をご教示くださった広島大学の市川浩先生に深謝する。W・マーシャル編／住田健二監訳『原子力の技術1　原子炉技術の発展』（筑摩書房、一九八六年）。

5 ……R. G. Hewlett and J. M. Holl, "A history of the United States Atomic Energy Commission, 1952–1960," Volume 3, Appendix 6, U.S. Department of Energy, Office of Scientific and Technical Information, https://www.osti.gov/servlets/purl/6150636.

リカの野望は、必ずしも成功したわけではなかった。[6] 反対に、ビルマ（当時）はアメリカ政府に対して研究用原子炉の提供と原子力発電のための技術支援を要請したものの、アメリカはこれに応じなかった。アメリカ政府は、ビルマには基礎科学の十分な基盤が欠如しており、研究用原子炉を所有するのは「時期尚早」であると判断したからである。

本章では、南ヴェトナム、ビルマ、日本という三つの対照的なアジアの事例を取り上げ、南ヴェトナムと日本については二国間原子力協定（研究協定）の締結経緯を、またビルマについては原子炉ではなく研究設備のみが提供された過程を分析する。これらの国々はどのような目的でアメリカの支援を求め、アメリカはどのような理由でこれらの国々に研究炉を輸出すべきか否かを判断したのだろうか。一次史料をもとに交渉過程をたどると、原子炉市場の開拓や原子力発電の導入といった具体的な理由だけではなく、国の「威信」や国民の「期待」といったような漠然とした心理的要因がしばしば登場する。科学技術が生み出す「モノ」や「カネ」だけではなく、それがもたらす心理的効果が政治的重要性を持っていたことを三つの事例は示している。これはNSCが期待した「心理的・教育的」な効果と呼応するものでもあった。軍事用と民生用の両方に応用される「デュアル・ユース・テクノロジー」はインターネットやGPSをはじめ枚挙にいとまがない。しかし本章の事例からは、原子炉や原子力技術が、上記に加えて人々の心を動かすためにも用いられる「トリプル・ユース・テクノロジー」として文化冷戦に重要な役割を果たしたことが浮かび上がる。

1　原子力技術援助の背景

「フォーリン・アトムズ・フォー・ピース」という表現は、ペンシルヴァニア州立大学での大統領講演の頃から、アメリカ政府内部で盛んに使われるようになる。政府文書中の使われ方を見ると、原子力に関する外国への技術支援、財政支援、原子炉輸出、技術者の訓練、そして原子力に関する映画上映・講演会・博覧会などの広報活動まで、幅広い活動が「フォーリン・アトムズ・フォー・ピース」と呼ばれていたことが分かる。

そこで国ごとの事例に入る前に、まず本節では「フォーリン・アトムズ・フォー・ピース」の背景を三つの側面に分けて検討したい。第一の側面は、第三世界の国々からの原子力への熱を帯びた期待と、それに対する米ソ(そして部分的には英国も)による科学技術援助競争であった。アイゼンハワー大統領の国連演説、ペンシルヴァニア州立大学での演説、そして一九五五年八月ジュネーブで開催された第一回原子力平和国際会議など、原子力をめぐる一連の出来事は、第三世界の指導者・国民の近代化への欲望に火をつけることになった。人々は原子力技術さえ手に入れれば、国の近代化を一挙に進めることが出来ると夢想した。[7] 発電だけではなく、放射性同位元素を用いた穀物の品種改良や食品保存、癌治療や蚊の撲滅など、あらゆる分野で原子力の可能性に期待が高まった。NSCが外国に研究用原子炉を提供することによって「心理的・教育的利益を引き出し続ける」ことが出来ると考えた理由は、まさにこのような所にあった。他国の恭順や忠誠と引き換えに技術援助が行われたという点では伝統的なハードパワー外交にも見えるが、そこには単純な「取り引き」以上の何か――すなわち原子力を求める国々の渇望を満たし、寛大な支援に対する感謝を育て、そしてアメリカを中心とする科学技術ネットワークへの

6……フィリピンに関しては、伊藤裕子「フィリピンの原子力発電所構想と米比関係――ホワイト・エレファントの創造」加藤哲郎・井川充雄編『原子力と冷戦――日本とアジアの原発導入』(花伝社、二〇一三年)、一〇五―一三四頁、友次晋介「『アジア原子力センター』構想とその挫折」『国際政治』一六三号(二〇一一年一月)、一四―二七頁。韓国については、小林聡明「南北朝鮮の原子力開発――分断と冷戦のあいだで」加藤哲郎・井川充雄編著『原子力と冷戦――日本とアジアの原発導入』(花伝社、二〇一三年)一六七―二〇四頁。Kim Sonjun, "Formation and Transition of the Korean Atomic Power System, from 1953–1980," doctoral dissertation, Seoul National University, 2012; John DiMoia, "Atoms for Power?: The Atomic Energy Research Institute (AERI) and South Korean Electrification, 1948–1965," *Historia Scientiarum*, vol. 19–2 (2009): 170–183.

7……発展途上国の原子力技術への期待については、例えばJohn Krige, "Techno-Utopian Dreams"を参照。

取り込みを図るという要素が含まれていたように思われる。これを「心理的」要因と呼ぶかどうかは別として、対象国の社会と文化に対する長期的な効果が見込まれていたことは確かである。

「フォーリン・アトムズ・フォー・ピース」の二番目の側面は、ソ連やイギリス等との原子炉開発競争を背景として、産業界の隘路を拓くための原子炉輸出政策である。アメリカの産業界では第二次世界大戦後、早い時期から原子炉ビジネスへの期待が高まっていた。マンハッタン計画（原爆開発計画）には民間企業の技術者も多数参加しており、原爆開発に使われた技術が発電にも応用できることが分かっていたからである。一九四六年夏に成立したマクマホン法（原子力法）は、その前に廃案に追い込まれたメイ・ジョンソン法案とは対照的に、原子力技術を軍が独占することを否定して文民機関であるＡＥＣを設置した。しかしこの法律も、一般の研究者や企業が原子力関連の技術情報にアクセスすることは認めなかった。これに対して、産業界からは原子力技術情報を公開すべきだという強い要望があった。一九五二年の大統領選挙において、勝てば一二年ぶりの共和党政権となるドワイト・アイゼンハワー候補を支持した産業界は、新政権がマクマホン法を改正して原子力技術情報を公開することを期待した。アイゼンハワー政権はこうした期待を裏切らず、一九五四年に新たな原子力法を成立させて、科学技術情報の一部を機密解除した。

この時点では、産業界は原子力発電に対して楽観的な期待を抱いていた。しかし間もなく、商業的な原子力発電が確立されるにはまだ長い道のりがあることに、企業各社は気付くことになる。発電コストの高さや事故補償上の問題が明らかになるにつれ、次第に原子炉開発に消極的になる民間企業に対して、アメリカ政府は研究開発を続けるよう説得する必要があった。ソ連は急速に原子力発電を推進し、既にオブニンスクにおいて世界初となる原子力発電に成功していたからである。アメリカ政府は民間企業に対して、愛国心に訴えるだけでなく資金援助の提供も申し出た。結果として、一九五六年末までには三〇基の民間の原子炉が建造され、さらに五九基の原子炉が建造中ないし契約中であった。水力、火力など既存の発電方法にコスト面で勝る見込みは皆無であったにもかかわらず、「六九の電力会社」が「一四の電力計画」に資本投下していたのである。[8] 国内の電力需要は既に飽和状態にあったために、アメリカの企業は海外市場に販路を求め、アメリカ政府もこれを奨励した。彼らの計画は、まず初めに小規模な研究用原子炉を輸出し、現地の技術者たちにアメリカの原子力技術に習熟してもらい、次に大規模な発電用の原子炉を輸出するというものであった。ただし本章冒頭で述べた通り、発電炉の完成は一九五八年であったため、未だ完成していない商品を売り込んでいたのだ。いずれにせよ、アメリカ国内で水力・火力発電に伍するような低コストの発電炉が実現するまでの間、海外市場に活路を求めたアメリカは、研究炉を輸出するために次々と二国間協定を結んだのである。[9]

第三の側面は、原子炉輸出を伴うか否かにかかわらず実行された対外情報プログラムのテーマとしての「フォーリン・アトムズ・フォー・ピース」である。「平和のための原子力」はアイゼンハワー大統領の国連演説の後、USIAの対外情報プログラムの最優先テーマの一つになり、膨大な量の情報がUSIS映画やVOAラジオ、原子力平和利用博覧会や講演会、雑誌、パンフレットなどを通して世界各国に流された。読売新聞とアメリカ政府の共催で一九五五年に日本で開催された一連の「原子力平和利用博覧会」については、これまで多くの研究者やマスメディアによって取り上げられてきたが、同様の展示は日本だけではなく世界中で開催されていた。[10]こうした対外情報プログラムは、特に原子炉輸出の見込みのある国々で集中的に行われたが、二国間協定が締結されなかった国や原子力発電が導入される見込みがほとんど無い国々においてさえも実施された。原子炉の輸出や技術援助が伴わない場合でも原子力に関する対外情報プログラムが推進されたという事実は、後に宇宙飛行というテーマ（第7章参照）が、その技術移転がほぼ完全に非現実的であるにもかかわらず対外情報プログラムと

8……『日米原子力産業合同会議議事録』（一九五七年）、二一〇頁。
9……Hewlett and Holl, Appendix 6.
10……原子力平和利用博覧会に関する先行研究については、序章の注8を参照。

して成立し得たことにも通じる。すなわち対外情報プログラムは、製品や技術の輸出と重なる場合も重ならない場合もあり得たことが分かる。

以上のように「フォーリン・アトムズ・フォー・ピース」には、技術援助や原子炉提供によって対象国の忠誠や恭順、あるいはより長期的な心理的・教育的効果を得ようとする側面、原子炉産業の市場開拓という側面、そしてイメージの力によってアメリカの威信や評価を高めようとする側面があった。これらは相互に排他的なものではなく、一つの対象国であっても複数の要因が複雑に絡まり合いながら進行した。さらに相手国の国内事情や歴史的背景によっても、アメリカの「フォーリン・アトムズ・フォー・ピース」は左右された。アメリカ製原子力技術を受け入れた国において、上に述べたような「フォーリン・アトムズ・フォー・ピース」の多様な側面がそれぞれどのように展開して行ったのか、以下の事例を通して明らかにする。

2　南ヴェトナム

南ヴェトナムのケースは、長期的に見ればアメリカにとって完全な失敗例であったと言えよう。研究用原子炉の供与によってアメリカが得るところは少なく、それどころか、深刻な安全保障上のリスクをもたらし、最終的に研究用原子炉を北ヴェトナムに摂取されてしまった。[11] 瀬戸際のところでアメリカは、大きな危険を冒して燃料棒だけは取り出し、本国に送還したのである。一九五八年にアメリカと南ヴェトナムが二国間協定に向けた話し合いを始めた時期には、アメリカは依然としてゴ・ディン・ジエム（Ngô Đình Diệm）大統領を支援していた。それから数年経った後にようやく、ゴ・ディン・ジエム政権の腐敗した独裁体制にアメリカも堪忍袋の緒が切れ、アメリカ中央情報局（CIA）承認の下でのクーデターで彼は殺害される。[12] しかしながら、一九五八年の時点でも既に、ホー・チ・ミン（Hồ Chí Minh）の北ヴェトナムにおける社会主義経済の建設は進んでおり、翌年には武力闘争によって南ヴェトナムを開放することを決断し、ホー・チ・ミン・ルート（北ヴェトナムからラオスやカンボジアを通って南ヴェトナムに至る補給路）の建設に乗り出していた。このようにアメリカが南ヴェトナムへの原子炉輸出を決断した際の環境は、どう見ても安全で安定したものではなかった。

国務省文書から分かるのは、南ヴェトナムに対して研究用原子炉を提供する着想ができたのは一九五八年の夏であり、一人のヴェトナム人科学者がその中心に居たということである。一九五八年八月二三日、ゴ・ディン・ジエム大統領はサイゴンでダーブラウ（Elbridge Durbrow）アメリカ大使に、原子力研究所の建設計画を打ち明けた。ジエム大統領はアメリカに対し基礎研究の便宜を図ってほしいと要請したが、原子炉の要請は行わなかった。彼の考えは、八〜一〇年をかけてヴェトナム（アメリカの公文書中では南ヴェトナムを指して「ヴェトナム」と表記されているため、原文のまま引用する）の原子科学を育み、長期的には、原子力発電所を建設して電力供給を行う

11……序章において、ヴェトナム共和国（ＲＶＮ）を「南ヴェトナム」と表記することを注記したが、ヴェトナム民主共和国（ＤＲＶ　現ヴェトナム社会主義共和国）についてもこれに準じて「北ヴェトナム」と表記することにする。

12……一九世紀からフランスの植民地支配の下に置かれていたヴェトナムは、第二次世界大戦中、日本軍の支配下に入るが、一九四五年、日本の敗退に伴い独立運動の指導者ホー・チ・ミンが独立を宣言する。しかし、インドシナ半島の支配を続けようとするフランスとの間で戦争（第一次インドシナ戦争）が始まると、アメリカ政府はアジアの共産化を恐れ、共産主義者のホー・チ・ミンではなくフランス軍を支援した。一九五四年、ディエンビエンフーの闘いでフランスが破れ、ジュネーヴ休戦協定が成立した。しかしアメリカ政府は、合意されていた統一選挙の実施を拒否してカトリック教徒の貴族ゴ・ディン・ジエムを首班とするヴェトナム共和国（南ヴェトナム）を建国させた。しかしゴ・ディン・ジエムは一族支配による腐敗した政治を行い、政敵や仏教徒を容赦なく弾圧したため、民衆の信頼を得られなかった。また実弟で大統領補佐官であったゴ・ディン・ニューの妻マダム・ニューが、弾圧に抗議して焼身自殺を遂げた僧侶のことを「坊主のバーベキュー」とＴＶインタビューで愚弄したことは、世界中から顰蹙を買った。アメリカ政府は次第にゴ・ディン・ジエムに失望し、ついには一九六三年、軍事クーデターによるゴ・ディン・ジエムの殺害を黙認した。ゴ・ディン・ジエムとアメリカとの関係について詳しくは、松岡完『ケネディはベトナムにどう向き合ったか――ＪＦＫとゴ・ジン・ジェムの暗闘』（ミネルヴァ書房、二〇一五年）を参照。よりコンパクトな冷戦期のヴェトナム情勢についての記述は、松岡完・広瀬佳一・竹中佳彦編著『冷戦史――その起源・展開・終焉と日本』（同文舘出版、二〇〇三年）を参照。

というものであった。さらに彼は、同年ジュネーブで開催された第二回原子力平和利用国際会議に使節団を派遣する考えも表明している。ダーブラウ大使は国務省に対して、ヴェトナムの使節団とジュネーブおよびウィーンのアメリカ代表（おそらくIAEAのアメリカの代表のことだと思われる）との間で会合を行い、ヴェトナム人科学者たちの能力、訓練経験、関心がどの程度のものであるかを評価し、どのようなアメリカ側の支援が適切であるかを検討するよう要請を行っている。[13]

しかしながらアメリカ政府が驚いたことには、原子力平和利用国際会議への南ヴェトナム使節団のトップであるブ・ホイ（Nguyễn Phúc Bửu Hội）博士が、ジュネーブでの記者会見の中で、南ヴェトナムはアメリカの民間企業から研究用原子炉の購入を計画していると発表したのである。前述の通りアメリカから原子炉を輸入するためには、法律上まず二国間協定を結ぶことが必要であった。ところがブ・ホイは、まだ二国間協定についてアメリカ政府と何も話し合いが行われていないうちから、原子炉輸入を宣言してしまったのである。彼は一九三〇年代にソルボンヌ大学で高等教育を受け、既に国際的に名の知れた生化学者であり、ヴェトナム王室の血統を引く「王子」でもあった。元々はホー・チ・ミンの独立運動を支持していたが、運動が共産主義に傾いたことで決別し、一九五一年にゴ・ディン・ジエムに支援を申し出た。ブ・ホイは武力ではなく対話による共存を進言する穏健派であり、またジエム政権による弾圧の対象となっていた仏教徒でもあった。ブ・ホイの穏健路線はジエム大統領に受け入れられなかったが、それでも彼は最後までジエム政権を支え続け、国連やアメリカとの仲介役を務める。[14]このように著名な知識人であるブ・ホイの発言を、南ヴェトナムの各紙は一面で報じた。影響力のある新聞の一つである*Journal d'Extremme-Orient*紙が引用したブ・ホイの発言は、「フランス科学のおかげで、ヴェトナムは重要な知的ノウハウを有している」ので、「ヴェトナムには有り余るくらいの知識人がおり」、それ故に「彼らが科学的な研究を行える機会を作る必要があるのだ」というものであった。ブ・ホイによれば、ヴェトナムは、「知的観点から見れば東南アジアの中で最も重要な国に成り得るものであり」、「我々と緊密な関係を有しているフランスとアメリカという二か国の支援で、地域の問題の解決に資することができる」のであった。これを受けてダーブラウ大使は国務省に対して、「とりわけアジア原子力センターの建設計画との絡みで」ジエムとの対話を続けると報告している。[15]

アジア原子力センターとは、一九五五年に考案されたコロンボ・プラン構想の一部であり、アジアにおいて原子力科学技術の研究・訓練センターを設立することを目的としていた。そのメンバー国は、優先的に研究用原子炉の提供を受けることとなっていた。コロンボ・プランとは、元イギリス植民地のコモンウェルス諸国に対して戦時中にイギリスが負った負債、いわゆる「スターリング・バランス」を返済するために設置された国際枠組みであったが、アメリカはこの枠組みに食い込み、自らのイニシアティブで「アジア原子力センター」を設置することで、アジアでの影響力拡大を狙っていたのである。日本政府は原子力センターの日本への受け入れを熱望したが、アメリカ政府は、日米だけがセンターの恩恵を受けるという印象をアジアの指導者たちに与えることを恐れた。こうして、セイロン（当時）のコロンボがセンターの設立地として選ばれたわけであるが、その理由は、セイロンがコモンウェルスの一部であり、イギリス政府の同意を得ることが容易であったからである。しかしながら、一九五六年前半には親米的なフィリピンのマグサイサイ大統領の政権を強化するという戦略的必要性から、アメリカはセンター設立地をフィリピンのマニラに移転させた。しかしこの計画もまた、マグサイサイが不慮の事故死を遂げたことで袋小路に陥いり、アジア原子力センターへのアメリカの関心そのものも下火となって、一

13 Telegram from Saigon to Department of State, September 6, 1958; "Memorandum of Conversation, President Ngo Dinh Diem, Ambassador Elbridge Durbrow," August 23, 1958, RG84, Entry UD2092D, box 1, NACP.

14 Ellen J. Hammer, *A Death in November: America in Vietnam, 1963* (New York: E. P. Dutton, 1987), 48–49, 88; Jessica M. Chapman, *Cauldron of Resistance: Ngo Dinh Diem, the United States, and 1950s Southern Vietnam* (Ithaca: Cornell University Press, 2013), 176–177, Kindle.

15 Telegram from Saigon to Department of State, September 6, 1958; "Memorandum of Conversation, President Ngo Dinh Diem, Ambassador Elbridge Durbrow," August 23, 1958, RG84, Entry UD2092D, box 1, NACP.

九五九年三月、ついにアメリカ政府は計画の無期限延期を決定した。[16] しかしながら、一九五八年三月に南ヴェトナムが原子力研究計画を始動させた頃には、アメリカ政府は依然として計画を放棄しておらず、アジア諸国に対しプロジェクトへの参加を促していた。このため国務省は、ジエムをアジア原子力センター計画への潜在的協力者と見なしたのであった。

まだ国連ジュネーブ会議にブ・ホイが出席中であった一九五八年九月上旬、南ヴェトナムの『タイム・オブ・ヴェトナム』（*Time of Vietnam*）紙は、ブ・ホイがジェネラル・アトミクス社と三〇キロワットの研究用原子炉トリガ・マークⅡの購入のための準備交渉を始めることを公にしたと報じた。ブ・ホイの独断専行ぶりに不安を抱いたサイゴンのアメリカ大使館は国務省に、「もしアメリカ政府がこの購入を時期尚早と考えるのであれば、今すぐヴェトナム政府に直言することが最善である」と打電した。[17] しかしながら、ダレス国務長官のこれに対する返答は、「もし原子炉が良く練られた原子力研究及び訓練計画の中で活用されるのであれば、国務省とAECは、南ヴェトナムによる原子炉の購入、および、一九五五年に大統領が述べた三五万ドルの提案の範囲内での資金援助への申請を奨励するつもりである」というものであった。さらにダレスは、「原子炉以外の原子力エネルギー設備に関して」もまた、「アメリカ政府が設備リストを事前に承認することを条件に」資金援助を提供する用意があると述べた。[18]

国務長官の事実上の承認を得て、南ヴェトナムにおける原子炉プロジェクトは急速に進展した。一〇月上旬、IAEA総会に出席していたブ・ホイはアメリカ代表に、二国間協定を締結したいという意思を伝えた。彼は既にデンマークとグアテマラの協定書をサンプルとしてサイゴンの本国政府に送っていた。彼はアメリカの財政支援でトリガ研究用原子炉を購入し、サイゴンから北におよそ一八〇マイル（二八九キロメートル）離れた高原の避暑地ダラットに、原子力研究施設を建設しようと計画していたのである。ジェネラル・アトミクス社は、建設を担当するカイザー社の協力を得て、既に立地調査を行おうとしていた。ウィーンのアメリカ大使館は、ブ・ホイのことを、「友好的で、意思疎通がよくでき、アメリカの強力な支援者であるように思われ」、また、「現実的であり、ヴェトナム経済の限界をよく理解している」と高く評価した。[19] アメリカ政府が南ヴェトナムで発行していた新聞『サイゴン・デイリー・ニュース・ラウンドアップ』（*Saigon Daily News Round-Up*）は、ブ・ホイがフランスによる占領時代、一時は「共産主義者のプロパガンダに利用されていた」ものの、最終的にはフランスから帰国して南ヴェトナム政府に協力したこと褒め称え、海外留学中のヴェトナム人知識人にも、彼に倣って帰国するよう促した。[20] このように知名度が高く影響力を持つブ・ホイは、科学者でありながらアメリカとの交渉も担うテクノクラート、そしてヴェトナム人知識層に対するロール・モデルの役割も果たしたのであった。

一九五八年一〇月に、ゴ・ディン・ジエム大統領とサイゴンのアメリカ大使館との間で一連の会合が開かれた。その期間中にダーブラウ大使がゴ・ディン・ジエムに手交した「非公式文書」には、「ワシントンの政府当局およびサイゴンの現地スタッフは、原子力分野における活動のための用意周到な計画を発展させることが、ヴェトナムの利益にかなうものと考えている。」と記されていた。またダーブラウはジエムに対し口頭で、「貴殿は研究用原子炉の獲得に特段の関心を寄せているとは言わなかった」ものの、アメリカ政府は「ブ・ホイ博士がダラットの原子力研究所で使用される原子炉購入についてアメリカ企業と話し合っている」ことも、「彼がヴェトナム政府に二国間協定書のひな型を送付した」ことも把握していると伝えた。[21]

その一方でサイゴンのアメリカ大使館は、ヴェトナムへの原子炉提供が本当にアメリカの国益に資するのかど

16……コロンボ・プランについての詳細は、渡辺昭一編著『コロンボ・プラン——戦後アジア国際秩序の形成』（法政大学出版局、二〇一四年）を参照。アジア原子力センターについては、友次前掲論文、一四—二七頁。
17……Telegram from Saigon to Department of State, September 12, 1958, RG84, Entry UD2092D, box 1, NACP.
18……Airgram from Secretary of State to US Embassy Saigon, October 5, 1958, RG84, Entry UD2092D, box 1, NACP.
19……Telegram from US Embassy Vienna to Saigon, October 2, 1958, RG84, Entry UD2092D, box 1, NACP.
20……Cach Mang Quoc Gia, "Editorial： When a Man is Sincere," *Saigon Dailey News Round-Up*, December 3, 1958, RG469, Entry P 89, box 2, NACP.

うかを検討するため、各方面から情報収集を行った。例えば一九五八年一一月二六日、大使館はブ・ホイの部下で後に原子力副長官となるル・トゥアン・アン（Lê Tuấn Anh）をはじめとするヴェトナム人科学者数人から聞き取り調査を行った。ル・トゥアン・アンが語った内容から、トリガ型原子炉のメーカーであるジェネラル・ダイナミクス社（前出のジェネラル・アトミクスの親会社）とＡＥＣが、二国間協定の締結に向けてブ・ホイらを支援し、原子炉建設を急いでいることが分かった。すなわちジェネラル・ダイナミクス社のローランダー（C. A. Rolander）が、二国間協定の文書起草を手伝い、その草案はすでにＡＥＣに送られ内諾を得ているというのである。ブ・ホイ、ル・トゥアン・アン、ローランダーの三人は、ウィーンで開催されたＩＡＥＡ国際会議ではアメリカ代表団を率いるＡＥＣのホール（John A. Hall）と、またジュネーブの国連原子力平和利用会議ではＡＥＣ議長のマコーン（John A. McCone）と、二国間協定について話し合ったという。さらに、ジェネラル・ダイナミクス社のマックレイノルズ（Mr. McReynolds）がサイゴンを訪れ、立地調査のために駐在しているカイザー社の技師たちに建設を急ぐように促したという。二国間協定についてヴェトナム政府外交部はまったく関与しておらず、大統領直轄で話が進められていることも分かった。二国間協定を結ぶための国内法が整備されていないにもかかわらず、ル・トゥアン・アンは、「ヴェトナムにはアメリカやフランスで訓練を受けた一二名の原子力技術者が居るので、トリガ型原子炉の運営には十分だ」と楽観的だった。ブ・ホイと大統領は原子炉をできるだけ早く稼働させたいと願っており、大統領は「初年度に四〇万ドル、次年度からは三〇万ドル、建設のための費用として六〇万ドル」を用意し、「残り」はアメリカから援助してもらうと言っている。しかし、ヴェトナム側の予算の出所は不明であった。[22]

国務省の頭越しにアメリカ企業・ＡＥＣ・南ヴェトナム政府の三者で二国間協定に向けた話し合いが進められていること、また南ヴェトナム側では周到な計画も無く大統領周辺の独断で事態が進行していること知ったアメリカ大使館は国務省に対して、南ヴェトナムへの原子炉提供に「慎重に」なるべきであると警告する長文電報を打った。その内容は、要約すれば以下のようなものであった。

大使館は、「ヴェトナムが原子炉建設を非常に拙速に行おうとしている」という印象を得ている。専門家の助言やヴェトナム政府との踏み込んだ話し合いが無い状態で、アメリカ大使館および国際協力局（ＩＣＡ）サイゴン支部（USOM Saigon：USOM は U. S. Operation Mission の略称、詳しくは次節参照）は、二国間協定や原子炉計画への財政援助について「建設的なコメントを行うことは出来ない。」むしろ大使館とＵＳＯＭは、今の時期にヴェトナムに原子炉を建設することが、他の開発ニーズに照らして適切かどうか疑わしいと考えている。アメリカの財政支援は、「よく計画された原子力開発プログラム」に対して行うことになっているが、ジエム大統領とブ・ホイ博士は、長期的な計画の無いまま原子炉を調達しようとしている。アメリカ政府は、「本当のニーズに合致しないプロジェクトに対して支援を行っている」という非難を受けないようにするべきである。南ヴェトナムの知識人からは既に、ジエム大統領は「威信と政治的野心のため」すなわち「フランス在住のヴェトナム人知識人をヴェトナムに引き戻したい」とか、「北ヴェトナムを含むヴェトナム人民に対して科学技術の進歩を示すパワフルな象徴を突き付けたい」とかいう欲望に基づいて行動しているという批判が聞こえてくる。彼らの眼から見れば、原子炉プロジェクトにはほとんど有益性の根拠が無く、他の開発プログラムに充てるべき資金を浪費するだけである。また、原子科学のバックグラウンドの乏しいブ・ホイ博士が原子炉を運営できるのかどうかという点についても疑義が示されている。そのような疑念を表明しているヴェトナム人の中には、「予算および海外援助局」の局長であるヴ・ヴァン・タイ（Vu Van Thai 史料の英語つづりのまま）や、サイゴン大学教授のニュエン・チュアン・■■■■■■■■（Nguyen Quang ■■■■■■■印字不良のため判読不可能）も含まれている。大使館の広報担当

21……“Informal Paper Handed President Diem by Ambassador Durbrow,” October 10, 1958 ; Air Pouch from US Embassy Saigon to Department of State, October 16, 1958, RG84, Entry UD2092D, box 1, NACP.

22……Memorandum of Conversation, November 26, 1958, RG469, Entry P89, box 2, NACP.

官の報告書からは、地方の知識人たちも反対を表明していることが明らかになっている。ジエム大統領とブ・ホイ博士はこうした反対意見を封じるために、拙速に原子炉計画を進めようとしている。反対意見の一部はブ・ホイに対する妬みによるものだが、少なくとも批判の一部は、原子炉計画が「今のヴェトナムには不適切であるという誠実な確信」から来ている。アメリカ大使館は、ジエム大統領のいわゆる「政治的な動機」にも重要性があることは理解している。すなわち原子炉がもたらす「威信（prestige）」や、「在フランスのヴェトナム知識人を呼び戻す」効果には、有益な側面がある。またヴェトナム人科学者を訓練するための「基礎研究設備」を提供することには賛成である。しかし、拙速に二国間協定を結び原子炉と補助金を提供することには、慎重であるべきだ。[23]大使館はこのように述べて、国務省に対して慎重な姿勢を促したのである。

さらにこの後、アメリカ大使館の経済問題担当官ガーディナー（Gardiner）が行ったブ・ホイへの聞き取りでも、原子炉建設を急ぐ理由は（一）ヴェトナム人科学者のフランスからの帰国を促すこと、（二）北ヴェトナムに対しての権威を高めること、の二点であるということが、いっそう明確になった。ホイは、「フランスは彼らに良い給料を払っているので」ヴェトナムに引き戻すのは難しいが、「原子炉と研究所によって創り出される知的可能性が、金銭的な損失を補う」と考えていた。高原の避暑地ダラットに立地を決めたのも、ヴェトナム人や外国人の科学者にとって気候が魅力的だということが理由であった。またホイは「北ヴェトナムに対するプロパガンダの側面」にも言及した。北ヴェトナムには原子炉を運転する要員が居ないので原子炉を建設することは無いだろうが、彼らはすでに「原子力プログラムを開始しプロパガンダ目的に使っている」ので、ヴェトナム共和国はこれに対抗するために原子炉建設を急ぐ必要があるのだと言う。アメリカ人の原子炉専門家を招聘する必要性について、ホイは「問題は技術的というよりも政治的なことなので」、専門家はそれほど重要ではないと考えていた。[24]

こうしたやり取りを通して、アメリカ大使館の懸念は確信に変わった。一二月一六日付ダーブラウ大使からダレス国務長官宛の機密電報は、これまでの南ヴェトナム側との話し合いの経緯を整理した上で、原子炉建設計画の無謀さと無益さに警鐘を発し、原子炉提供に「強く反対する」と進言している。その内容を要約すると、以下の通りである。

一　最初にヴェトナムから原子炉購入の話が出たのはジュネーブでの新聞発表だった。大使館は国務省本省に指示を求め、もし時期尚早と判断するならすぐにその旨をヴェトナム政府に伝えるべきだと指摘した。国務省は、よく練られた研究・研修プログラムで使用されるならば、原子炉購入と補助金受給を奨励すると回答した。また国務省は、この趣旨を大統領に伝えるとともに、コンサルタントの派遣もオファーし、ヴェトナム政府に担当官僚を任命するよう依頼するよう大使館に指示した。

二　その当時、大使館とＵＳＯＭのスタッフの多くが、すぐに原子炉をヴェトナムに設置することに疑問を持っていた。大使館には技術面での判断能力は無いため、アメリカ人コンサルタントがヴェトナム政府と一緒にしっかり検討するまで判断を先送りするのがベストだと考えた。大使館はその旨ヴェトナム政府に提案したが、返答が得られなかった。

三　ヴェトナム政府がよく練られた原子力研究・研修プログラムを有しているとは思えない。大使館が非公式に入手した情報によれば、原子炉を効果的に使う計画は無い。また政府機関や大学関係者が計画の中に

23……The Department of State Despatch, No. 200, from Arthur Z. Gardiner, Counselor of Embassy for Economic Affairs, December 5, 1958, RG469, Entry P89, box 2, NACP.

24……From Arthur Z. Gardiner to the Department of State, December 16, 1950, RG469, Entry P89, box 2, NACP.

組み入れられておらず、むしろそうした方面からは原子炉プロジェクトへの反対意見が唱えられている。

四　原子炉プロジェクトの目的は主にヴェトナム現地での権威付けのためのように思われる。そのような政治的考慮にも一定の意義があるものの、圧倒的な意義とは言えない。またヴェトナム政府の財政難は周知の事実である。

五　ヴェトナムの本当のニーズとは関係の無いプロジェクトを我々が支援するのは不幸なことである。しかしワシントンの専門家は、現地では明らかではないような直接的な利点を知っているのかも知れない。

六　原子炉計画を支援することで、ヴェトナムが今後も資金や人材を浪費する派手なプロジェクトによって問題を解決しようとし、優先順位の高い問題に集中しようとしない傾向を助長するかも知れない。しっかりしたコンサルテーションを受けずにアメリカから補助金を受け取るという経験は、ジエム大統領がますます全面的にアメリカの資金援助に頼ることを促す可能性がある。

七　したがって大使館とＵＳＯＭは、ヴェトナム政府が原子炉計画のあらゆる側面について話し合うことに合意し、アメリカ政府が原子炉プロジェクトを優先的に検討する価値のあるものだと認めることが出来るまで、原子炉補助金を支給しないことを強く推奨する。

八　ヴェトナムでは原子炉補助金が二国間協定とリンクしていると考えられているので、もし二国間協定を結んだ後で補助金がもらえないことになれば、ヴェトナム政府は恥をかくだろう。そうするとヴェトナム政府は民間のコネクションを使ってアメリカに補助金を出すよう圧力をかけてくるかも知れない。したがって大使館は、すぐに二国間研究協定を結ぶことに関しても、強く反対する。

九　ブ・ホイ教授はワシントンに赴く予定であると理解している。しかし、もし以上のような大使館の分析に国務省が合意するならば、彼のワシントン訪問を取りやめさせるよう、在米ヴェトナム大使館を通して提案するほうが良いかもしれない。[25]

アメリカ大使館はこのように強い調子で、ヴェトナムへの原子炉提供に反対した。ところが年明けの一月七日にダーブラウ大使がダレス国務長官宛に送った電報の内容からは、国務省があくまでも二国間協定を結ぶ方針を堅持していたことが窺われる。

国務省の立場は、二国間協定の交渉を進めると同時に、ワシントンとサイゴンの両方において、ヴェトナム政府に対して、二国間協定の締結は単なる最初の一歩であり、それによって直ちにアメリカ政府による原子炉補助金の供与が保証されるわけではないことを完全に明確にしておくというものだと理解しております。ヴェトナム政府は既にカイザー社との建設契約、そしてジェネラル・ダイナミクス社との原子炉購入契約に深くコミットしており、二国間協定への署名が持つ影響力は小さいものでしかないということを、大使館は指摘しておきたい。二国間協定の締結前にＡＥＣによる原子炉計画の点検（レビュー）を行うことが可能でないならば、締結直後にそれを行うように準備することを提言いたします。[26]

25——From Durbrow to Secretary of State, December 16, 1958, RG469, Entry P89, box 2, NACP.
26——From Durbrow to Secretary of State, January 7, 1959, RG469, Entry P89, box 2, NACP.

この文面から読み取れることは、国務省は二国間協定が補助金に直結するものではないという点をヴェトナム側に伝える必要性は認めつつも、協定に向けた話し合いを進める方針に変更は無かった。しかもヴェトナム政府は既に、アメリカ企業との間で原子炉の購入と設置を約束しており、本来は先行すべき政府間協議は、もはや既成事実を追認するものでしかなかった。原子炉設置計画が有益で安全なものかどうかをチェックする「レビュー」も行われないうちに、計画が進められたのである。ダーブラウ大使をはじめとするアメリカ大使館員たちの強い懸念は、本国政府には響かなかったようだ。ダーブラウは、第二次世界大戦前からソ連およびヨーロッパを担当してきたベテラン外交官であった。彼は1957年にアイゼンハワー政権によって駐ヴェトナム大使に任命されたが、独裁的で腐敗したゴ・ディン・ジエム政権に次第に失望を深めて行った。一方ゴ・ディン・ジエムは、自らに批判的なダーブラウ大使を疎ましく思っていた。1961年にJ・F・ケネディが大統領に就任し、ゴ・ディン・ジエムへの支持を堅持する方針を打ち出すと、ダーブラウはアメリカに召還され、後任としてより融和的なフレデリック・ノルティング（Frederick Nolting）が着任する（第6章参照）[27]。こうした背景に照らすと、原子炉設置に関するアメリカ大使館から国務省への強い警鐘は、単に原子炉設置の是非というよりも、ゴ・ディン・ジエム政権そのものへの不信感に裏打ちされていたと見ることができる。数年後にはアメリカ政府がゴ・ディン・ジエムを見限り、彼の暗殺を黙認したことを勘案するならば、ダーブラウ大使の警鐘はもっと真剣に検討されるべきであったかも知れない。

結局、二国間原子炉協定の締結に向けた正式交渉は一九五九年一月二八日、ワシントンにおいて開始され、国務省およびAECの代表とヴェトナム大使館員が出席した。ル・トゥアン・アンは出席したが、ブ・ホイは病気のため欠席していた。ヴェトナム側が提出した草稿に対して、アメリカ側による主な修正点が示された。またアメリカ原子力法に則ってアイゼンハワー大統領の承認が必要なことや、議会の両院合同原子力委員会で三〇日間の検討期間を置かなくてはならないこと等、発効までの手順が説明された。翌日、AECにおいてル・トゥアン・アンは原子炉補助金を申請し、三五万ドルの補助金が南ヴェトナムに支払われることになった[28]。ダーブラウ大使は、ゴ・ディン・ジエムがさらに追加的な補助金を求めて来るのではないかと懸念していた。というのも、アメリカ政府がフィリピンに対して三五万ドルの原子炉補助金のほかに、マニラの原子力研究センター用に一五万ドルを上乗せしたことは、既にヴェトナム政府の知るところとなっていたからである。[29]「よく練られた研究計画が提出されるまでは補助金を支払うべきではない」という当初の議論に鑑みれば、なし崩し的に原子力援助が決定されて行ったのである。二国間協定は同年四月二二日にワシントンで署名され、七月一日に発効した。署名式に出席したのは、アメリカ側では極東担当国務次官補のウォルター・S・ロバートソン（Walter S. Robertson）とAEC議長ジョン・A・マコーン、ヴェトナム側ではジエム大統領の弟の妻であるマダム・ニュー（Madame Nhu）の父で一九五四年から駐アメリカ大使を務めてきたトラン・ヴァン・チュオン（Trần Văn Chương）であった（マダム・ニューついては註12を参照）。協定に基づきアメリカは南ヴェトナムに対して、研究用原子炉のデザイン、建設、運転に関する情報を提供し、アメリカ企業が設備やサービスを提供することが許可され、AECが六キログラムまでのウラニウム（U-235）を提供することになった。[30]

以上、アメリカと南ヴェトナムとの二国間協定締結までの経緯を国務省およびICAの資料に基づいて検討した。そこから浮かび上がるのは、現地事情を知る大使館が、原子炉建設は時期尚早であるばかりか、南ヴェトナム知識層からも反対意見が強く、アメリカの国益にもならないと警告していたにもかかわらず、原子炉・補助

27……Wolfgang Saxon, "Elbridge Durbrow, U. S. Diplomat, Dies at 93," *The New York Times*, May 23, 1997.

28……From Secretary Dulles to American Embassy Saigon, January 30, 1959, RG469, Entry P89, box 2, NACP.

29……From Durbrow to Secretary of State, February 4, 1960, RG469, Entry P89, box 2, NACP.

30……Press and Information Office, "Atomic Energy Agreement Signed Between U. S. and Viet-Nam," May 15, 1959, RG469, Entry P89, box 2 ; "Memorandum for Board Assistants and OCB Working Group on Southeast Asia（NSC5809）," January 13, 1960, RG 469, Entry P89, box 8, NACP. Tran Van Chuong 大使については、Hammer, *A Death in November*, 150–151 を参照。

金・ウラニウムの提供が進められたという事実である。その背景には、AECとアメリカ企業、そしてゴ・ディン・ジエム大統領とブ・ホイが原子炉導入に熱心であり、ダレス国務長官もこれを支持していたという経緯があった。大統領やブ・ホイが原子炉建設を望んだ理由は、国家の威信やプロパガンダ効果、そして留学生呼び戻しのための魅力作りであった。協定発効後の一九五九年一〇月にもブ・ホイは国務省のヴェトナム担当部長チャーマーズ・ウッド（Chalmers B. Wood）に対して、「正直なところ、ヴェトナムに原子炉を建設する主な理由は心理的なものであった。すなわち原子炉プログラムが海外からの帰国を促し、そのうち彼らの中から別の分野に進む者も現れることを期待したのだ。」と述べている。[31] それほどまでに原子炉のもつ「心理的」効果は絶大だと見なされていた。だからこそゴ・ディン・ジエム政権を支え続けようとしていたアメリカ国務省は、大使館の強い反対にもかかわらず二国間協定を推進したのであろう。

ブ・ホイが原子炉の魅力によって海外ヴェトナム人の帰国を促そうとした背景には、旧宗主国であるフランスに、ヴェトナムの科学者・知識人の多くが教育や就職の機会を求めていたという事情がある。彼らの多くはフランスで高等教育を受けた後、母国の戦乱を避けてフランスに残っていた。したがって南ヴェトナムとフランスの間には科学・学術における人脈が保たれていたが、アメリカにとってフランスは、原子力技術におけるライバル国であった。実際、南ヴェトナム政府はアメリカとの二国間協定の交渉と並行して、フランスとの間でも秘密裡に二国間協定の交渉を行っていた。一九六一年一月二八日、現地の新聞がフランスと南ヴェトナムとの間に原子力二国間協定が結ばれたことを報じると、サイゴンのアメリカ大使館は衝撃を受け、「大使館が事前に情報を受け取っていなかった」ことをウィーンのアメリカ大使館（当時ウィーンのアメリカ大使館はIAEAのアメリカ代表部を兼ねていた）に伝えている。しかし、ル・トゥアン・アンが主張するところによれば、「フランスとの非公式な交渉はアメリカよりも先に開始されていた」のであり、しかも「一九五九年の訪米の際に、フランスとヴェトナムとの間で協定が結ばれる可能性があることをAECに伝えてあった」というのである。彼はまた、フランスとの二国間協定の内容はアメリカの支援計画と対立するものではないとも述べていた。アメリカ政府は、フランスとの二国間協定のコピーの提供を要求したが、ブ・ホイは「機密扱い」であるとしてこれを拒絶した。[32]

研究用原子炉が自身の権威を高めると信じていたゴ・ディン・ジエム大統領は、大統領選挙の一九六一年四月九日に合わせてダラットの原子力研究所建設の着工式典を行った。彼はまた原子力研究所の背後の山上に、宗教的な記念碑の建造も計画していた。さらには、国際的に著名なヴェトナム人建築家ゴ・ヴェト・トゥ（Ngô Viết Thụ）に依頼して、原子炉の当初の外観プランを芸術的なデザインへと変更させたのであった。既にジェネラル・アトミクス社とカイザー社との間で建築契約が結ばれていたにもかかわらず、ゴ・ディン・ジエムはカイザー社の提案したシンプルで機能的な建屋デザインを好まず、リゾート地であるダラットの雰囲気に似合う「超現代的なデザイン」を望んだのであった。[33]彼にとっては、原子炉の機能よりも心理的効果を狙った外観のほうが重要であったのだ。

原子炉の建設と管理は、アメリカ大使館が以前に警告した通り数々の困難に直面した。第一、アメリカにとって最も信頼のできる仲介者であったブ・ホイは、原子力研究所の所長職のほかに、アフリカ諸国への大使やフランスの研究所員も兼任していたため、ほとんど国内に居ることがなかった。そこで南ヴェトナム政府は、ニューヨークのユニオン大学を卒業しスタンダード・バキューム石油に努めていたグエン・ディン・ホアン（Nguyễn Đình Hoàng）を帰国させ、副所長に据えた。しかし彼は原子力技術には馴染みがなく、突然課された重責に耐えることができず、二国間協定発効からわずか一か月後の一九五九年八月に自殺を遂げてしまう。既に厳しい状態

31……Chalmers B. Wood, Officer in Charge, Viet-Nam Affairs, “Memorandum of Conversation,” October 7, 1959, RG469, Entry P89, box 2, NACP.

32……From US Embassy Saigon to US Embassy Vienna, January 31, 1961, RG84, Entry UD2092D, box 1, NACP.

33……Foreign Service Despatch from US Embassy Saigon to Department of State, March 2 & April 30, 1961, RG84, Entry UD2092D, box 1, NACP.

であった人材不足に、グエン・ディン・ホアンの死が追い打ちをかけた。[34] 指導的立場にある科学者だけではなく、一般の技術者も不足していた。この問題を解決するために、アメリカはより多くのヴェトナム人留学生を受け入れるようになった。AEC東京支部長（アメリカ大使館の科学アタッシェを兼任）のハーバート・W・ペニントン（Herbert W. Pennington）と彼が所属する東京のアメリカ大使館は、アメリカの財政支援によって「現在アメリカの大学院で学んでいるヴェトナム人留学生に原子力技術の訓練を受けさせる」ことさえも提案した。ヴェトナム人留学生であれば専攻分野にかかわらず原子力技術を習得させるという提案は突飛に思えるが、それほどまでに技術者不足が深刻であったことが窺われる。[35]

国務省が作成したヴェトナム人技術者のリストによると、一九五〇年代中頃まではヴェトナム人技術者の大半がフランスをはじめとするヨーロッパ諸国に留学したが、それ以降は圧倒的多数がアメリカに留学している。ホアンの死後、原子力研究所の副所長を引き継いだル・トゥアン・アンの経歴はその典型的な例であった。彼は一九五四年オハイオ大学の数学科を卒業後、一九五八年にフランスのサクレー大学で原子物理学の博士号を取得した。しかし、そこから先は、専らアメリカの技術教育を受けることになる。テネシー州のオークリッジ国立研究所に付設された原子炉技術専門学校（Oak Ridge School of Reactor Technology : ORSORT）の第一期生として研修に参加した後、ジェネラル・エレクトリック社で原子炉の実地訓練を受け、一九六〇年にインドのニューデリーで開催されたアメリカ原子力平和利用博覧会の会場でトリガ・マークⅡ型原子炉の稼働を支援した後に、南ヴェトナムに帰国したのである。[36]

一九六二年にはダラットにおける原子炉が完成し、一九六三年に稼働した。しかしそれまでに既に、ヴェトナム情勢は悪化の一途をたどっていた。一九六〇年六月一五日の作戦調整委員会（ＯＣＢ）レポートには、「南におけるヴェトコンの活動は深刻な程度まで活発化し……ジエムの政府に対する民衆の不満を利用している」、「ジエムの政府は役人の腐敗や横暴そしてゲリラ活動に対する治安部隊の無力さに対する民衆の反感によって、かなり権威を失っている」、「ダーブラウ大使は最近、政府の腐敗についてアメリカ政府は知っており懸念していると非常に強い調子でジエムに抗議した」等の文章が続いている。民衆による支持を強めるための具体策としてダーブラウ大使は、「ジエムが定期的にラジオで国民に語りかけることや、政府のプログラムについてよりよく説明すること、将来の希望を与えること」などを挙げた。[37] 心理的効果を狙って建設された原子炉であったが、それは現地の人々の支持を得てはいなかった。国民に「希望」を与えるための心理戦の道具としてアメリカ大使館が推奨したものが、原子炉ではなく「ラジオ」であったことは興味深い。ヴェトナム戦争について多くの著作のある歴史学者の松岡完によれば、アメリカにとってヴェトナム社会について何も理解していない「無知こそが敵」であったと指摘する。[38] 原子力支援においても、国の中心的存在である農民たちが原子炉など欲していないということを理解せず、原子炉の魅力がゴ・ディン・ジエム政権の維持に役立つと考えたところに、アメリカの失敗があったと言えるだろう。

その後、南ヴェトナム人民解放勢力（People's Liberation Armed Forces of South Vietnam : PLAF）すなわちヴェトコンの攻撃が激しさを増したために、原子炉は運転停止に追い込まれる。一九七五年のサイゴン陥落の一か月前には、PLAFがダラット近くにまで進軍し、アメリカ政府は原子炉の放棄を余儀なくされる。しかし、燃料棒に関する技術情報だけは敵に渡したくなかったアメリカ政府は、二人のアメリカ人科学者、ウォーリー・ヘンドリックソン（Wally Hendrickson）とジョン・ホーラン（John Hollan）をダラットに派遣し、原子炉から燃料棒を取

34……Foreign Service Despatch from US Embassy Saigon to Department of State, April 30, August 19, November 4, 1961, RG84, Entry UD2092D, box 1, NACP.

35……From MacArthur to U.S. Embassy Vienna, July 24, 1959, RG84, Entry UD2092D, box 1, NACP.

36……From Herbert Pennington to A. A. Wells, November 7, 1960, RG84, Entry UD2092D, box 1, NACP.

37……"OCB Special Report : Possible Actions to Improve the Situation in Viet-Nam," June 15, 1960, RG469, Entry P89, box 8, NACP.

38……松岡完『ケネディとベトナム戦争――反乱鎮圧戦略の挫折』（錦正社、二〇一三年）、三九一―三九三頁。

写真 2–1　現在のダラット原子力研究所の外観。

り出す秘密指令を下した。もし燃料棒の抜き取りに失敗した場合には炉心にコンクリートを流し込み核燃料が敵の手に落ちないようにすること、そして、もしコンクリートを流し込むことも出来なければ原子炉をダイナマイトで爆破することが命じられたのである。二人の科学者は燃料棒の取り出しに成功し、燃料棒はアメリカへと移送された。ヴェトナム人民軍がダラットに到着した時には既に原子炉は空であった。後にヴェトナム社会主義共和国はソ連の技術者を招聘して燃料を取り付け、その結果、容器部分はアメリカ製で中身はソ連製の特異なハイブリッド原子炉として、一九八四年に再稼働するのである[39]（写真２―１）。

南ヴェトナムの事例からは、二国間協定の締結および研究用原子炉提供の背景に複合的な理由があったことがわかる。アメリカの民間企業は利潤のために原子炉を売り込み、ＡＥＣもそれに協力した。国務省はこれらとは少し異なる観点、すなわちゴ・ディン・ジエム政権を支えるための心理戦の道具として原子炉の提供に賛成した。しかし、現地の状況をもっとも直接的に知り得るアメリカ大使館は、原子炉建設に強く反対していた。国務省が大使館からの強い警告を無視して二国間協定の交渉を進めた背景には、ゴ・ディン・ジエムやブ・ホイが主張した「権威」や「希望」の源泉としての原子炉の魅力を、国務省も認めていたからにほかならない。しかし結局のところ、政府の腐敗とヴェトコンの猛攻撃の前には、原子炉の魅力は役に立たなかったのである。

3 日本

アメリカの「フォーリン・アトムズ・フォー・ピース」計画において、南ヴェトナムが完全な失敗例であったとすれば、日本の事例は殆ど完璧な成功例と言ってよいだろう。日本は最初に二国間協定を締結した国の一つであり、長期的に見れば、アメリカの原子力産業にとって最も有益な市場となった。一九六〇年代以降、日本には数多くのジェネラル・エレクトリック社製やウェスティンハウス社製の軽水炉が輸入され、日本の原子力発電はこれらのアメリカ製原子炉に依存してきた。日本ではノーベル物理学賞を受けた湯川秀樹をはじめとして、戦前から原子物理学の基礎研究が蓄積されていた。また戦後は一九五四年にいち早く、後に首相となる自民党の若手政治家、中曽根康弘がアメリカを訪問し、原子力施設を見学した。中曽根と彼の同志たちは財務省を説き伏せ、原子力開発のために二億三五〇〇万円の予算を割り当てることに成功する。日本は一九五五年一一月アメリカとの間で二国間協定を締結し、二基の研究用原子炉と濃縮ウランをアメリカから輸入した。一九五八年には協定が改定され、発電用原子炉も輸入することできるようになった。日本政府は最初はイギリス製の発電用原子炉を輸

39……NHK BS1スペシャル『極秘指令・ウラン燃料を回収せよ～戦火の原子炉四〇年目の真実』(二〇一五年六月二〇日放映)。

入したものの、次第にアメリカ製軽水炉が日本にとって最善の選択であるという確信に傾いて行ったが、その背景にはアメリカのAECと産業界からの激しい売り込みがあった。一九六八年には、商業発電用の原子炉と多量の濃縮ウラン輸入を含めた、より包括的な二国間協定が締結される。科学的基盤の存在、人口増加、経済の拡大、そして電力不足ゆえに、日本はまさしくアメリカの「フォーリン・アトムズ・フォー・ピース」計画にとって理想の国であったのだ。[40]

AEC東京支部の設立（一九五七年一一月一五日）は、アメリカの日本への強い関心を反映していた。AEC東京支部はアメリカ大使館内に置かれ、デュポン、モンサント、ウェスティングハウスなど原子炉や燃料の開発にかかわる企業に勤務経験のある、AECのハーバート・W・ペニントンが指揮を執った。彼はアメリカ大使館の科学アタッシェも兼任した。AEC東京支部は、日本のみならずアジア一円に対するAECの原子力政策を統括し、アジア諸国の「科学界との人脈を築く」こともその任務とされていた。[41] AECの海外支部は、ロンドン、ブリュッセル、東京、ブエノスアイレスの四箇所であったことから考えても、アメリカの「フォーリン・アトムズ・フォー・ピース」政策におけるアジアのハブとしての日本の役割の重要性が見て取れる。[42]

しかしながら、アメリカは日本をあくまでもアメリカの技術をアジアに伝える経由地と認識しており、日本自身が原子力技術の分野でアジアのリーダーとして振る舞うことには反対であった。例えば、先にも触れたように、アジア原子力センターを日本に誘致したいという日本政府の熱意を、アメリカ政府は支持しなかった。後に国務省の日本部長として沖縄返還交渉にも重要な役割を果たすことになる外交官リチャード・スナイダー（Richard L. Sneider）は、原子力技術に関して「最も日本にふさわしい役割は仲介者（middleman）であろう」と述べた。彼が期待したのは、「日本を使って他のアジア諸国に対してアメリカの政策を説明し、アジア諸国からの支援を求める」ことであった。そのような役割を日本に期待する理由は、「日本はアジアにおける自らの役割を、西洋の先進国とアジアの発展途上国との間の仲介役、あるいは橋渡し役として思い描くことを好む」からであった。[43] また国務省の情報担当官G・E・メイヤー（G. E. Meyer）も、「アメリカと日本が結託して、他のアジア諸国の利益や権威を減らすような方向に動いているという印象を与えないように注意が払われるべきである」として、日本にアジア原子力センターを誘致することに消極的な意見を表明した。[44] さらにＩＣＡ東京支部のアウターブリッジ・ホーシー（Outerbridge Horsey）も、「日本の役割があまり支配的なものとなり過ぎるべきではないが、日本はこのプロジェクトをアメリカが実行する上で役に立ってくれるだろう」と述べて、日本がアジア原子力センター計画を実行する上でアメリカの補助的役割を果たすことを期待した。[45] こうした国務省やＩＣＡのキーパーソンたちの発言からも明らかなように、アメリカ政府にとって日本は、あくまでもアメリカの科学技術を他のアジア諸国に伝播させる上での「ハブ」であった。友次晋介は、このようなアメリカが日本に期待した役割と、日本政府がアジアで果たそうとしていた役割の間には明らかなギャップが存在したことを指摘している。すなわち日本の外務省や科学者、政治家たちは「対米一辺倒」から脱却するための「アジア原子力協力体制」を議論し、アジア原子力センターを「アメリカの独占」ではなく国際協力体制の下でアジア諸国の発展に資する組織とし、その中で日本の存在感を示したいと考えたのである。そうした日本側の考えは、一九六三年三月に東京で開催された「アジア太平洋原子力会議」やアジア・アイソトープ・センター構想へと引き継がれて行ったという。[46] 原子力技

40　日本のアメリカ製原子炉導入については、「序章」でも紹介した山崎正勝『日本の核開発　一九三九〜一九五五――原爆から原子力へ』（績文堂、二〇一一年）が科学史家による定評ある先行研究として挙げられる。
41　Department of State Instruction, From Dulles to US Embassy Tokyo, September 27, 1957, RG 469, Entry 421, box 32, NACP.
42　「ＡＥＣ東京事務所を開設――省庁にはペニングトン氏」『原子力産業新聞』第五四号、（一九五七年一一月二五日）。
43　Office Memorandum from R. L. Sneider to G. A. Morgan, June 12, 1956, RG59, Entry A1 3008-A, box 434, NACP.
44　From G. E. Meyer to Ambassador John M. Allison, June 11, 1956, RG59, Entry A1 3008-A, box 434, NACP.
45　From Outerbridge Horsey to Howard P. Jones, Department of State, June 15, 1956, RG59, Entry A1 3008-A, box 434, NACP.
46　Shinsuke Tomotsugu, "The Bandung Conference and the Origins of Japan's Atoms for Peace Aid Program for Asian Countries," in *The Age of Hiroshima*, eds. Michael D. Gordin and John Ikenberry (Princeton: Princeton University Press, 2020), 109-128.

術に関する日本のアジアにおける役割について、日米間では認識ギャップがあったと言えよう。

以上のように、日本向け「フォーリン・アトムズ・フォー・ピース」の背景には、日本が将来的にアメリカ製原子炉の市場になるという経済的期待や、日本がアジアにおけるアメリカの代理人の役割を果たすという政治的思惑が存在していた。こうした目標を達成するために、日本向け「フォーリン・アトムズ・フォー・ピース」は、アメリカの原子力に対する日本人の不信や不安を取り除き、アメリカ製技術に対する信頼と親近感を高めるような対外情報プログラムとして展開した。アメリカ政府は、広島、長崎、ビキニ環礁における過去の被ばく経験のために日本の国民世論が強い反核傾向にあるということを懸念していた。「原子力平和利用」を核兵器や核実験と区別することで、アメリカ製原子力技術への疑念を晴らすため、アメリカ政府は多くの原子力平和利用博覧会や映画上映、講演会などを開催した。本章の冒頭で触れた読売新聞との共催による一九五五年の博覧会は有名であるが、それ以外にもほとんど毎月のようにどこかの都道府県で原子力平和利用博覧会が開催されていた。その多くは「原子力産業会議」のような日本の業界団体によって企画されたが、USISはしばしば展示物やUSIS映画を提供した。業界紙である『原子力産業新聞』には、一九五七年中頃から一九五八年中頃までの一年間だけでも、少なくとも五つの地方都市（高松、熊本、門司、松山、千葉）で原子力平和利用博覧会が開催され、熊本では一〇万人、門司では一〇〇万人、松山では一〇万人が来場したことを報じている。[47]

展示会にはまた、技術者や産業界のリーダーたちの心を勝ち取り、アメリカ製発電炉への評価を高めるという効果もあった。原子力技術が実際にどのように運用されるのかを具体的に示す産業博は、技術者や産業人たちの関心の的であった。例えば、一九五七年五月一三日から一七日にかけて東京で開催された「原子力産業博覧会」は、六日間で九万六千人の来場者を記録した。この産業博覧会は、日本とアメリカの業界関係者が集まる「日米合同原子力産業会議」の開催にあわせて企画されたものであった。特に好評を博した展示は、商業用原子力船のモデルや、アメリカの原子力発電所のモデル、沸騰水型原子炉（アメリカから輸入された研究用原子炉）の建設過程に関する展示などであった。[48]また一九五九年の東京国際見本市の会場にAECが設置した「原子力館」は、その規模の大きさで来場者を圧倒した。そこには「第二回ジュネーブ会議に出品された高さ一二・二メートルのシッピングポート発電炉（一九五七年末から本格稼働したアメリカ初の商用軽水炉―筆者註）の耐圧容器と炉心部の実物大断面模型」が展示されていた。また会場には、実際に稼働中の大学訓練用原子炉（University Training Reactor : UTR）も設置されて注目を集めた。さらに「アルゴンヌ国立研究所の実験用沸騰水型原子炉」、「オークリッジ研究所の均質炉実験第二号炉」などの模型、そして「原子力商船サバンナ号模型」が人気を呼んだ。館内にはＡＥＣの「技術情報センター」まで設けられ、職員が相談に応じた。[49] このような展示会は、一般市民を対象とした原子力平和利用博覧会とは異なり、アメリカ製原子炉の購入に直接影響を及ぼす可能性のある人々、すなわち企業の幹部や技術者、また原子力に関心のある政治家や官僚などを主たる対象としたものであった。こうした層を対象とする対外情報プログラムは、展示会だけではなかった。ＡＥＣ東京事務所には「フィルム・ライブラリー」が設置されていたが、ここで貸し出された映画の多くは、一般市民向けのＵＳＩＳ映画とは異なり、主として技術者向けの専門的な内容であった。

博覧会や映画に加えて、影響力のある企業人、科学者、政治家などをアメリカに招いて建設中の原子炉や原子力研究所の設備を見学させるツアーも頻繁に行われた。彼らをアメリカに招いて最新技術を見せることで、アメリカ製原子炉への信頼を取り付けるとともに、帰国後の彼らの発言力を高めようとしたのである。アメリカ大使館とＩＣＡは、日本人の原子力関係者をアメリカに送ることを、「とても小さなコストでアメリカに対するかなり大きな好意（goodwill）を得られる好機」と見なしていた。アメリカの原子力技術の具体的イメージを伝える

47……「日本原子力平和利用基金――一年の業績を顧みる」『原子力産業新聞』第七五号、（一九五八年六月二五日）。

48……「日米原子力産業展示会」『原子力産業新聞』（国立国会図書館）、第三五号、（一九五七年五月一五日）。

49……「米、原子力館を特設――カナダも照射器など出品」『原子力産業新聞』（国立国会図書館）、第一〇五号、（一九五九年四月二五日）。

のに実地見学が効果的であったことは想像に難くないが、訪米の効果は、それだけにとどまらなかった。アメリカに渡航したということ自体が彼らの権威を高め、発言力を増す効果を持っていたのである。訪米経験が人にある種の付加価値を与えたことを、日本生産性本部の一〇周年記念誌に記された、「視察団派遣の成果」という記事は次のように説明している。

アメリカという未知の世界、新しい世界、活力に溢れ、開拓者精神が現代にみごとに生かされて、「現状がどんなに優れたものと思われ、事実また優れていても、絶えずその改善を図り、また条件の変化に絶えず経済社会生活を適応させ、新しい技術、新しい方法を応用しようと努力する」生産性精神となり、未曽有の繁栄と高い生活水準を築き上げている国と国民に接することによって得られる精神的収穫である。大きくいえば、人生観・世界観上の獲物である。わずか五〜六週間の旅行によって、そんなことができるかと反問する人もあろう。確かにこのため目に見えて人が変わるというほどのことがあったろうとは思われない。だがある変化――その人の精神的風土のなかに起こる微妙な変化――。[50]

今日の感覚から見ればずいぶん大袈裟な表現であるが、戦後一〇年余を経てやっと高度経済成長の入口に立ったばかりの日本において、アメリカ視察旅行がどれだけ大きな意味を持っていたかが伝わって来る。個々の原子力視察団員の精神に、本当にそのような変化が起きたかどうかということは問題ではなかった。むしろ周囲の人々の眼が、視察団員をそのように見ていたことが重要であった。アメリカの原子力技術を見聞して帰国した人たちの意見は、耳を傾けるべき権威あるものと見なされ、渡航前よりも説得力を持ったのである。アメリカ政府はこうした効果を熟知していたからこそ、視察団の派遣を小さなコストで大きな効果を得られる対外情報プログラムと見なしたのであろう。

またアメリカ政府は、元々アメリカについて批判的であった人物が渡米によって態度を変えるという心理的効果もあると考えていた。例えば一九五六年九月、日本の国会議員六名、原子力局二名、原子力研究所一名、電力会社三名から成る原子力政策視察団が訪米した。視察団は三週間の訪米を終えて帰国し、うち四人のメンバーがICA東京支部に報告に訪れた。ここには社会党議員で物理学博士でもあった海野三郎も含まれていた。出国前には、彼らのアメリカに対する態度は「懐疑」から「反感」まで様々であったが、帰国後は打って変わって「アメリカでの経験について熱心に喜びを語った。」ICA東京支部はワシントンの本部に、「アメリカ製原子炉を購入するよう日本政府を説得しようとしている企業」にとっても彼らの存在は後押しになるだろうと報告した。[51]

先に見た通り、南ヴェトナムにおいてはフランスがアメリカのライバルであったが、日本においてはイギリスが主要なライバルであった。日本政府は一九五五年にアメリカとの二国間協定を結んで研究炉を輸入したものの、一九五六年には、アメリカよりも先に開発が進んでいたイギリス製発電炉の導入を検討し始めた。しかし日本政府とは異なり日本の産業界は、ジェネラル・エレクトリック社等のアメリカ企業と戦前から提携しており、アメリカの科学技術に対する信頼が厚かった。この点に気付いたアメリカ政府は、日本企業の幹部や技術者に対し様々な形でアプローチをかけ、彼らを活用して日本政府に対しイギリスではなくアメリカの原子力科学技術を採用するように説得してもらうよう試みたのであった。[52] 日本政府はイギリスにも視察団を派遣しており、これがアメリカ政府の懸念材料となっていた。例えば日本原子力委員会の石川一郎委員長が率いる訪問団が一九五七年一月にイギリス・アメリカ・カナダを訪問したが、この際の報告書をアメリカ政府は入手し英訳している。アメリカ・カナダ訪問の報告書が合計四ページであるのに対して、イギリス訪問の報告書は本文・添付文書あわせて三

50……『生産性運動一〇年の歩み』(日本生産性本部、一九六五年)、五〇―五一頁、国立国会図書館デジタルコレクション。

51……From USOM Japan to ICA, October 11, 1945, RG 469, Entry 421, box 32, NACP.

52……土屋由香「アメリカ製軽水炉の選択をめぐる情報教育プログラム――一九五〇年末の日米関係」『歴史学研究』(二〇一八年一〇月)、一二九―一三八頁。

一ページに及び、発電炉のコストや安全性、輸入の具体的条件などについて詳述されている。結論では、日本はまず、すでに大型発電炉が完成しているイギリスから発電用原子炉を購入するべきであり、アメリカ製原子炉を買うのは「まだ時期尚早」とされていた。[53] このような報告書を見て、アメリカ政府は日本を舞台とした競争において、イギリスに立ち遅れていることを痛感したのである。

一九五七年三月に入るとICA東京支部のフランク・ワーリング(Frank A. Waring)は、日本政府が今「発電炉を英米のいずれから購入するか決定を下そうとしている」と指摘し、「日本政府はイギリスに傾いているが、企業はアメリカを推す可能性がある」ので、アメリカ政府が企業の代表者たちに「アメリカ製原子炉の優位性を理解する」よう支援すれば、彼らは「政府を説得する上で強い影響力を及ぼす」ことが期待できると主張した。そして、日本の五大電力会社と原子力の動力への応用に関連する会社から計一二人のチームをアメリカに派遣することを、ワシントンのICA本部に提案したのである。ワーリングは国務省にも同様の提案をし、日本政府をアメリカ製原子炉に好意的にさせる上で「日本の産業界は、唯一最強の要因」であり、「最終的に日本政府がどのタイプの発電炉を買うかを決める上で」重要な役割を果たすだろうと説明した。[54]

アメリカ側は、この視察旅行をICA主導ではなく日本人が自発的に企画したように演出した。三月一五日、ワーリングは日本生産性本部の前会長で経団連会長の石坂泰三に対して、「日米の協力関係を推進するために、日本生産性本部がスポンサーとなって産業界の代表者をアメリカに派遣してはどうか」と持ちかけ、派遣メンバーとして電力各社の代表および三菱、三井、日立、東芝など機械・船舶メーカーを挙げた。「政策決定に影響力のある産業家たち」がアメリカの最新技術を視察することで、「日本政府や自社の原子力部門の意思決定に際して、より権威を持って発言できる」ことが期待できるが、アメリカ大使館が提案すると差し障りがあるので「石坂の案として提案してはどうか」と促したのである。石坂はこれに同意したと記されている。[55]

石坂が会長を務めた日本生産性本部とは、アメリカ大使館からの働きかけにより、経済同友会や経団連などが中心となって一九五五年三月に設立された経済団体である。日本生産性本部は様々な産業視察団をアメリカに送ったが、こうした活動を資金と旅程の両面で支援したのがＩＣＡである。ＩＣＡの起源は一九五一年一〇月、相互安全保障法の下に対外援助プログラムが統合され、援助政策の執行機関として相互安全保障局（Mutual Security Agency：MSA）が設置された時に遡る。ＭＳＡはアイゼンハワー政権の下で海外活動局（Foreign Operations Administration：FOA）となり、さらに国務省の下にＩＣＡとして再編された。（さらにケネディ政権下でＵＳＡＩＤに改編される。）ＩＣＡは本部をワシントンに置き、各国に支部を置いていた。支部はＵＳＯＭと呼ばれることもあり、その構成員は大使館員を兼務していた。[56] ＩＣＡは対外援助の実務機関ではあるが、実際には情報収集活動から政策提言まで、かなり主体的に「フォーリン・アトムズ・フォー・ピース」の推進にかかわっていた様子が看取できる。ＩＣＡのジョン・ホリスター（John Hollister）長官は、対外情報プログラムの最高統括機関として国家安全保障会議の中に設置されたＯＣＢの構成員でもあったことを考え併せると、ＩＣＡの役割は単なる実務以上の重要性を持っていたと言うことができる。[57]

アメリカの原子力関係企業が集まって一九五五年に結成された「アトミック・インダストリアル・フォーラ

53……Foreign Service Despatch from Paul E. Pauly, Commercial Attache, US Embassy Tokyo to Department of State, April 5, 1957, RG 469, Entry 421, box 32, NACP.

54……From Waring, ICA Tokyo to ICA, March 1, 1957, RG 469, Entry 397, box 32, NACP.

55……Foreign Service Despatch from Frank A. Waring, Counselor of Embassy for Economic Affairs, Tokyo, to Department of State, March 25, 1957, RG 469, Entry 421, box 32, NACP. 添付文書としてWaringと石坂の会話録が添えられている。

56……荒居辰雄『アメリカの対外援助――ＩＣＡの機能と運営』（経団連パンフレット第三三号）、一九五六年、九四―九五頁。

57……ＩＣＡによる援助と日本生産性本部の設立経緯については、中北浩爾『日本労働政治の国際関係史一九四五～一九六四――社会民主主義という選択肢』（岩波書店、二〇〇八年）、島田剛「戦後アメリカの生産性向上・対日援助における日本の被援助国としての経験は何か――民主化・労働運動支援・アジアへの展開」（ＪＩＣＡ研究所 日本の開発協力の歴史・バックグラウンドペーパー№２）二〇一八年一〇月。ＩＣＡ長官のＯＣＢへの参加については、"Participation of ICA in the work of OCB," July 8, 1955, RG469, Entry 421, box 17.

ム」と、その日本側パートナーである「原子力産業会議」も、イギリス製ではなくアメリカ製の原子炉を日本が購入するように働きかけた。一九五七年五月に東京で開催された日米合同会議は、アメリカ製原子力技術の宣伝の場と化した。アメリカ大使館はこの会議が、「日米の産業界どうしの関係を緊密化したこと」「日本の科学者、政府官僚、企業人の間に、アメリカの原子力平和利用の進展状況を知らしめたこと」「日本政府にコールダーホール改良型とともにアメリカ製原子炉の購入について真剣に再検討を促したこと」の三点において成功であったと評価した。アメリカ側参加者から「イギリスの技術について中傷的な発言があり」、またＡＥＣ原子炉部長のケネス・デイヴィス（Kenneth Davis）のスピーチの中にも問題発言があったことが、「それが無ければ完璧に円満な会議の中で唯一の傷となった」ものの、それらが「日本の原子力分野におけるアメリカの目標に悪影響を及ぼしたとは思えない」と大使館は分析した。日本の読売新聞も「この会議の結果、日本の原子力政策がアメリカに大きく近づいたことは疑いない」と報じた。イギリス製原子炉が「炎上するイシュー」(explosive issue) となったものの、日本人にアメリカ製技術の優秀さを印象付けたという点において、会議は成功であった。[58]

一方でアメリカ大使館と国務省は、イギリスやソ連から日本へのアプローチ、そして日本政府の反応にも神経を尖らせ、様々なルートで情報収集を行っていた。アメリカが情報源として重視していたうちの一人が、外務省海外協力局第四課の松井佐七郎であった。アメリカ側は松井を「外務省の中の主たる原子力の権威」であり、また親米的な人物と見なして、しばしば大使館に呼んで聞き取りを行った。一九三五年に外務省入りした松井は、恐らく占領期に終戦連絡事務局職員として占領軍との連絡役を務めた関係からか、アメリカ大使館との接点を持っていた。彼は原子力の専門家ではなかったが、原子力平和利用の推進を説くユネスコ（United Nations Educational, Scientific and Cultural Organization : UNESCO）広報部門のジェラルド・ウェント（Gerald Wendt）という化学者が著した一般向け啓蒙書『みんなの原子力――平和的利用への入門』を翻訳出版しており、日本での原子力平和利用推進に強い関心を持っていた。[59]

アメリカ大使館が松井を情報源として頼りにしていた様子は、例えば一九五六年一一月、複数の新聞が「ソ連がすぐにでも日本に原子炉と核燃料を提供する用意がある」という社会党の志村茂治衆議院議員の談話を報じた際、ただちに松井佐七郎に問い合わせていることからも看取できる。読売新聞は、「北京の有力情報筋からの情報」として、一一月一〇日頃にソ連から日本に二国間協定の申し出があること、また日ソ共同宣言への署名（一九五六年一〇月一九日）直後から交渉が始まり、すでにソ連科学アカデミーのネスメヤーノフ（Nesmeyanov）総裁とソ連原子力平和利用局のスラフスキー（Slavskii）局長の共同署名による正式な覚書が日本政府に手渡されたことを報じた。覚書の内容は要約すると左の通り、非常に寛大なものであった。

一、まず二国間協定を結ぶ。
二、原子炉に必要な制御装置や濃縮ウランなどを提供し、日本の技術者をソ連で研修させる。
三、日本がその他の国々に右の援助内容を譲渡することを妨げない。
四、日本の放射性廃棄物の再利用を妨げず、必要であれば支援する。
五、放射性廃棄物の処理にソ連の施設を使用することができる。
六、日本はモスクワの原子核研究所の利用を無条件に認められる。
七、日本の高校卒業生がソ連政府の財政支援でモスクワ大学またはレニングラード大学で五年間学ぶ機会を得る。
八、ソ連の学生が日本で放射線医学を学ぶことを日本政府は許可する。

58……Foreign Service Despatch, from Frank A. Waring, US Embassy Tokyo to Department of State, June 6, 1957, RG 469, Entry 421, box 32, NACP.
59……四国新聞「訃報」（二〇〇一年五月四日）、G・ウェント／松井佐七郎訳『みんなの原子力』（法政大学出版局、一九五六年）、一五五頁。

九、日本の技術者は一四箇所あるソ連の核施設で研修を受けることができる。[60]

この件についてアメリカ大使館から尋ねられた松井は「日本政府はソ連からのオファーを受けていない」ものの「将来はその可能性がある」こと、ただし「保守派が政権を担う限り」ソ連との交渉はあり得ないことを説明した。[61] また、この件から数か月後には、日本の原子力局から外務省に、日本人研究者をソ連に派遣しても良いかどうかという問合せがあったことを、松井はアメリカ大使館に伝えている。そして、ソ連への研究者派遣は「アメリカとの関係を損なう」ので認めないよう助言したとも述べた。彼はまた、この件は「社会党国会議員から出てきた」話だが、「岸信介が首相である限り、日本が原子力技術に関してソ連にアプローチすることは無い」と話した。[62] 松井が積極的にソ連関連の情報をアメリカ大使館に伝えている様子からは、ソ連の原子力開発に神経質になっているアメリカに揺さぶりをかけ、日本へのより寛大な援助を引き出そうとしていたようにも見える。

またアメリカ大使館は、発電炉輸入をめぐる日本国内の関係者の意見分布についても調査していた。例えば一九五七年二月二〇日付の国務省宛電文では、日本政府関係者の中に「アメリカ製発電炉の早期購入を唱える者はまだ居ない」と報告している。「石川一郎、正力松太郎、宇田耕一など影響力のある人々」は発電炉の購入自体には前向きだが、「石川はイギリス製原子炉を推して」いるし、原子力委員の藤岡や湯川は、「発電炉は時期尚早」として反対している。日本政府はまた濃縮ウランの提供を受けることで「アメリカ依存」となることや、「社会党や科学者たち、そして大蔵省の一部からの反対」も恐れている。自民党の一部は、「社会党の反発を招くことで、これまで超党派で進めてきた原子力平和利用政策を壊したくない」と考えている。一方、日本の産業界に対しては「ウェスティングハウス社やジェネラル・エレクトリック社が、アメリカ製原子炉の利点を熱心に説いて」いる最中であり、「過去のアメリカ電機会社との良好な関係や、アメリカ輸出入銀行の良い融資条件」もあるので、産業界が日本政府を「アメリカ製発電炉を購入するよう説得」することもあり得る、と大使館は報告している。[63]

以上のように、日本向け「フォーリン・アトムズ・フォー・ピース」は、研究用原子炉の次の段階である、発電炉の売り込みが焦点であった。アメリカ製原子炉の優位が脅かされるのではないかという強い危機感を背景として、展示会や映画、見学ツアーや秘密の情報収集活動など、さまざまな活動が行われた。日本に発電炉を売り込むことは、経済的・戦略的に大きな利点があったがゆえに、それを目的とした心理作戦を展開させたのである。科学技術が心理戦の手段として利用されたという点においては南ヴェトナムの事例と共通しているが、南ヴェトナムでは研究用原子炉そのものが「魅力」を発信したのに対して、日本では発電用原子炉を受け入れさせるために、それに関連する技術情報が魅力的に伝えられたのであった。結果的に見れば、そうした心理作戦は有効であったと言うことができよう。心理作戦だけが唯一の要因ではなかったとしても、それによってアメリカ製原子炉の認知度が上がり、その後多くの日本人技術者がアメリカ製技術を学び、日本はアメリカ製軽水炉の世界一の市場となって行ったのである。

60……From Hoover（Acting）to American Embassy, Tokyo, November 19, 1956, RG 469, Entry 421, box 32, NACP. 志村茂治は原子力合同委員会の有力議員で、自身の選挙区である神奈川県の武山に原子力研究所を誘致しようとして自民党の中曽根康弘らと競っていた。「武山問題はなぜもめる？　割切れぬ政治の圧力」『朝日新聞』一九五六年四月六日朝刊三面。「ソ連、日本に申入れ　中共有力筋談　原子力協定の締結」『読売新聞』一九五六年一一月一日、朝刊一面。

61……Foreign Service Despatch from Paul E. Pauly to Department of State, December 17, 1956, RG469, Entry 421, box 32, NACP.

62……Memorandum of Conversation, February 27, 1957；Foreign Service Despatch from Paul E. Pauly to Department of State, March 7, 1957, RG 469, Entry 421, box 32, NACP.

63……Foreign Service Despatch from Paul E. Pauly to Department of State, February 20, 1957, RG469, Entry 421, box 32, NACP.

4 ビルマ

最後に、アメリカと原子力二国間協定を結んでいなかったアジアの国の事例として、ビルマ（現ミャンマー）に焦点を当てる。ビルマは、社会主義を採用しアメリカの友好国ではなかったという点で南ヴェトナムや日本とは大きく異なり、研究用原子炉が優先的に提供されたアジア原子力センター参加国にも含まれていなかった。ビルマの事例を取り上げる意義の一つは、アメリカが非友好国にさえ一定の原子力技術支援を行っていたこと、またビルマ側もそうした支援を求めていたことが明らかにされる点にある。また二点目として、ここでも原子力支援のもつ「心理的な」効果が、アメリカの動機の大きな部分を占めていたことが挙げられる。ソ連がビルマへの潤沢な技術支援を申し出る中、アメリカ製原子力技術の魅力を示しビルマ人技術者にアメリカで研修を受けさせることによって、ビルマの地下資源へのソ連の独占的アクセスを阻止しようとしたのである。

アメリカとビルマの原子力技術援助交渉において重要な役割を果たした科学者の一人が、第二次世界大戦中に京都帝国大学で原子物理学を学んだウー・ラ・ニュント（U Hla Nyunt）であった。イギリスの植民地であったビルマを日本軍は「解放」し、第二次世界大戦中、ビルマに対して名目的な「独立」を付与した。日本とビルマは緊密な文化的・政治的紐帯を育み、多くの才能あるビルマ人たちが日本に留学した。その中の一人が、一九二四年生れのニュントであった。ニュントはラングーンのユニヴァーシティー・カレッジで物理学を専攻したが、太平洋戦争の勃発により学業の中断を余儀なくされた。一九四四年六月から一九四五年八月までビルマ政府奨学生として京都帝国大学に留学し、原子物理学を学んだ。原子物理学教室には湯川秀樹が居たため、後年ニュントは「湯川秀樹のもとで学んだ」と紹介されることがあったが、一九四五年当時は未だ学士号も取得していない学生であったため、直接的に湯川秀樹の指導を受けたかどうかは不明である。終戦とともにビルマに帰国し戦犯裁判に携わったが、一九四七年六月にラングーン大学を卒業し、一九四八年から国費留学生として渡米して、ペンシルヴァニア州のリーハイ大学で物理学の修士号を取得した。一九五〇年にラングーン大学物理学科の助教となり、一九五一年には講師に昇格、一九五三年には同大学の理事（Senate）に選出された。一九五五年六月にビルマ連邦原子力センターが設立されると副所長に就任し、翌年所長に昇格した。この間、一九五二年と五三年にはインドとパキスタンの科学者会議に、一九五四年には第一回インド原子力会議に、一九五五年には第一回国連原子力平和利用会議に出席した。また一九五六年にはボンベイで開催されたアジア原子力会議に、一九五七年にはインド初の原子炉の公開式典に、一九五八年には第二回国原子力平和利用会議に、それぞれビルマ代表団を率いて参加した。[64] 彼はまた一九五五年から五六年にかけて、アルゴンヌ国際原子力科学技術学校（次章参照）で研修を受けた。ニュントはまさにビルマ原子力研究の「顔」であり、外国との窓口であった。一九六〇年号のアルゴンヌ国立研究所の機関紙に掲載されたインタビューで、彼は自分の最大の仕事は「科学の伝道師として原子力をビルマの政府や国民のために〈翻訳〉することだ」と述べている。アメリカで得た最大の恩恵は「アメリカだけでなく世界中の原子科学者たちと個人的関係をとり結びアイデアを交換できたこと」だと述懐している通り、ニュントの交流範囲は広く、アメリカのみならずインド、パキスタンなどの英連邦諸国ともネットワークを築いていた。しかしながら、アメリカ政府はニュントを親米派ビルマ人と見なしビルマ政府との連絡役として期待していた。ニュントの妻であるバウ・ニー・ニー（Baw Ni Ni）が、ラングーンのＵＳＩＳ図書館の副所長を務めていたことも、ニュントとアメリカ政府との緊密な関係を示している。[65] ＵＳＩＡはビルマ連邦が成立した当初から情報教育

64……Foreign Service Despatch from US Embassy Rangoon to Department of State, May 20, 1955, RG469, Entry 397, box 2, NACP.

65……"Distinguished Alumni: U Hla Nyunt," *Argonne National Laboratory News-Bulletin International*, vol. 1, no. 2 (April 1959): 5; "NiNi Nyunt," The Boston Globe, August 29, 2014. バウ・ニー・ニー（ニー・ニー・ニュント）は、ラングーン大学で科学の学士号を取得した後、アメリカのコロンビア大学に留学して図書館学と社会学の修士号を取得した。同じ時期に留学していたニュントと結婚したが、一九六六年にニュントが逝去した後はフィリピンに移住し、晩年はアメリカで暮らした。

プログラムに力を入れており、一九五〇年にはUSIA主催の「ビルマ独立展」を開催した。また一九五五年までにはUSIS「移動図書館」を完備してビルマ国内の学校やコミュニティにアメリカの本や雑誌を届けたり、USIS映画を上映したりするなどの活動を展開していた（写真2―2、2―3、2―4）。

戦後のアメリカとビルマの関係は、ビルマの複雑な独立過程を抜きには語ることができない。ビルマは一九世紀末に「自治州」としてイギリスの植民地支配下に置かれ、知識層を中心とする独立闘争が続いた。一九四三年八月、日本によって「独立」を与えられたものの、圧政によって抗日運動が高まり、一九四五年三月にはアウン・サン将軍率いるビルマ軍が一斉蜂起する。日本の敗戦が決まると、イギリスは再びビルマを支配しようとす

写真 2-2　USIS ラングーンの「移動図書館」に集まる女子高校生たちと USIS 職員，1960 年。RG306, No. 61-11025, NACP.

写真 2-3　USIS ラングーンの「移動図書館」から毎月届けられる本や雑誌を地域の「コミュニティ・ルーム」で読む人々，1958 年。中央の白人女性は USIS 図書館長のゼルマ・グラハム夫人（Zelma S. Graham）であることから，両方の写真で彼女の傍らに写っている女性がバウ・ニー・ニー氏か。RG306, No. 58-32, NACP.

る。アウン・サンはイギリスとの交渉および少数民族との調整を続けるが、反対派に暗殺される。一九四八年一月、ウー・ヌ（U Nu）を初代首相として、英連邦（コモンウェルス）に属さない「ビルマ連邦」が独立を達成し、社会主義国家の建設を目標に掲げながらも、米ソいずれにも与しない中立主義路線を歩む。しかし少数民族による武装闘争や、（中国における国共内戦に敗れた）国民党軍の残党による反乱など、国内は混乱状態にあった。陸軍参謀総長ネ・ウィン（Ne Win）によって治安回復が図られる一方、ウー・ヌは議会制民主主義を導入し政党政治を行う。一九五八年一〇月、ウー・ヌは首相の座を一時ネ・ウィンに委ねるが、一九六〇年二月の総選挙で再び首相に就任する。しかしながらウー・ヌの打ち出した「仏教社会主義」はうまく機能せず、一九六二年三月、ビルマ国軍によるクーデターでネ・ウィンが全権掌握する。ネ・ウィン政権は過激な「ビルマ化」（国有化）政策と厳正な非同盟中立主義などを特徴とする「ビルマ式社会主義」を推進し、次第に国際社会からの孤立を深めて行く。[66]

写真 2–4　USIS ラングーン主催の「ビルマ独立展」のエントランス，1950 年。RG306, No. 50–5069, NACP.

アメリカの「フォーリン・アトムズ・フォー・ピース」が始動した一九五〇年代半ばから後半期は、ちょうどビルマが

66……佐久間平喜『ビルマ（ミャンマー）現代政治史（増補版）』（勁草書房、一九九三年）、一二—一四、六〇—七二頁、奥平龍二「歴史的背景」綾部恒雄・石井米雄編『もっと知りたいミャンマー』第二版（弘文堂、一九九四年）、一—四二頁。

ウー・ヌ体制下で、米ソどちらにも依存しない第三の道を模索し、議会制民主主義による近代的な政治を目指していた時期であった。ウー・ヌ政権は産業開発にも熱心であったため、アメリカからの原子力技術支援には魅力があった。早くも一九五五年二月には、在ラングーンのアメリカ大使館から国務省宛の報告の中で、「原子力の平和利用については、とりわけウー・キョウ・ネン（U Kyaw Nyein）産業大臣の側に強い関心が見られる」と述べられていた。ビルマ政府は原子医学の研究のために四人の物理学者をアメリカに派遣する計画を立てており、そのうちの一人はスミス・ムント奨学金（フルブライト奨学金の前身で、アメリカ政府による教育交流事業）による教育交換プログラムの下、「原子核物理学の分野」から派遣される予定であった[67]。アメリカ政府がビルマ人科学者に奨学金を供与してアメリカ留学を奨励していたことからも、この時期にはまだビルマが親米的な近代国家への道を進む可能性に期待していたことが窺われる。

ビルマがアメリカの「フォーリン・アトムズ・フォー・ピース」計画に関心を示したのが、アイゼンハワー大統領によるペンシルヴァニア州立大学での演説よりも前の一九五五年二月という早い時期であった理由は、ニュントのような科学者に原子科学に関する知識があったからだと考えられる。ニュントが一九五五年にアルゴンヌ国際原子力科学技術学校の第一期生としていち早くアメリカの原子力技術の実地訓練を受けたことも、ビルマの対応の早さを示している。しかしアメリカ政府は、ビルマの科学研究は二国間協定に基づき研究用原子炉の提供を受けるのに十分なレベルには達していないと判断した。ビルマ応用研究所長に任命されていたアメリカ人測量学者C・E・バーセル（C. E. Barthel）は、アメリカ大使館からの求めに応じて、「ビルマが研究用原子炉を適切に利用できるようになるには長い時間を要する」ことが予想されるので、「現時点ではビルマ政府からのそうした要請は断る方が良かろう」と助言し、アメリカ大使館もまたこれに同意する旨、国務省に回答している[68]。

しかしながら、その二年後、アメリカ政府は突如、ビルマへの原子力技術支援に関心を深める。一九五七年九月三〇日に開かれた「部局間原子力調整委員会」（ＯＣＢの管轄下に設置された専門委員会）の議事録によれば、国務省代表が会議の席上、「ビルマ政府が、放射性同位体研究所の建設と運営に関するアメリカの支援を受け入れることに関心を示していること」について報告を行った。彼によれば、ビルマにはアメリカにとっての「特別なメリット」があり、「手頃な計画であれば国務省は万全の支援を提供する用意がある」とのことであった。ここで述べられている「特別なメリット」が何を意味するのか、筆者が二〇一七年に米国立公文書館で行った情報公開請求によって開示された文書で、ある程度の輪郭を掴むことができた。それはビルマで一九五六年に発見されたモナザイト鉱に関係していた。モナザイトは少量のトリウムを含む放射性鉱物で、ウランが含まれていることもある。[69] 開示史料によると、この鉱床に関心を抱いたソ連が、原子力科学技術支援と引き換えに「ビルマで生産される核分裂物質」を「排他的に購入する権利」を求めており、しかも、その支援計画には、原子力研究所や原子炉の提供までもが含まれていたのである。ビルマには「モナズ砂だけでなくウラン鉱の鉱床」もあるのではないかと、「採掘関係者の間で広く考えられていた」ため、アメリカ政府はビルマの埋蔵資源をソ連が独占することを、何としても阻止したかったのだ。[70] アメリカ政府はまた、ソ連のビルマへの接近は、「アジア原子力センターにビルマが参加することを妨害する試み」だとも見なしていた。[71] すなわちソ連は、ビルマがアメリカの科学

67……Foreign Service Despatch from US Embassy Rangoon to Department of State, February 1, 1955, RG469, Entry 397, box 2, NACP.

68……Foreign Service Despatch from US Embassy Rangoon to Department of State, May 20, 1955, RG469, Entry 397, box 2, NACP. バーゼルの詳しい経歴は不明であるが、ケネディ政権下の連邦政府科学技術委員会（Federal Council for Science and Technology）などに関わっていたことから、政府の科学技術行政に携わる科学者であったことがわかる。Federal Council for Science and Technology, *Proceedings, First Symposium, Current Problems in the Management of Scientific Personnel, October 17–18, 1963* (Federal Council for Science and Technology, 1964), vii.

69……From Raymond T. Mayer to Dr. B. A. FitsGerals, October 28, 1958 ; From Richard E. Usher, US Embassy Rangoon to Department of State, July 13, 1956, RG469, Entry 397, box 22, NACP.

70……From US Embassy Rangoon to Secretary of State, December 28, 1957, RG469, Entry 397, FOIA case number NW54152, NACP.

71……From US Embassy Rangoon to Department of State, August 21, 1957, RG469, Entry 397, FOIA case number NW54152, NACP.

技術ネットワークの中に取り込まれること、そしてアメリカが東南アジアに原子力開発の拠点を築くことをけん制しようとしていたのである。ソ連とアメリカの間の綱引きに巻き込まれたビルマは、瞬く間に原子力技術支援を両国から申し出られることになった。地下資源や東南アジアでの拠点をめぐって米ソ両国は、ビルマを自陣営に取り込むための競争を繰り広げ、その材料に原子力技術援助が用いられたのである。資源や政治的忠誠と引き換えに技術援助をちらつかせることは、露骨なハードパワーの行使にほかならない。しかし技術援助には、留学奨学金や研修制度による知米派科学者の育成や、映画や印刷物による広報活動などの対外情報プログラムも欠かせなかった。ビルマの事例は、対外情報プログラムと伝統的ハードパワー外交の境界線は曖昧であることを示している。

アメリカ政府は、主に放射性同位体研究所の建設に焦点を当てたビルマへの原子力科学技術支援を開始した。最初にアメリカは八〇〇〇ドル相当の実験施設提供の申し出を行ったが、ビルマ連邦応用科学研究所とビルマ連邦原子力エネルギーセンターの双方で副所長を務めていたフレディ・バ・リー（Freddy Ba Hli）は、五万ドル相当の設備を要求してきた。リーによれば、ビルマの技術者の大半はアメリカで訓練を受けているため、彼らにとって使い勝手の良いアメリカ製実験施設が必要なのであった。その根拠を示すために、リーはビルマ人技術者たちが訓練を受けている教育施設のリストを提出した。そこに書かれていたのは、リーハイ、ハーバード、コロラド・スクール・オブ・マインズ、モンタナ、などのアメリカの大学である。リー自身も、リーハイ大学で修士号、マサチューセッツ工科大学（ＭＩＴ）で博士号を取得した知米派の科学者であった。彼はまた、「一九五七年までには四三人の原子力技術者たちが放射性同位体研究所に奉職し、ビルマが原子力発電所を導入する時までには技術者たちの数は一〇〇人以上になっている」はずだとアメリカ側に説明した。

リーの要求の妥当性を判断するために、アメリカ政府は一九五六年五月、ラングーンに短期滞在していたブルックヘイヴン研究所・アジア原子力センター調査団団長のマーヴィン・C・フォックス（Marvin C. Fox）に対し、要求内容を詳細に検証するよう依頼した。フォックスはリーの提出した「設備目録を慎重に精査」した結果、これを承認するよう進言した。フォックスによると、「目録は非常に慎重かつ熱心に準備されたものであり、ビルマに堆積しているモナザイトを分析する上で、要求事項は原子力センターにとっても真の価値がある」と判断された。つまりアメリカの対ビルマ原子力技術支援は、ビルマがアメリカの主導するアジア原子力センターに協力し、そこで放射性鉱石の研究を行うことを前提としたものであった。フォックス報告を受け取ったアメリカ大使館は、国務省への電信の中で、「満額の五万ドル相当の設備を確保するために国務省が与える支援に対して、ビルマ連邦原子力センターとビルマ政府は深く感謝」し、「原子力エネルギーに関してアメリカとビルマとの緊密な関係」が築かれるだろうと分析した。また、この支援によって「アジア原子力センターの活動への参加にビルマが関心を寄せる」ことにもなるだろうと述べた。[72] これらのやり取りからは、アメリカによるビルマへの原子力技術支援は、ビルマ人の「感謝」の気持ちを喚起しアメリカとの「緊密な関係」を志向させ、その結果ビルマをアメリカの科学技術ネットワークに参画させ、ソ連から遠ざけるための方策であったことが看取できる。留学制度や印刷媒体などと並んで、「アメリカ製実験設備」もまた、心を勝ち取るための対外情報プログラムとしての性格を持っていたと言えよう。

実際のビルマ放射性同位体研究所の設立と運営も、アメリカの官・民からの色濃い影響力の下で進められた。例えば、アーマー研究所（Armour Research Institute）がこの計画に大きく関与していた。アーマー研究所は民間組織でありながら、アメリカ政府とアーマー技術研究所（Armour Institute of Technology、イリノイ工科大学の前身）との協力の下で原子力技術における様々な研究に従事していた。アーマー研究所の研究員であるニールス・ベック（Niels Beck）がビルマ応用科学研究所に助言指導者として派遣された。ベックはビルマの原子力開発を「フェ

72……From US Embassy Rangoon to Department of State, May 10, 1956 ; Foreign Service Despatch from US Embassy Rangoon to Department of State, March 12, 1956, RG469, Entry 397, box 22, NACP.

ニックス計画」（正式には、ミシガン記念フェニックス計画、Michigan Memorial Phoenix Project : MMPP）の支援対象に組み込もうとしていた。フェニックス計画とは、元々は第二次世界大戦で亡くなったミシガン大学の学生や教員を追悼するために設立された「原子力平和利用」の研究教育プログラムであった。しかし、アメリカ政府の「フォーリン・アトムズ・フォー・ピース」が拡大し、多くの国々にアメリカ人原子力技術者を派遣する必要性が高まるにつれ、政府ＩＣＡはミシガン大学と委託契約を結び、アメリカ製原子炉を導入しようとしている国々に「原子力コンサルタント」を派遣する事業を、フェニックス計画に委ねたのであった。[73] フェニックス計画の対象国が、アメリカ製原子炉を輸入しようとしていた国々であったことに鑑みると、将来的にビルマにも研究用原子炉の導入が検討されていたことが推察される。このことは、ニュントに続いて多くのビルマ人技術者がアルゴンヌ国際原子力科学技術学校に留学していたことからも裏付けられる。次章で見る通り、アルゴンヌ国際原子力科学技術学校もまた、アメリカ製原子炉を導入する国々の技術者たちが、原子炉の設置・運営について実地に学ぶために設立された学校だったのである。[74] しかし、その後のビルマがたどった道筋は、「ビルマ社会主義」独裁体制による徹底した外国資本の排除であった。ビルマの主要産業である米の生産に関しても、増産のための方策は灌漑や適地の選択などに限られ、アメリカの技術援助で基礎が築かれたかに見えた放射性同位元素による研究は、実際にはほとんど進まなかった。現在のミャンマーの科学技術省（ＭＯＳＴ）には原子力局（ＤＡＥ）があり、ＭＯＳＴ直轄のヤンゴン工科大学には国内唯一の原子力工学科が置かれている。国内で原子力技術を育て民生利用を進めるという目標を掲げ、二〇一二〜一五年には大阪大学で原子力工学を学んだ科学技術大臣が指揮をとったが、専門家が圧倒的に不足しており大きな発展は見られないという。[75] 一九五〇年代後半にアメリカ政府が資金と人的資源を投下して行ったビルマへの科学技術援助は、ほとんど水泡に帰したと言えるだろう。

本章は主としてアメリカの公文書に依拠しているという制約から、特に南ヴェトナムおよびビルマにおける現地の受容に関する分析が不十分であることは否めない。しかし少なくとも、アメリカによる原子力技術援助が、原子炉市場の開拓などの形ある目標だけではなく、科学技術のもつ魅力によって親米政権の「威信」を高めたり、科学者の帰国を促したり、人的つながりを強化したり、ソ連の接近を牽制したりという、人の心を動かすテクノロジーとして用いられていたことが看取できた。技術援助は、資源や忠誠と引き換えに供与されるハードパワー外交の手段ともなり得る。しかしながら、技術支援には単なる取引材料という以上の含意があった。例えば「アメリカ製実験設備」は単なる援助物資ではなく、アメリカ留学を経験した知米派の科学者・技術者たちが、慣れ親しんだ環境の中で研究を続けることのできる小さなアメリカであった。結果的に南ヴェトナムとビルマの事例は外交政策として「失敗」であったが、その過程から浮かび上がったのは、原子力技術援助が単なるモノの物理的移転ではなく、知米派の科学者・技術者（あるいは政治家・官僚も）を育て、人々の意識を変え、長期的な関係を構築するための文化冷戦の武器であったということだ。次章では、そのような知米派の科学者・技術者を量産するためにアメリカ政府が築いたシステムとして、「アルゴンヌ国際原子力科学技術学校」に焦点を当てる。世界中の若手技術者たちにアメリカ製技術を習得させる試みは、どのように計画・実行され、どの程度の効果を上

73……From McCaffery, ICA Burma to ICA, September 3, 1957; From Raymond T. Mayer to B. A. FitsGerals, October 28, 1957, RG 469, Entry 397, box 22, NACP. フェニックス計画については、以下のミシガン大学エネルギー研究所のウェブサイトを参照。http://energy.umich.edu/about-us/phoenix-project. 二〇一八年八月三〇日閲覧。

74……ＩＣＡの文書には、多くのビルマ人技術者がアルゴンヌ国際原子力科学技術学校で学んだことを示す記録が残されている。例えば以下を参照。From US Embassy Rangoon to Department of State, May 6, 1957; From MacCaffery to ICA, October 18, 1957, RG469, Entry 397, box 22, NACP.

75……紙谷貢「ビルマ式社会主義と農業の発展」『農業綜合研究』二六巻四号（一九七二年一〇月）、一七五―一九八頁、科学技術振興機構研究開発戦略センター『ＡＳＥＡＮ諸国の科学技術情勢』（美巧社、二〇一五年）第一〇章「ミャンマー」、二五八―二七五頁、MYANMAR JAPON Online 二〇一五年一一月号、https://myanmarjapon.com/1511interview.html. 二〇二〇年九月五日閲覧。

げたのだろうか。主としてアメリカ国立公文書館のシカゴ分館に所蔵された資料をもとに解明する。

第3章

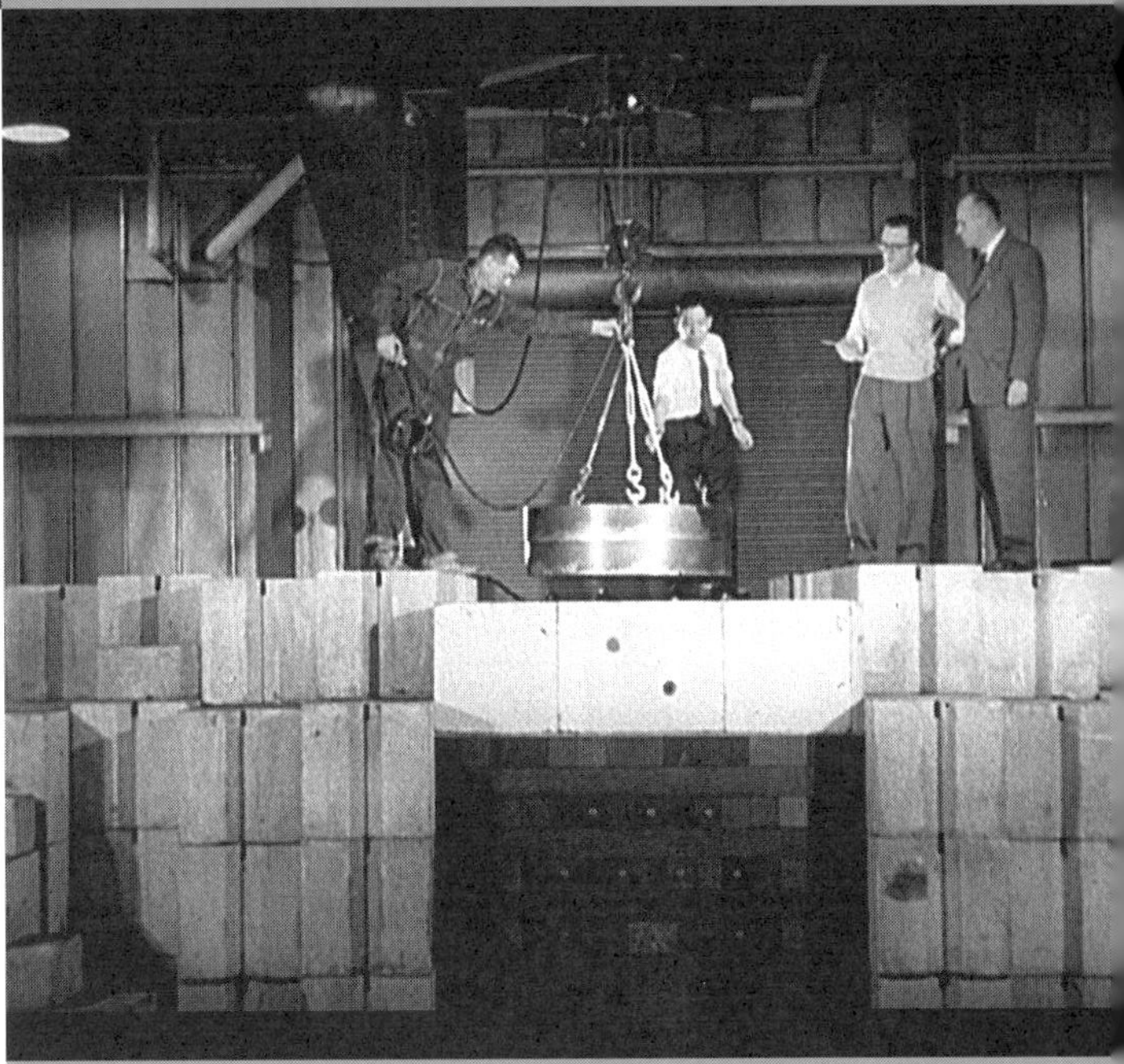

原子力の留学生たち

アルゴンヌ国際原子力科学技術学校

一九四六年七月一日、シカゴ大学冶金研究所（戦時中のマンハッタン計画の拠点の一つ）を引き継ぎ、「アルゴンヌ国立研究所」が設立された（写真3―1）。アメリカ原子力委員会（ＡＥＣ）が設立される六か月前のことであった。第1章で見た通り、シカゴ大学冶金研究所ではマンハッタン計画で原爆開発に従事した科学者たちが核の国際管理と核軍縮を求める「科学者の運動」を起こし、彼らの一部は核開発を進めるアメリカ政府と鋭く対立した。アメリカ政府がシカゴ大学から原子炉研究を引き揚げ、アルゴンヌ国立研究所に引き継がせた背景には、こうしたしがらみを断ち新たな国家事業として原子力研究を進めるという意味があった。このアルゴンヌ国立研究所の中に一九五五年三月一四日、「国際原子力科学技術学校」（International School of Nuclear Science and Engineering : ISNSE）が設立された。前章で取り上げた「フォーリン・アトムズ・フォー・ピース」プログラムによって、アメリカ政府は多くの国々に小型の研究用原子炉と核燃料を提供し、技術指導を行っていた。原子炉の提供を受けた国々の多くは発展途上国であり、原子炉を管理する技術者や、原子力研究所の運営に携わることのできる研究者や管理者が圧倒的に不足していた。ＡＥＣはアメリカ製原子炉を扱うことのできる技術者を各国に育てるために、原子炉に特化した研究を行っていたアルゴンヌ国立研究所に外国人研修生の受け入れを依頼したのであった。

一九六〇年に原子力国際研究所（International Institute of Nuclear Science and Engineering : IINSE）として発展的解消を遂げるまでの五年間に、ＩＳＮＳＥで世界四一か国から四二〇人の若手技術者たちが学んだ。ここで約半年間

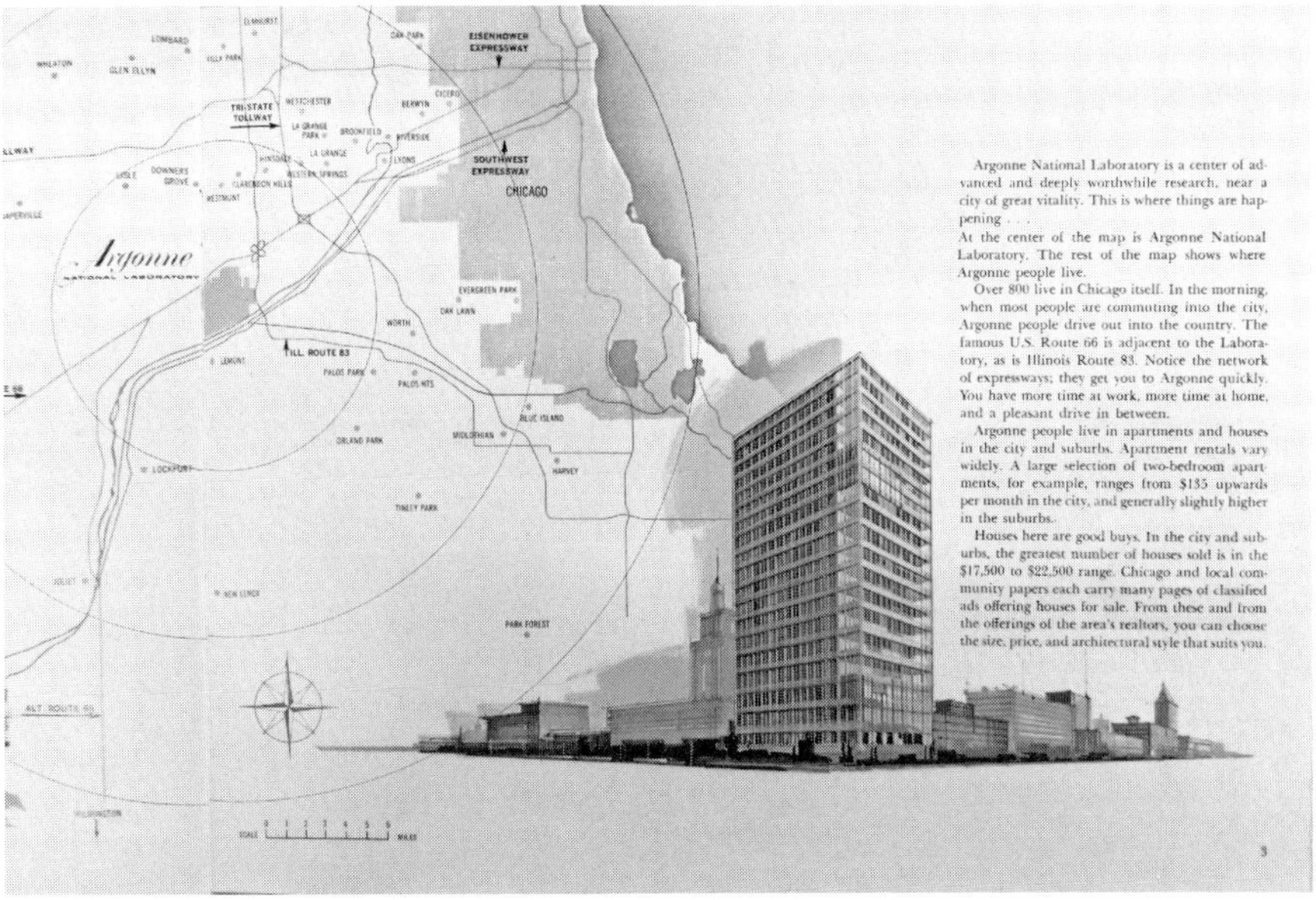

写真 3–1　アルゴンヌ国立研究所のパンフレット。RG326, National Archives at Chicago.

の技術研修を受けた後、さらに研修期間を延長する者や、アメリカの大学院に進学して原子工学や原子医学などの分野で高度な知識を修得する者もいた。卒業生たちは、帰国後それぞれ母国の原子力政策の中枢を担う「科学エリート」となって行った。

第5章で詳しく述べるが、アメリカは科学技術に関する対外情報プログラムの対象となる外国の国民を、「科学エリート」「それ以外のエリート」「一般市民」に分け、それぞれにもっとも適切な内容の対外情報プログラムを実施していた。本章の主人公となるのは、このうちの「科学エリート」である。「フォーリン・アトムズ・フォー・ピース」は、国家から国家への原子炉輸出や技術支援という側面だけではなく、技術者個人に対する教育訓練という側面も有していた。本章では、各国の若手技術者たちがアメリカ政府の「フォーリン・アトムズ・フォー・ピース」を個人体験としてどのように受け止めたのかを描きだす。しかし同時に、アメリカで技術研修を受けた彼らが帰国後、国家の原子力政策を担って行く立場であったことに鑑みれば、彼らの体験は個人的経験にはとどまらない政治的重要性を帯びていたことも事実である。

アメリカ政府は、アルゴンヌを中心にアメリカ製原子力技術が世界に放射線状に広がって行くイメージを描いていた（写真3―2、3―3）。それと同時に、そのような技術の伝播をアメリカの「科学国際主義」（サイエンティフィック・インターナショナリズム）の神髄であるという自己認識を持っていた。情報の開示や自由な交流こそが、共産圏とは異なるアメリカ科学の特徴であると見なしたのである。しかし、「留学生」はいつの時代も、二つの文化の間を行き来する越境者である。越境を通して、彼ら・彼女らは境界線の両側の知識や技術の断片を運び混淆させる。純粋なアメリカ製技術をそのまま伝えるだけの存在ではありえない。特にＩＳＮＳＥの留学生たちのアイデンティティは、アメリカの技術を伝える媒介者というだけではなく、自国の科学技術の担い手という側面もあった。彼らはアメリカ製技術とアメリカの社会・文化の断片を母国に持ち帰ったが、それは独自の経験や目標というフィルターを通したものであった。

また同じ時期、イギリスもソ連も、原子炉技術を教えるために外国人研修生を受け入れていた。イギリスのハーウェル原子力研究所は、コモンウェルス諸国を中心として若手技術者たちを募集したし、ソ連は中国や東欧諸国から研修生を受け入れ、前章で見た通り日本にも研修生受け入れを打診していた。したがってアルゴンヌは、発展途上国の技術者たちにとって留学先としての選択肢の一つでしかなかった。しかし、留学生にとってアメリカは「世界一豊かな国」であるという魅力があり、実際に質の高い生活環境や研究環境を提供していた。留学生たちは原子炉の技術とともに、アメリカで見聞きしたものすべて、そしてアメリカのような豊かな社会を実現したいという欲望も持ち帰った。彼らの多くは帰国後もアメリカとの技術交流や交渉の窓口となり、アメリカにとっては当該国における貴重な連絡窓口となって行った。この点においてＩＳＮＳＥは、知米派の科学者・技術者を育てるという海外情報プログラムの最前線として機能していたといえよう。

本章はこのように多面的なＩＳＮＳＥの役割を分析し、そこで学んだ各国の若手科学者・技術者たちの経験を描き出すことによって、「科学国際主義」と文化冷戦の緊張関係を浮き彫りにする。

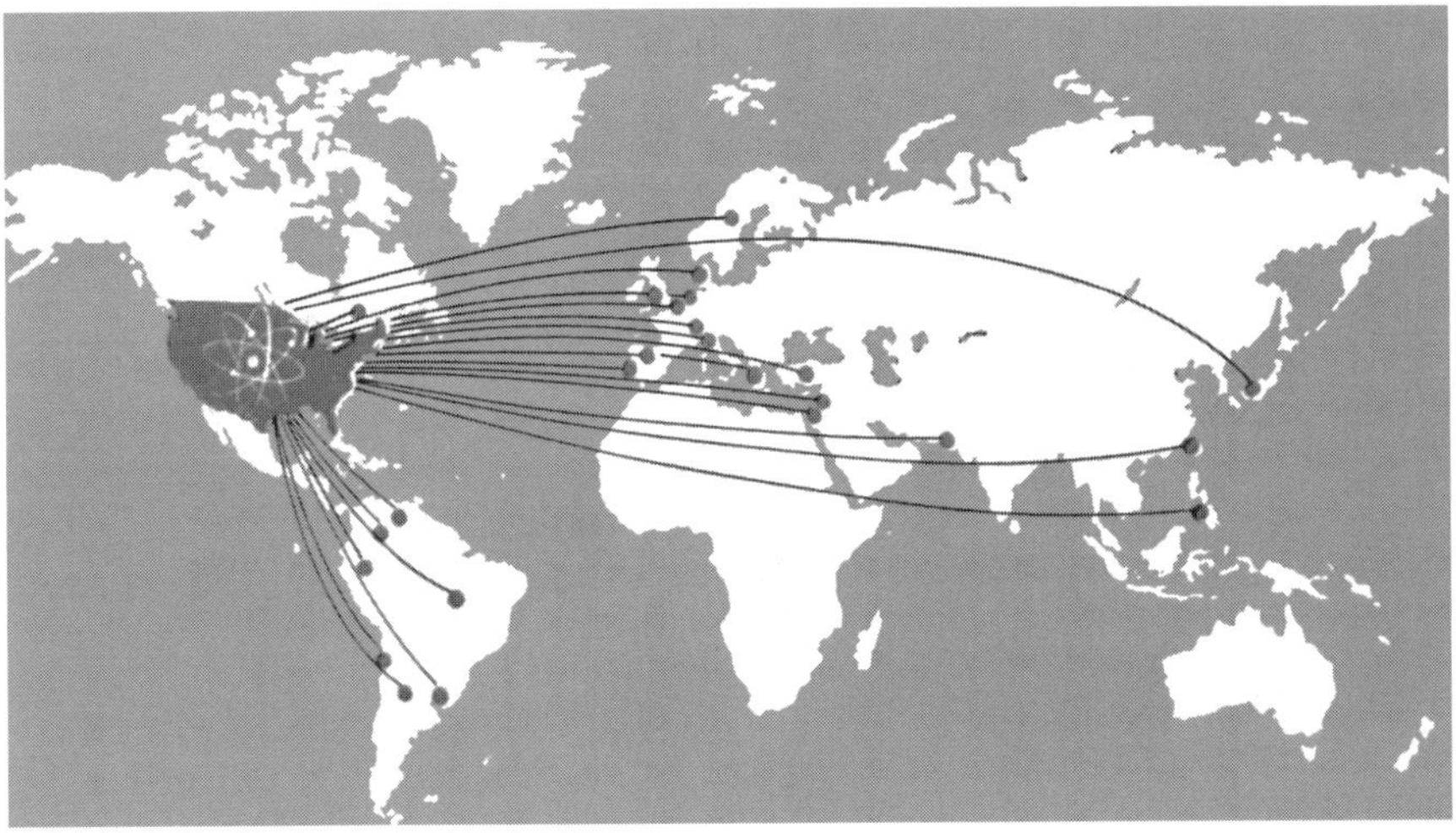

写真 3-2，3-3　アメリカ製原子力技術が世界に放射線状に広がって行くイメージ（アルゴンヌ国立研究所のパンフレット）。RG306, Entry A1 53, box 14, NACP.

1 アルゴンヌ国際原子力科学技術学校（ＩＳＮＳＥ）の設立

アルゴンヌ国立研究所の初代所長には冶金研究所で研究用原子炉ＣＰ1の建設に功績のあったウォルター・ジン（Walter H. Zinn）博士が就任した。ジンは研究所を基礎研究部門と原子炉開発（pile development）部門に分け、自らは原子炉開発部門の長を兼ねるとともに、ハーヴァード・ハル（Harvard L. Hull）とノーマン・ヒルベリー（Norman Hilberry）の二人を副所長に任命した（写真3―4）。ハルは戦時中テネシー・イーストマン社の役員で、ヒルベリーはシカゴ大学冶金研究所でコンプトン所長の片腕として活躍した科学者だった。ヒルベリーは基礎研究部門および特許や安全管理を担当し、ハルは原子炉研究および建設を担当した。[1] 一九四七年一月にＡＥＣが発足すると、アルゴンヌ国立研究所はその研究開発部門の管轄下に置かれた。ＡＥＣはアルゴンヌ国立研究所の主たる任務を、ジンの専門分野でもあった原子炉の研究開発と定め、一九四八年一月一日に正式に公表した。原子炉開発がアルゴンヌの主要任務と定められたことは、基礎研究も重視していたアルゴンヌの科学者たちを当惑させたが、増殖炉の開発を望んでいたジンにとっては絶好の機会であった。[2]

原子炉開発が主たる任務と定められたことで、アルゴンヌ国立研究所のセキュリティ体制は強化され、大学等との自由な共同研究が難しくなった。特にイギリスの核物理学者アラン・ナン・メイ（Alan Nunn May）が、オタワでソ連のスパイ網に原子力技術情報を手渡したことをカナダ政府が公表した後は、ＡＥＣはますます原子炉技術情報の漏洩に神経質になった。ところが、これと矛盾するようであるが、ＡＥＣはまたアルゴンヌの施設を「シカゴ周辺の関連研究教育機関の学生やスタッフの研修のために活用する」ことも定めたのである。[3] シカゴ大学やシカゴ周辺に散らばっていた施設を一箇所に集めるために、ＡＥＣはシカゴの南東約四五マイルのドゥ・ペイジ郡（Du Page County）の広大な敷地を買収しようとするが、地主の抵抗や議会での批判を受けて工事は難航し、アルゴンヌ国立研究所の建物がやっと完成したのは一九四九年に入ってからであった。

写真 3–4　ノーマン・ヒルベリー（Norman Hilberry）。RG326, National Archives at Chicago.

一九五四年の原子力法改正によって一部の原子力技術情報が公開されたことで、アルゴンヌの研究者たちも大学や企業との共同研究が可能になった。[4] 研究所には「原子炉学校」が併設され、ジェネラル・エレクトリック社やウェスティングハウス社をはじめとする企業の技術者たちが原子炉について学んだ。しかし、ちょうどこの時期に起きたオッペンハイマー事件（第1章参照）は、研究所からの情報漏洩の危険性についてAECの警戒感を高めることにつながった。外国人がアルゴンヌの原子

1……Holl, *Argonne*, 51.
2……Holl, 60–63.
3……Holl, 62–63.
4……Holl, 129.

力技術情報に触れることは許されていなかったが、この頃アイゼンハワー政権の「フォーリン・アトムズ・フォー・ピース」政策によって、アメリカ製原子炉を輸入する国々で技術者を育てることが急務となった。ＡＥＣシカゴ・オペレーション室長のフラハティ（J. J. Flaherty）はジンに対して、「フォーリン・アトムズ・フォー・ピース」の一環として「外国人科学者の原子炉研修をアルゴンヌで提供することは可能か」と問合せた。ジンは「それを断ることは不可能」だと回答した。ジンの回答は、外国人技術者の受入れが、すでに国家プロジェクトとして動き出していたからにほかならない。一九五三年一二月のアイゼンハワー大統領の「平和のための原子力」国連演説を受けて作成された政策文書ＮＳＣ５４３１「原子力平和利用における他国との協力」（一九五四年八月）は、「他の諸国が原子力を利用できる能力を培うために、アメリカは技術研修、技術情報、コンサルティング・サービスを提供する」と定めていた（第2章参照）。これについて国務省、ＡＥＣ、作戦調整委員会（ＯＣＢ）の間で議論が行われた結果、外国人技術者向けの訓練施設の設立が提案されたのである。これを受けた結果が、ＡＥＣシカゴ支所のフラハティによるアルゴンヌ研究所への打診であった。[5]

最初に外国人技術者に対する原子力研修プログラムの原案を作成したのは、国際協力局（ＩＣＡ）の前身である海外活動局（ＦＯＡ）であった。ＦＯＡは一九五五年五月に廃止され、翌月にはその機能の多くが国務省の下部機関として新たに設立されたＩＣＡに引き継がれることになるが、それまでは海外援助機関として独立性の高い活動を行っていた。ＦＯＡ長官ハロルド・スタッセン（Harold Stassen）のメモランダムによれば、ＦＯＡが原子力研修プログラムの原案を作成し、国務省、ＯＣＢおよびＡＥＣに助言と承認を求めることになっていたようだ。ＦＯＡの原案は、「後進国へのアメリカの責務として、適切な科学知識のある優秀な学生を二年間ＡＥＣと提携関係にある大学で学ばせ、その後ＡＥＣの原子力平和利用研修コースで一年学ばせる」というものであった。これに対して国務省やＯＣＢが様々な助言を行い、最終的にＡＥＣのプログラムとしてＩＳＮＳＥへと結実して行ったのである。例えばＯＣＢからは、「ＦＯＡの原案では国の数が多すぎる。地域別にアプローチするほうが良い」との助言が寄せられた。一方国務省は、第三世界の国々から科学的な基礎知識が不十分な留学生が集まって来ることを懸念し、「納税者のお金で世界中の人々を教育しようとすべきではない」と警告し、国の選択を戦略的に行うよう助言している。[6]

前述の通り研究所はすでに「原子炉学校」でアメリカ人技術者の研修を提供しており、ジンはアルゴンヌを原子炉の実地訓練を受けることのできる理想的な研修施設と考えていた。しかし、外国人技術者を受け入れるとなると話は別であった。セキュリティ上、外国人専用の宿舎も確保しなくてはならないし、研修施設も現状のままでは外国人の入場を許可することができなかった。「原子炉学校」を「国際原子力科学技術学校」へと改編するために、ジンは副所長のヒルベリーを校長に任命し、様々な問題を解決するように命じた。[7]こうしてヒルベリーを中心に、ＩＳＮＳＥの設置準備委員会が発足する。設置準備委員会は、それまでにアルゴンヌ原子炉学校が受け入れてきたベルギー人研修生や、デュポン社の技術者一五〇人に対する研修の経験をもとに計画を練った。ベルギーは、「フォーリン・アトムズ・フォー・ピース」が本格化する以前の一九五四年に、既にアメリカと原子力二国間協定を結んでいた。これは、アメリカがベルギー領コンゴからウラニウムを輸入していたことに起因し、ベルギーからの研修生受け入れも特例措置であった。またデュポン社の技術者は、ＡＥＣがデュポン社に委託してサウス・カロライナ州サバンナ・リバーに設置した核兵器工場（プルトニウムおよびウラニウム抽出・濃縮工場）で働く要員を育てるために派遣されたのであった。設置準備委員会は、イギリス、カナダ以外からの各国からの訪問者一〇〇組以上から聞き取り調査を行い、各国のニーズも調査した。委員会は、ベルギー人技術者が初歩的

5……"Appendix A, Background and Discussion," from Hilberry to Flaherty, September 30, 1954, RG326, ANL Miscellaneous Correspondence & Reports, box 17, National Archives at Chicago.

6……From Harold E. Stassen to Lewis L. Strauss, September 13, 1954 ; From Philip J. Farley to George, October 26, 1954 ; From Special Assistant to the Secretary to GCS, PJF, October 30, 1954, RG 59, Entry A1 3008-A, box 401, NACP.

7……Holl, *Argonne*, 134.

な技術をすぐに修得し、さらに高レベルの技術に関心を示したにもかかわらず、その技術が「非公開」であったためにアルゴンヌ研究所の科学者たちは気まずい（embarrassing）思いをした経験から、ISNSEにおいては非公開と公開の間に位置する「グレーゾーン」の技術研修も行うべきだという結論を導き出した。イギリスのハーウェル研究所ではすでにそうした「グレーゾーン」の研修を行っており、アメリカでの研修を外国人技術者にとって魅力的なものにするためには、ハーウェルに比べて見劣りするわけには行かなかったのだ。[8]

ISNSEの設置目的は、「アメリカ政府の政策に照らして、原子力平和利用に関するアメリカの科学技術の知を友好国と共有すること」、そして「自由世界の諸国を代表する技術者・科学者たちが、アメリカの産業界の技術者と一緒に最新の原子力技術に関する授業や実験や演習に参加すること」であった。研修の具体的内容は、以下のように整理された。

（一）原子炉の素材
（二）原子炉の部品製造
（三）原子力発電所の設計、建設、運転
（四）原子炉から取り出される放射性物質の処理
（五）原子炉の発電以外での応用
（六）放射性物質の利用[9]

また研修生を送り込む国々のニーズや、セキュリティ上の問題に対応するために、AECが「コンサルティング委員会」を組織することになった。さらにAECからの依頼により、国務省およびアメリカ連邦捜査局（Federal Bureau of Investigation : FBI）による留学候補者のセキュリティ・クリアランスが行われた。ISNSEの運営予算は、年間二四万六〇〇〇ドルと見積もられ、ここから授業料収入（二五〇〇ドル×八〇人分）を差し引いた残りの四万六〇〇〇ドルは、AECの予算で賄われることになっていた。[10]

研修生受け入れの実務は、国務省の付属機関であるICAが担った。ICAがダレス国務長官名で関係各所に送った文書（一九五四年一二月二三日付、CA－4095）によれば、ISNSEの目的は「アメリカから研究炉建設の支援を受けようとする国が、原子炉の運転に必要な有能な人材を確保できるように、一定の年数をかけて資質ある外国の原子炉技術者の一群を育成すること」であった。また「留学生」とアメリカ民間企業の技術者が一緒に研修を受けることで、「自由世界の若手技術者とアメリカ産業界の技術者たちが、互いの物の考え方・進め方を学び合う」機会とも位置づけられた。[11] ここでは、ヒルベリーらが起草した設置目的よりもいっそう、アメリカ製原子炉の輸出を前提とした研修であることが明示されている。すなわちISNSEは、各国の「科学エリート」たちにアメリカ製原子炉の受け入れに備えた知識や技術を修得させ、アメリカ企業の技術者たちとの交流を通じて自由経済の下での原子力ビジネスのあり方についても学ばせることを目指していた。ISNSEは、若い外国人技術者たちに、原子力技術をとりまくアメリカ資本主義の「文化」や「規範」も含めて、丸ごと吸収させようとする試みであったといえよう。

ISNSEは一九五五年三月一四日に正式に発足し、一九六〇年に「原子力国際研究所」として発展的解消を遂げた。その間に研修を受けた四一か国・四二〇人の技術者たちは帰国後、それぞれ自国の原子力政策の中枢を担う地位に就いて行った。各国の「科学エリート」にアメリカ製技術を伝えるプロジェクトはまた、後述する通

8……From Hilberry to Flaherty, September 30, 1954, RG326, ANL Miscellaneous Correspondence & Reports, box 17, National Archives at Chicago.

9……“International School of Nuclear Science and Engineering,” September 22, 1954, RG326, ANL Miscellaneous Correspondence & Reports, box 17, National Archives at Chicago.

10……同上。

11……CA–4095, December 23, 1954, RG59, Entry A1 3008–A, box 400, NACP.

写真 3-5　ISNSE 1 期生の授業風景。RG326, National Archives at Chicago.

り、その過程がテレビ、ラジオ、映画などで広く紹介されることで、二重の意味での対外情報プログラムとして機能した。ISNSEは計画段階から、心理的効果を期待する側面を有していたのである。

第一期生は一九五五年三月、一九か国（アルゼンチン、オーストラリア、ベルギー、ブラジル、エジプト、フランス、ギリシャ、グアテマラ、インドネシア、イスラエル、日本、メキシコ、パキスタン、フィリピン、ポルトガル、スペイン、スウェーデン、スイス、タイ）から三一人の「留学生」と一〇人の民間企業のアメリカ人技術者たちで、四か月の講義と、三か月の実地研修を受けた（写真3―5）。研修は研究炉、特にCP―5型原子炉の設計、設置、運転についての公開情報（機密ではないという意味）をカバーしていた。研修生たちはシカゴに赴く前にワシントンで国務省のレセプション、議会の上下両院原子力委員会との昼食会、大統領との面会を行った。アイゼンハワー大統領は、「君たちは原子力を平和と人類の利益のために使うための自由世界の努力の成果を具現している」と祝福し、「本物の国際協力に向けた進歩の印」に感謝すると述べた[12]。

第三期生（一九五六年九月）からは、研究炉を設置していたノースカロライナ州立大学またはペンシルヴァニア州立大学での基礎研修が始まった。外国人技術者たちは、原子炉に関する内容のみならず原料の生成や再処理についても研修を受け、また「ケーブ」（caves）と呼ばれる施設で高濃度放射性物質の取り扱い方も学んだ。研修のハイライトは、CP—5原子炉などを使ってそれぞれの留学生が自ら課題設定して行う独立研究だった。研修生たちはまた、オークリッジ国立研究所、ミシガン大学の原子力研究所、シッピングポート圧力型原子炉なども見学した。彼らの研修は、アイダホ州の国立原子炉試験場（National Reactor Testing Station）およびその他の西部の核施設の見学で終了した（写真3—6）[13]。

「留学生」の詳しい内訳は、三期生（一九五六年四月～一九五七年一月）を例に取ると、二四か国から六六人が参加し、ビザ発給のための受け入れ機関は三六人がICA、一一人が国務省となっている。残りの一九人は民間企業およびAECから派遣されたアメリカ人技術者たちであった。日本からも毎年、大学や日本原子力研究所、また日立や三菱などの民間企業の若手研究者たちがISNSEに留学した。参加費用（旅費＋四〇〇〇ドル）のうち、旅費は日本政府が支払い、アメリカでの滞在費用はICAと日本政府が折半し、現地での交通機関や研修の手配はすべてICAが行った。一九五七年には「自費留学枠」が設けられ、企業出資による留学生が増えた。このことは、各国の企業が原子力ビジネスに進出することを前提に、社内の技術者に訓練を施し始めたことを示唆している[14]。

12……Holl, *Argonne*, 136. アルゴンヌ国立研究所 Nuclear Engineering ウェブサイト、http://www.ne.anl.gov/About/hn/news961012.shtml. 二〇一八年五月二一日閲覧。

13……Holl, 137. ISNSEの六割の仕事は留学生のトレーニングだったが、それはまた、しばらく疎遠になっていたアカデミック・コミュニティーとの関係修復のためにも利用された。すなわち大学教員のための夏季プログラムや、二年間のポスドク・プログラムなども提供したのである。

2 原子力の「留学生」たちの経験

第二期生としてISNSEで学んだ四人の日本人（田宮茂文、村主進、鳥飼欣一、武谷清昭）の経験を例にとって、ISNSE留学生の経験を概観してみたい。一行は一九五五年一〇月二八日にホノルル～サンフランシスコ経由でニューヨークに到着し、鉄道でまず首都ワシントンに赴きオリエンテーションを受けた後、シカゴに移動した。東京大学生産技術研究所の武谷清昭は、原子力産業会議が発行する『原子力産業新聞』（この時には『原子力新聞』であった）に「米国便り」と題する体験記を寄稿したが、それによると日本人留学生はICAを受け入れ機関とする「交換視察者」ビザで入国し、ワシントンの事前研修でアメリカの習慣、地理、歴史、政治、経済、教育、自由、ニグロ問題（ママ）等について」の講義を受け、いくつかの映画を視聴したという。ISNSEでは、「親切、徹底した教授法」が行われ、「自習室を与えられている点など、常に七五度Fに保つ

写真 3-6　ISNSE の修了式。RG326, National Archives at Chicago.

完全冷暖房装置とともに学校というものとはおよそかけ離れた存在」であったという。[15] こうした感想からも、留学は技術修得だけではなくアメリカの文化・社会について見聞を深めていたことが分かる。アメリカ政府側から見れば、それは海外の「科学エリート」に対する、対外情報プログラムの実践であった。

研修のスケジュールは、ペンシルヴァニア州立大学またはノースカロライナ大学での基礎研修とアルゴンヌでの実践的研修にそれぞれ一七週が割り振られ、両者の間に四週間の国内視察旅行が挟み込まれていた。視察旅行では、オークリッジ国立研究所、ウラニウム工場、発電所、テネシー渓谷開発公社（Tennessee Valley Authority : TVA）などを見学した。

留学生の選抜にあたって国務省とFBIがセキュリティ・チェックを行っていたことは先に述べたが、日本の外務省に対してもアメリカ大使館を通して、ISNSEへの応募者については「セキュリティーの観点から、政治的思想的色彩のないものであることが要請され」ることが伝えられていた。したがって日本を含む送り出し国側で留学生の人選を進める時点で既に、政治思想によるスクリーニングが行なわれていた可能性がある。[16] ISNSEへの留学生はアメリカ政府から見て思想的に「安全」な者、すなわち左派的な政治活動などを行っておらず、アメリカの政府や政策に対して異議申し立てを行う可能性が無さそうな人物でなくてはならなかったことが窺われる。ただ、このことは留学生だけに適用されたルールではなかった。前述のオッペンハイマー事件に見られるように、アメリカ人でさえ核・原子力に携わる者には政府への服従が求められたのである。

本章の扉に写真が掲載されている教育用原子炉「アルゴノート」は、外国人技術者たちの研修に活躍した。研

14……From ICA Tokyo to ICA, January 22, 1957 ; From USOM Japan to ICA, December 14, 1956, RG469, Entry 421, box 32, NACP.

15……「武谷清昭氏の米国便り」（一）『原子力新聞』第三号（一九五五年一一月二五日）、「同」（二）『原子力新聞』第五号（一九五六年一月二五日）。

16……「米国における外国人原子力科学技術者訓練計画」、一九五五年一月、C'.4.1.1.1-4 外務省外交史料館。

修生たちはアルゴノートを使って原子炉の構造を学んだ後、独自の研究課題を設定し、原子炉の運転から得られるデータを解析して自らの仮説を検証する実験を行った。「アルゴノート」という名称は、アルゴンヌ製大学研修用核設備（Argonne's Nuclear Assembly for University Training）から来ていた。写真は、台湾からの留学生ルディー・ヤン（Rudi Yang）が、アルゴノートの燃料棒の一つを調べているところである（写真3―7）。ヤンはその後もアメリカの対台湾原子力援助政策の窓口となり、台湾国立清華大学の原子力研究所の設立と運営に重要な役割を果たすことになる。[17]

写真3–7　ルディー・ヤン（Rudi Yang）。RG326, National Archives at Chicago.

アルゴンヌ国立研究所では、アルゴノートに加えて一九五七年二月九日に、原子力発電のための実験を目的とした、沸騰水型実験炉（Experimental Boiling Water Reactor：EBWR）が導入された。またアルゴンヌの最初の二つの原子炉、CP―2とCP―3が一九五四年五月に廃止されたのと入れ替わりに、濃縮ウランと重水を使って放射線を生み出すCP―5が一九五四年二月から稼働を始めた。さらに一九六二年一月には、アルゴノートに似ているが、よりパワフルで使い勝手の良いジャガーノート原子炉が導入された。これらの原子炉もすべて、ＩＳＮＳＥの留学生たちの研修用に活用された。[18]

ＩＳＮＳＥには最新の技術を求めて世界中から集まってきた留学生たちのコスモポリタンな空間が形成され、文化の壁を越えた友情が育つこともあった。アルゴンヌ国立研究所は *Argonne National Laboratory Bulletin News* というニューズレターを毎月発行していたが、それには「国内版」と「国際版」が存在した。「国際版」にはＩＳＮＳＥの研修の様子のほか、卒業生の母国での活躍、同窓会、結婚や子供の誕生まで写真入りで紹介され、さながら同窓会誌のようであった。例えば（写真3―8）は、一九五八年九月一～一三日にジュネーブで開催された第二回国連原子力平和利用会議に合わせて開催された同窓会の模様である。母国の原子力プログラムで活躍している卒業生たちに招待状が送られ、二七か国から九七人が参加した。ジュネーブの国際会議場では、「路上やホテル、カフェや食堂、技術セッションなど、いたるところで卒業生どうしが出くわす」ほど、彼らの存在は顕著だった。卒業生たちはそれぞれ忙しい仕事の合間をぬって「旧交を温め、昔日を懐かしみ近況を報告し合った。」会場に設置されたアルゴノート原子炉が同窓会の「待ち合わせ場所」だった。卒業生たちは、客船シンプロン号でのジュネーブ湖クルーズと湖畔の野外ディナーを楽しんだ。アルゴンヌ国立研究所長となったヒルベリー元校長や、ロリン・Ｇ・テッカー（Rollin G. Taecker）校長、そして国際原子力機関（ＩＡＥＡ）会長のス

17……この点について詳しくは、土屋由香「ミシガン大学フェニックス計画――科学国際主義と原子力技術援助（仮題）」、土屋由香ほか編著『知の冷戦――アメリカとアジア』（京都大学学術出版会、二〇二一年刊行予定）。研修の具体的内容については、"The Argonaut: Argonne's Nuclear Assembly for University Training," *Selected Topics from the Argonne News*, March 1957, RG326, ANL Publications, box 5, National Archives at Chicago.

18……"Two Decades of Growth, Progress," *The Argonne News: A Retrospective Issue*, July 1966, RG326, ANL Publications, box 5, National Archives at Chicago.

写真3–8　1958年第2回国連原子力平和利用会議におけるISNSE同窓会の様子。RG326, National Archives at Chicago.

ターリング・コール米下院議員も同窓会のゲストとして参加した[19]。

ニューズレターはまた、留学生たちの研修の様子も写真入りでしばしば紹介している。例えば一九五九年四月号の表紙には、台湾のテン（Kuang-Hsin Teng）とインドネシアのソエパディ（Soetarjo Soepadi）――いずれも第八期生――が講師のスコック（John Skok）からアルゴンヌ国立研究所の生物・医学部門「植物生理学グループ」の研究についてレクチャーを受けている写真が掲載されている（写真3―9）[20]。留学生や卒業生の日常生活も毎号のように紹介された。例えば、トルコ人の第四期生ズィヤ・アカス（Ziya Akcasu）は、ＩＳＮＳＥを卒業後、さらに七か月間アルゴンヌで研修を受け、ミシガン大学の博士課程に進学したところでトルコ政府に呼び戻され、アメリカに住む家族と八月間離れて暮さなければならなかった。しかし、彼はまたアルゴンヌの原子炉工学部門の研究員として一年間の

写真3–9　留学生たちの研修風景が表紙に掲載されたニューズレター。RG326, National Archives at Chicago.

契約で任用され、アメリカで家族に再会し生後九か月の息子にも対面することができた。[21] ニューズレターは、家族との再会を喜ぶアカスを写真で紹介した（写真3—10）。

留学生のほとんどは、二〇代後半から三〇代の若手技術者であったため、帰国後まもなく家庭を築く者も少なくなかった。ニューズレターはしばしば卒業生の結婚や子どもの誕生を告げる記事を掲載した。例えば写真3—11、3—12は、七期生の台

19……"Reunion at Geneva," *Argonne National Laboratory News-Bulletin International*, vol. 1, no. 1 (January 1959): 4–5, RG326, ANL Publications, box 5, National Archives at Chicago.

20……*Argonne National Laboratory News-Bulletin International*, vol. 1, no. 2 (April 1959), RG326, ANL Publications, box 5, National Archives at Chicago.

21……"Recent Events at Argonne," *Argonne National Laboratory News-Bulletin International*, vol. 1, no. 2 (April 1959): 12, RG326, ANL Publications, box 5, National Archives at Chicago.

写真 3–10　家族と再会した第4期生ズィヤ・アカス（Ziya Akcasu）。RG326, National Archives at Chicago.

湾人留学生ヤン（Teh li Yang）、八期生のパキスタン人留学生アハマッド（Sultan Ahmad）の結婚報告の記事である。[22]

特に母国の原子力開発において重要な地位に就いたり国際的に活躍している卒業生については、「卓越した同窓生」（Distinguished Alumni）のコーナーで、写真入りで取り上げられた。例えば、第2章で取り上げたビルマのニュントもそうであったし、ブラジル大学工学部助教授でブラジル原子力委員会の「研修・教育担当議長補佐官」も務めるベルナルディノ・ポンテス（Bernardino Pontes）もそうであった。[23] 第二期生のフィリピン人留学生、フロレンシオ・メディナ（Florencio Medina）はフィリピン原子力委員会議長となって活躍していることが紹介された。[24] 日本人では、一期生の伊原義徳、二期生の田宮茂文、三期生の清瀬量平などが写真入り記事になっている。伊原については、帰国後は日本原子力研究所の設立に携わったことや、アルゴンヌの関係者が日本を訪れるたびに「東京アルゴンヌクラブ」の同窓会を企画してくれること、田宮については、ロンドンの日本大使館で科学アタッシェという要職に就いていることや、アルゴンヌで得た最も貴重な経験は「原子力に関する包括的な知識」と「世界中の科学技術者たちとの友情」だと語っていること、清瀬については、「東京大学の前途有望な若手教員」として活躍すると同時に、原子力産業会議の研究班の講師も務めていること等が紹介されている（写真3―13[25]）。

さらに留学生たちが国境や文化の壁を越えて友情をはぐくむというテーマもしばしば登場する。例えば、一九六二年一月号には、日本、台湾、タイの第八期生たちが一緒に卒業写真に収まる姿が紹介されている（写真3―14[26]）。一九六二年七月号は留学生たちが大リーグのシカゴ・ホワイトソックスの野球の試合を観戦する様子を写真入りで紹介している。南アフリカのプレシス夫妻（Adriaan and Anetjie du Plessis）と、日本の橋本弘の姿が見られる（写真3―15[27]）。

22……"News of the Sessions," *Argonne National Laboratory News-Bulletin International*, vol. 3, no. 3 (July 1961) : 20, RG326, ANL Publications, box 6, National Archives at Chicago.

23……"Distinguished Alumni : Bernardino Pontes," *Argonne National Laboratory News-Bulletin International*, vol. 1, no. 4 (October 1959) : 11, RG326, ANL Publications, box 5, National Archives at Chicago.

24……"Distinguished Alumni : Florencio Medina," *Argonne National Laboratory News-Bulletin International*, vol. 2, no. 1 (January 1960) : 11, RG326, ANL Publications, box 5, National Archives at Chicago.

25……"Distinguished Alumni : Ryohei Kiyose," *Argonne National Laboratory News-Bulletin International*, vol. 1, no. 3 (July 1959) : 11 ; "ISNSE Alumni : Yoshinori Ihara," vol. 4, no. 2 (April 1962) : 16 ; "ISNSE Alumni : Shigefumi Tamiya," vol. 4, no. 3 (July 1962) : 13, RG326, ANL Publications, box 5 & 6, National Archives at Chicago.

26……"News of the Sessions," *Argonne National Laboratory News-Bulletin International*, vol. 4, no. 1 (January 1962) : 19, RG326, ANL Publications, box 6, National Archives at Chicago.

このようにＩＳＮＳＥは「科学国際主義」（サイエンティフィック・インターナショナリズム）の最前線として若手技術者たちの交流と学びの場となった。しかしアメリカ政府が意図したように、アメリカの科学技術を世界に拡散させ、世界中にアメリカ通の「科学エリート」を育成するという戦略的目的が、それほど順調に達成できたのかどうかは疑わしい。アメリカの留学生受け入れ制度の歴史を分析したポール・クレイマー（Paul A. Kramer）は、一九五〇～六〇年代に留学生の受け入れがアメリカの国益を追求する「地政学的な」目的を持ちながらも、留学生の自主的な意思の働きにより、彼らがアメリカ政府の思い通りの「エージェント」になるとは限らなかったと論じている。[28] また科学技術が文化的ヒエラルキーの形成に寄与する一方、ヒエラルキーを攪乱する手段ともなり得ることを指摘する研究者も居る。[29] アルゴンヌ原子力国際学校への「留学」にも、こうした側面が当てはまるように思われる。

　留学生たちはそれぞれの目的を背負ってＩＳＮＳＥに参加しており、アメリカの思い通りにならないことも多々あった。例えば、アメリカは二二～二五歳の若い技術者を募集したが、実際の平均年齢は三五歳ぐらいで

写真 3-11，3-12　帰国した留学生の結婚報告記事。RG 326, National Archives at Chicago.

写真 3-13　「卓越した同窓生」の写真入り記事で紹介された清瀬量平。RG 326, National Archives at Chicago.

写真 3–14　アジア人留学生たちの交流を示した記事より。RG326, National Archives at Chicago.

あった。アメリカ政府の思惑は、大学学部を卒業して間もない柔軟な頭脳と心に、生涯消えることのないアメリカ体験を刷り込むことであったのかも知れない。しかし現実には、各国は既に何らかの社会経験があり、帰国後は即戦力として国家発展に尽くすことができるような人材を送り込んできたのである。送り出し国側は、アメリカの要請に応じて受動的に留学生を派遣したわけではなかった。特に日本のように原子科学の基礎が既に築

27……"News of the Sessions," *Argonne National Laboratory News-Bulletin International*, vol. 4, no. 3 (July 1962) : 20, RG326, ANL Publications, box 6, National Archives at Chicago.

28……Paul A. Kramer, "Is the World Our Campus? International Students and U.S. Global Power in the Long Twentieth Century," *Diplomatic History*, vol. 33, no. 5 (November 2009) : 782–783, 799.

29……土田映子「テクノロジーが創る国民・エスニシティ——文化的アイコンとしての科学・技術と集団アイデンティティ」『「ヘイト」の時代のアメリカ史——人種・民族・国籍を考える』兼子歩・貴堂嘉之編（彩流社、二〇一七年）、一一二頁。

写真 3-15　野球観戦を楽しむプレシス夫妻（Adriaan and Anetjie du Plessis）と橋本弘。RG326, National Archives at Chicago.

かれていた国は、自主的に留学先を選んでいた。日本政府は一九五五年からアメリカのみならずイギリス、フランス、スウェーデン、ノルウェー、カナダ、スイス、西ドイツなどの留学生受け入れ可能性について情報収集し、派遣計画を練っていた。一九五六年度には、国会で旅費・生活費として一二万ドル、授業料として四万五〇〇〇ドル相当の予算が承認され、アメリカに一二名、イギリスに五名、ノルウェーとスウェーデンにそれぞれ二名、カナダとフランスにそれぞれ一名の留学生を派遣する計画が立てられた。アメリカに派遣する一二名については、日本政府側から具体的な派遣先（アルゴンヌ、オークリッジなどの国立研究所やミシガン、MITなどの大学）と専攻分野に関する要望が、AECに伝えられた。そのようなことが可能であったのは、日本の科学者たちが海外の研究動向に精通し海外研究者とのつながりも既に持っていたからであろう[30]。

　またアメリカは留学生の母国と原子力協力協定を結び原子炉を輸出することを前提としていたが、留学生たち自身は、必ずしもアメリカとの技術提携を自明のこととは考えていなかったようだ。例えば、休憩時間の留学生どうしの雑談の中で日本人留学生に対して、「日本ほどの科学水準と工業水準のある国が、自力のない国と同じ協定を結ぶ必要はない。自力でやれるはずだし、その方が結果もよいだろう」と言う者が居たという。これに対して、「原子力には多額の資金が必要だ。やはり、アメリカと協力体制をとらざるを得まい」と言う者も現れ、アメリカに依存することについて盛んに議論が交わされたという。[31] たしかに日本人留学生たちは、アメリカの技術だけに関心を寄せたわけではなかった。彼らの中にはアメリカでの研修終了後、そのままヨーロッパに渡って原子力施設を見学したいと言う者が多かった。しかし、ＩＳＮＳＥの目的はアメリカ製原子炉技術の普及であったから、アメリカ政府は当然ながら、ヨーロッパのライバル国を利するような取り計らいには消極的であった。しかし、要望を却下すればアメリカの不寛容さが目立ち、「科学国際主義」の名にもとる。そこで結局アメリカ政府は、原則として研修期間の延長は「アメリカ国内でのみ可」とし、ただし渡航費用と旅程作成を日本政府が負担する場合に限り、アメリカ以外の国への渡航も許可することとした。[32]

さらに、参加者たちの教育水準や既習内容が多様であったために、様々な不満や不都合が生じた。先進国からの参加者にとって、ペンシルヴァニア州立大学などで実施される基礎研修は母国でも受講可能な内容であり「役に立たない」との不満が噴出した。その上、アメリカの大学教員の多くはまだ原子炉を実際に使った経験が無く、理論を中心とする講義を行ったため、実践的な訓練を求めて渡米した留学生たちにとっては期待外れであった。先進国と発展途上国の留学生が一緒に研修を受ける中で、「勝ち組」(bigshot) と「負け組」(underdog) に分断・対立が起きてしまうこともあった。「勝ち組・負け組」という言葉はＩＣＡが報告書の中で用いたもので、研修内容を完全に消化できる先進国の技術者と、基礎知識や経験の不足のために研修について行くのが難しい途上国の技術者を指したものであった。「勝ち組」に分類されたのは、ドイツ、イラク、ノルウェー、ベルギー、イス

30……「留学生派遣計画」、「別表2　留学生受入予定国およびその概況」、From Yoshio Fujioka to W. F. Libby, June 6, 1956, C'.4.1.1.1-4 外務省外交史料館。

31……大山彰「原子炉学校生活記」『読売新聞』一九五五年八月一一日。

32……From Waring to ICA, April 4, 1957, RG469, Entry 421, box 32, NACP.

ラエル、およびフランス、日本、イタリア、トルコの一部で、「負け組」は、ビルマ、パキスタン、タイ、エジプト、スペイン、フィリピンなどとされた。第2章で紹介したビルマの物理学者ニュント（U Hla Nyunt）は、研修の最終日に行われたグループ・インタビューの席で、「ビルマはやっと小さな原子力研究センターを作っているところ」であり、「もっと基本的な訓練が必要である」と述べた。これに対して「勝ち組」に分類されたイラクの核物理学者は、「彼は何を言っているのか」と侮蔑的な反応を示した。パキスタン人参加者が弱小国を擁護する発言をする一方、ドイツ人参加者は、「ジェネラル・エレクトリック社から原子炉をパッケージで買えば、設置も全部やってくれるよ」と皮肉なコメントをした。

各国からの参加者たちの感想は、当時の国際情勢や国柄を表していて興味深い。例えば大学での研修の最中にスエズ危機が勃発しエジプトと西側諸国との関係が悪化したことで差別的な待遇を受けたと主張するエジプト人留学生や、本国政府から課されていた過大な期待に比して短期間の研修で習得できることには限界があると嘆くパキスタンからの留学生、またAECは留学生たちに対して技術情報を「出し惜しみ」しているのではないかと疑うNATO諸国からの留学生も居た。しかしながら、勝ち組・負け組にかかわらず、「世界中でアルゴンヌのようなレベルの設備とスタッフが整った研究所はどこにもない」という感想は共通していた。韓国からの参加者は、「私は研修中ずっと、自国に帰ったらどのように原子力研究所を設置できるだろうかということを考えていた。私は管理運営が専門なので、そういう観点から（先進国の留学生から不評であった）大学での講義も役立った」と語った。この発言が象徴するように、これから原子力研究に着手しようとする発展途上国の技術者たちにとって、ISNSEでの経験は極めて重要なものとなった。[33]

ISNSEでの研修を終えた留学生たちは、帰国後それぞれの国で「科学エリート」として原子力政策の中枢にかかわって行った。ICAが行っていた卒業生たちの追跡調査によれば、ほとんど全員が母国の原子力政策に従事していた。日本人参加者たちも、その後の日本の原子力政策を担って行く。例えば一期生の伊原義徳は、「原子力開発利用長期計画」の作成に携わり、科学技術庁・原子力局次長、原子力安全局長、原子力委員会委員長代理などを経て、一九七九年に科学技術事務次官に就任する。二期生の田宮茂文は、在イギリス日本大使館の科学アタッシェ等を経て、一九七三年には科学技術庁・原子力局長に就任する。同じく二期生の村主進は、日本原子力研究所・東海研究所副所長、原子力発電技術機構理事を経て、原子力安全解析所長となり、武谷清昭は、日本原子力研究所の主任研究員として研究に従事する傍ら、原子炉安全専門審査会の委員なども務めた。三期生の井上力は、通産省公益事業局原子力発電課長、科学技術庁原子力局動力炉開発課長、通産省資源エネルギー庁官房審議官を経て、電源開発株式会社理事、財団法人発電設備技術検査協会理事長、財団法人原子力発電技術機構理事長などを歴任した。[34] このように各国の「科学エリート」たちの原子炉経験の「原点」とも言えるのがＩＳＮＳＥであった。そこで得た知識と経験は、多かれ少なかれ各国の原子力政策の中に生かされて行ったのである。

外国人技術者の育成は、アメリカ製原子炉を普及させるという点から見れば、たしかにアメリカの国益にかなうことであったかもしれない。しかし、多くの国々に原子力技術を教えたことは、核拡散の危険を助長した可能性も否めない。アルゴンヌに技術者を派遣した国々の中で、フランスは既に核を保有し、パキスタン、イスラエ

33……"Evaluation Meeting with Graduates of Second School of Nuclear Science and Engineering at the Argonne National Laboratory, Lemont, Ill., June 1, 1956"; "Evaluation Meeting at the Argonne National Laboratory, Lemont, Ill., January 9, 1957, with Participants of the Third Session, ISNSE, April 1956 to January 1957"; "Evaluation Meeting with Participants of the Fifth Session (January 28, 1957–Novembe 6, 1957) of the University-ISNSE at the Argonne National Laboratory, Lemont, Ill., October 25, 1957," RG59, Entry 3008-A, box 287, NACP.

34……「訃報・伊原義徳さん九三歳＝元科学技術事務次官、元日本原子力研究所理事長」『毎日新聞』二〇一七年七月二九日、田宮茂文編『八〇年代原子力開発の新戦略』（電力新報社、一九八〇年）、村主進『原子力発電のはなし』（日刊工業新聞社、一九九七年）、武谷清昭「原子力安全の選択と展開」『日本原子力学会誌』第四〇巻二号（一九九八年）、一三一―一三二頁、「井上力元会長が死去」『内発協ニュース』二〇一一年九月号、一四頁、https://www.nega.or.jp/publication/press/2011/pdf/2011_09_14.pdf　二〇一八年五月二二日閲覧。

ル、中華民国（台湾）、韓国などは核武装を目指していた。このうち実際に核武装に至ったのはパキスタンとイスラエルのみだが、核拡散の可能性はアメリカを悩ませ、後に核兵器不拡散条約（Treaty on the Non-Proliferation of Nuclear Weapons または Non-Proliferation Treaty : NPT）の締結へと結びつく。アメリカの原子力技術が、各国のリーダーたちの核武装の夢を掻き立てたとしたら、ＩＳＮＳＥはアメリカの国益を損なう方向にも作用したと言わざるを得ない。

一九六〇年二月三日付でＩＳＮＳＥは原子力国際研究所（ＩＩＮＳＥ）に発展的解消を遂げた。ＡＥＣ国際部によれば、これは「より高度で専門化した原子力科学技術分野の研修が求められるようになったこと」、および「アメリカや諸外国における大学が原子力分野での基礎訓練を行う力をつけてきたこと」を勘案して、より個々の技術者の目的に合致した研修コースを提供するためであった。しかし、ＩＩＮＳＥにおいても外国の技術者を対象とする研修プログラムは、形を変えて継続した。修士号取得者で核科学の基礎的知識のある者は、一〇〇〇ドルの授業料を支払って六週間×一〜二学期間の研修を受ける「参加者（Participants）」として、また博士号取得者かこれに相当する者は、授業料は払わずアルゴンヌ国立研究所の研究プログラムに貢献することを期待される「研究員（Affiliates）」として研究所に所属することができた。研修分野として、「原子炉科学技術」、「技術研究開発の高度な研修」、「物理科学研究」、「生命科学研究」、「技術管理」、「核施設の運営」の五分野が掲げられ、各学期終了後には他の原子力関連施設への見学ツアーも用意されていた[35]。

しかし一九六三年頃になると、外国からの研修生の数が減少し、ＩＩＮＳＥは転機を迎えた。外国からの研修の需要が減った理由として、ＩＩＮＳＥの内部文書はまず、先進国において「専門的訓練を受けた人材への潜在的需要が大体において充足」し、これらの国々が「洗練された自前の研修センターを持つに至ったこと」を挙げている。しかし、そうした研修センターの中枢を担う人材の育成に「ＩＳＮＳＥが重要な役割を果たしてきた」ことにも同文書は言及している。そして二番目に、「ＩＡＥＡが外国の研修センターを利用するケースが増えていること」、三番目は「原子力技術から他の分野へと重点を移動した政府機関が見受けられること」、そして最後に「大学が、原子力科学・技術のほとんど全分野において教育を行う能力を発展させてきたため、国立研究所はもはやこの分野で研修を提供できるという点においてユニークな存在ではなくなったこと」が、外国からの需要減少の主たる原因であった。外国からの要請が少なくなった分、ＩＩＮＳＥは国内の大学等との連携研究を行うようになって行った。[36]

3　留学生を題材とした対外情報プログラム

ＩＳＮＳＥとそこで研修を受ける留学生たちは、科学技術を通したアメリカの対外情報プログラムの素材ともなった。彼らの研修の様子は、アメリカ政府による「科学国際主義」の実践例として、国内外で映画やラジオ、新聞やテレビなどのメディアを通して広く紹介された。ＡＥＣは、学校の発足準備段階から「特に一期生の研修には、ＵＳＩＡによる撮影や取材が頻繁に入ることが予想されるので」ＯＣＢおよびＵＳＩＡと緊密な連携を取りつつ研修を行うことにしていた。[37] 例えば（写真3―16）は、有名なテレビ番組「シー・イット・ナウ」（See It Now）でＩＳＮＳＥが取り上げられた際の、撮影の様子である。この番組のアンカーは、第二次世界大戦の戦争報道で注目され、戦後は「赤狩り」に抵抗した良心のジャーナリストとして名を上げたエドワード・マロー

35 Division of International Affairs, United States Atomic Energy Commission, "International School of Nuclear Science and Engineering to Become International Institute of Nuclear Science and Engineering", September 9, 1959 (date on the cover letter), Michigan Memorial Phoenix Project（以下、MMPP）, box 15, Bentley Historical Library, University of Michigan.

36 "The Institute of Nuclear Science and Engineering," Nov. 7, 1963, MMPP, box 20.

37 From Shelby Thompson to John A. Hall, August 24, 1954, RG326, ANL Miscellaneous Correspondence & Reports, box 17, National Archives at Chicago.

写真 3–16 「シー・イット・ナウ」（See It Now）の撮影風景。RG326, National Archives at Chicago.

（Edward Murrow）であった。マローは後にケネディ大統領によってＵＳＩＡ長官に任命されることになる。彼が民間のジャーナリストであったこの頃から既に政府の対外情報プログラムに貢献していたことが、ＵＳＩＡ長官への抜擢の理由の一つだったのかも知れない。「シー・イット・ナウ」のアルゴンヌ特集は、一九五五年四月五日に放映された。[38] このようにＩＳＮＳＥは、技術援助プログラムと対外情報プログラムの両方を兼ね備えた舞台であった。

「シー・イット・ナウ」はアメリカ国内向けの番組であったが、外国向けにＩＳＮＳＥを紹介したのが、ＵＳＩＳ映画やＶＯＡラジオなどＵＳＩＡが運営する広報メディアであった。特にＵＳＩＳ映画には科学技術をテーマとした多くの作品が含まれていたが、一九五八年二月に公開された『原子力平和利用シリーズ第五部・技術者の養成』（英語タイトルは、*Training Men for the Atomic Age*）は、一九五六年秋にＩＳＮＳＥに入学した一団の留学生たちの日常をドキュメンタリー風に紹介したものであった。三五ミリフィルムと一六ミリフィルムの二種類で制作された短編モノクロ作品で、移動上映用のほかに劇場用およびテレビ上映用としても使用された。米国立公文書館にはこの映画の英語版「テスト・プリント」のシナリオと映像が残されている。

映画はまず、研究用原子炉のクローズアップから始まり、原子力の人類の福祉のために役立つものであることが強調される。

これは原子炉です。原子力時代の機械です。その内部では制御された核分裂の連鎖反応が起きます。……厳重にシールドされた原子炉の周囲には、科学実験用の設備が並んでいます。なぜならこの原子炉は、研究用だからです。しかし、どんな原子炉にも一つ共通していることがあります。それは、人類の幸福のために核エネルギーを解き放つということです。[39]

次に医療・工業・発電における原子力技術の応用について紹介した後、映画は、世界中で「原子力を平和利用するための特別な訓練を受けた人材が、深刻に不足」しており、人材育成が「国際的な課題」になっていることを指摘する。そして、アメリカ政府が国内三〇箇所の大学や研究機関で外国人留学生に原子力技術を教えていること、また一九五五年三月にＩＳＮＳＥが設立され、既に四〇か国・二〇〇人の留学生が学んだことを説明する。「これは、一九五六年秋に入学した留学生たちの物語です。」と、映画は留学生たちが二グループに分かれ、四か月の事前研修をノースカロライナ大学とペンシルヴァニア州立大学で受けたこと、長時間の厳しい勉強に耐え、夜中まで「スタディ・センター」でコーヒーを飲みながら予習・復習を続けたこと、勉学を通して国境を越えた友情が生まれたことなどを紹介する。

彼らの何人かを紹介しましょう。スペイン人のベルグア（Bergua）は化学工学が専門です。スリニヴァサン（Srinivasan）はインドから来た化学工学専門の研修生です。イランのアザッド（Azad）は物理学者です。日

38……"Two Decades of Growth, Progress," *The Argonne News ; A Retrospective Issue*, July 1966, RG326, ANL Publications, box 5, National Archives at Chicago.

39……"Training Men for the Atomic Age," movie script, RG306, Entry A1 1098, box 46.

本人の石原（Ishihara）は化学が専門です。サフィオッティ（Saffioti）はブラジルで化学の博士号を取得しました。中華民国のチェン（Cheng）は電気工学が専門です。トルコのアカス（Akcasu）も同様です。ドイツのディーデリヒス（Diederichs）は機械工学が専門です。ギリシャのラスカリス（Lascaris）は物理学と電気工学が専門です。[40]

このように各国からの留学生がクローズアップされる。大学での予備研修を終えた留学生たちは、オークリッジ国立研究所で原子力の医療への応用を実地に見学したり、アメリカ初の原子力発電所であるペンシルヴァニア州のシッピングポート原子力発電所の建設現場を訪問したりした後、シカゴに到着してＩＳＮＳＥでの研修を開始する。彼らの多くはイリノイ州ラグレンジにあるＹＭＣＡの宿泊施設で生活するが、家族同伴の者は、アルゴンヌ近隣のアパートに入居する。

映画は、ＩＳＮＳＥでの具体的研修内容を紹介して行く。冶金研究所では、留学生たちはチームに分かれてウラニウム燃料を製作する課題に取り組んだ。またある時は、核燃料のコストを引き下げる方法について検討し、「一つの方法が核燃料の再利用である」ことを学んだ留学生たちは、「核燃料の再処理の方法に関する実験」を実施した。またある日には、ガンマ線放射室で食品に放射線を照射することによって滅菌する方法を学んだ。さらに別の日には、原子炉から効率よく熱を発電機に伝えるための実験を行った。留学生たちが教育用原子炉「アルゴノート」を利用する様子は、「母国に帰って他の技術者を教える立場になる彼らにとって、アルゴノートは非常に有用な道具なのです。」という解説とともに映し出される（本章扉の写真）。また「アルゴンヌの研究炉の中で最大の」ＣＰ－５原子炉を使って理論物理学の問題に取り組む様子も紹介される。映画終盤では、一年近くアメリカで学んだ留学生たちが、「世界の原子力科学者・技術者のニーズを充足」させ、「知識を他へ拡散させ、その輪を拡げて行く」様子に焦点が当てられる。

例えば東京では、村主進が電気工学のラボで学生や研究者の指導に当たっている。サンティアゴでは、ダリオ・モレノがチリ大学工学部で教鞭をとっている。彼の授業のテーマは、原子力発電分野における原子力の応用である。オスロ近郊のラボでは、ノルウェーとオランダの科学者たちが共同研究を行っており、そこで元留学生のコレン・ルンドがウラニウム再処理のパイロット・プラントについて説明している。イタリアのミラノでは、ロレンツォ・ロセオがイタリア原子力研究センターで新たなプロジェクトを率いている。ブエノスアイレスでは、工学・物理学の専門家であるエルネスト・ショーンフェルドが、アルゼンチン人たちに原子力科学の理論と応用を教授している。エジプトのカイロでも、ミハイル・サイードとエファト・カマルが、原子力の知識を普及させている。

映画は、これらの卒業生たちが各国の原子力の専門家となっただけではなく、「科学の国際連合のように団結」し、「平和のために貢献する未来のエンジニア」であると定義づける。それはまさに、先に挙げた図のように、アルゴンヌを中心として放射線状に知識や技術が世界に拡散して行くイメージを具体化したものであった。

このようにISNSEは、各国の若手技術者を集めてアメリカの技術と生活様式とを体験させる「科学エリート」向けの対外情報プログラムであったと同時に、彼らの日常生活の様子が、さらなる対外情報プログラムの題材として映画やラジオで拡散されるという二重構造を有していた。「学校」は単なる技術習得の場ではなく、「文化冷戦」の前哨基地としてアメリカの科学国際主義を世界に宣伝する装置として位置づけられていたのであった。

しかしながら、ISNSEにはアメリカを中心とする垂直的な学知の編成と、留学生による水平的な学知の共

40……同上。

有・交流、さらに留学生を送り出した各国政府による学知の国有化という複数の側面があったことも重要である。原子力技術を修得して自国に持ち帰ることは、自国の近代化に寄与すると同時に、留学生本人が国際的なネットワークを築きキャリアを積むことにもつながったのである。それでも彼ら知米派科学エリートたちの知識や体験が、母国の科学政策や高等教育に取り込まれ、各国の科学技術に間接的影響を及ぼしたとすれば、アメリカの影響力は無視できないものがあったと言えよう。

第4章

太平洋の核実験をめぐる逆説の対外情報プログラム

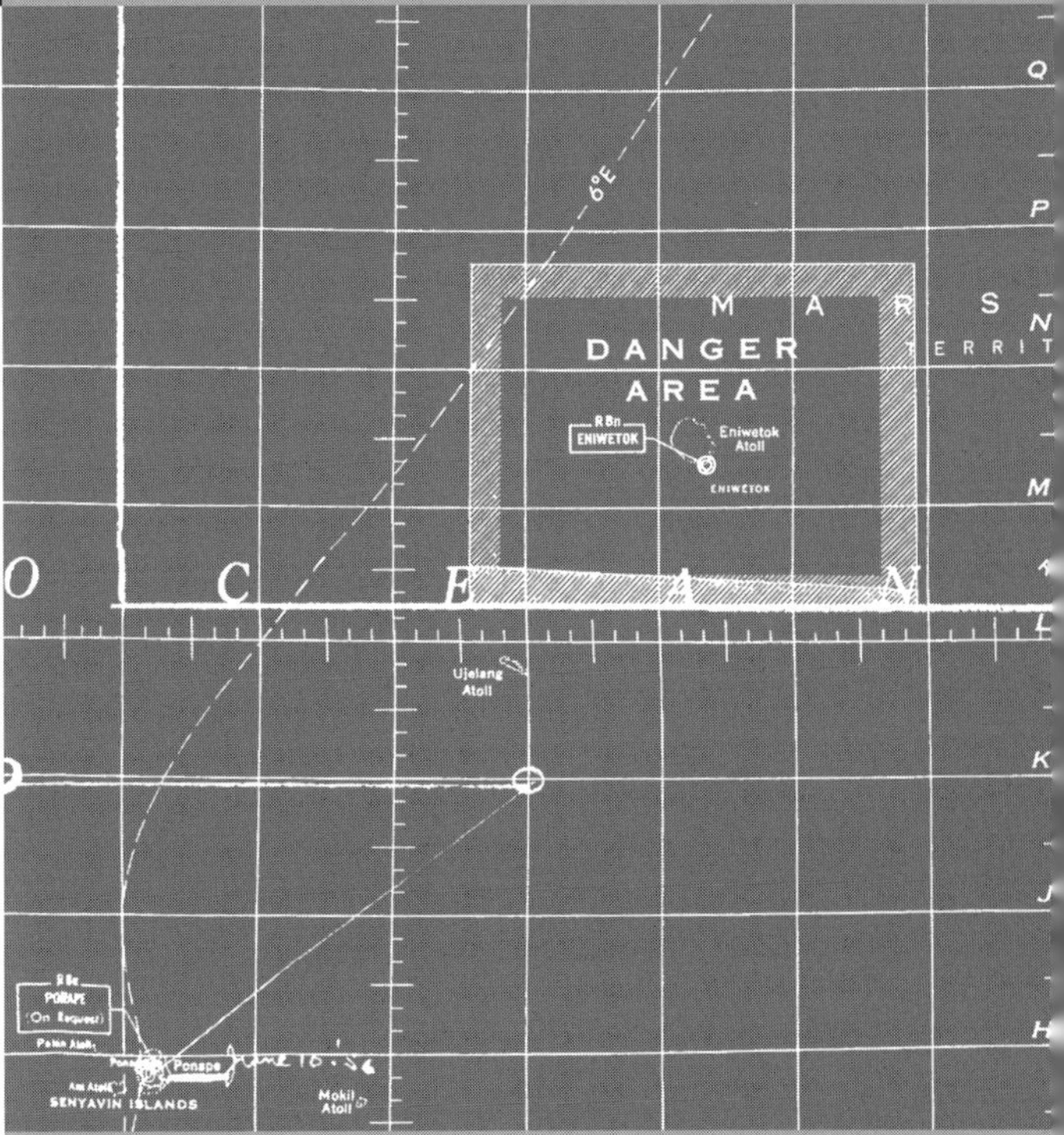

前章まで原子力技術が、形のある技術援助政策だけではなく人の心を動かす手段として、あるいは国家やその指導者のイメージを形成する道具として用いられてきた様子を論じてきた。しかし同じ時期にアメリカ政府が太平洋で実施していた核実験は、逆に国際世論の批判を喚起しアメリカのイメージを傷つけつつあった。第Ⅰ部の最終章となる本章では、「アトムズ・フォー・ピース」とは逆に、アメリカ政府が海外に流出する情報を制限したり操作したりする必要に迫られた、核実験をめぐる事情に焦点を当てる。

一九五四年三月に太平洋のビキニ環礁で起きた日本のマグロ漁船第五福竜丸の被ばく事件は、日本社会に大きな衝撃を与え、半年後に同船の無線通信士であった久保山愛吉が亡くなると、一般市民や労働組合・宗教組織などを巻き込み大規模な反核運動が起きた。事態を収拾させたいアメリカ政府は、二〇〇万ドルの見舞金を日本政府に支払い、これを日本政府が受理したことによって一応の決着を見た。しかしながら、同じく太平洋の核実験場で実施されたレッドウィング作戦（一九五六年五月五日～七月二四日、危険水域の設定は四月二〇日～八月一一日）、ハードタック作戦（エニウェトク島の危険水域は一九五八年四月五日～九月八日、ジョンストン島の危険水域は同年七月二五日～八月二五日）の間も、数多くの日本の船舶、特に当時最盛期を迎えていたマグロ遠洋漁業の延縄船が周辺海域を航行していた。もしも「第二のビキニ事件」が起きれば、反核・反米運動はますます激化し、ソ連を中心とする共産主義国はこれをプロパガンダに利用し、国際社会におけるアメリカの国家イメージが凋落することは必至であった。アメリカ政府は、被ばく事件を起こさないための対策を徹底しようとするが、それでも付近を航行する全ての船舶の安全を完全に確保することは不可能に近かった。そのためアメリカ政府は、情報統制・情報操作によって水爆実験の悪評を払拭しようとした。「第二のビキニ事件」を避けたい心情は日本政府も同様であったため、日米政府の間には情報政策に関する共通利害が成立して行く。

ビキニ事件（第五福竜丸事件）に関する先行文献は数多く存在する。日本のマグロ漁船については、例えば第五福竜丸の元乗組員である大石又七による「当事者」の証言や、市民運動として長年マグロ漁船の被ばく問題を追い続けてきた山下正寿による著作、三宅泰雄らによる資料集などが挙げられる。マーシャル諸島島民の被ばくについては竹峰誠一郎や佐々木英基の著作が挙げられる。さらに、放射性降下物の長期的影響をアメリカ政府がどのように調査していたかを論じた高橋博子の研究も重要である。[1] ビキニ事件以後の日米関係について、主として日本の国内政治の観点から論じた黒崎輝は、アメリカの核戦略と国内世論との狭間で苦慮する日本の保守勢力が、核保有は否定せずに「人道主義」的見地から核実験に反対を唱えることによって国内世論を味方につけようとしたことを指摘した。[2] ジョージタウン大学の樋口敏広も、日本政府が左翼勢力から反核運動のイニシアティブを奪取したことで、原水協は放射能汚染の問題から反日米安保条約、反自民党政権へと争点を移し、結果として消費者・主婦・漁業者などによる初期の市民的反核運動との連帯に失敗したと論じた。[3] また樋口は最新の研究で、

1……大石又七『ビキニ事件の真実――いのちの岐路で』（みすず書房、二〇〇三年）、山下正寿『核の海の証言――ビキニ事件は終わらない』（新日本出版社、二〇一二年）、第五福竜丸平和協会編／三宅泰雄ほか監修『（新装版）ビキニ水爆被災資料集』（東京大学出版会、二〇一四年）、竹峰誠一郎『マーシャル諸島――終わりになき核被害を生きる』（新泉社、二〇一五年）、佐々木英基『核の難民――ビキニ水爆実験「除染」後の現実』（NHK出版、二〇一三年）、高橋博子『（新訂増補版）封印されたヒロシマ・ナガサキ――米核実験と民間防衛計画』（凱風社、二〇一二年）、一八二―一八八頁。

2……黒崎輝「アメリカの核戦略と日本の国内政治の交錯――一九五四～六〇年」同時代史学会編『朝鮮半島と日本の同時代史――東アジア地域共生を展望して』（日本経済評論社、二〇〇五年）、一八九―二三三頁。

ビキニ事件を契機として放射性降下物を直接浴びる被害だけではなく、地球規模の長期的な被ばくが初めて専門家や市民の間で問題視され、許容量をめぐる議論が巻き起こったことも指摘している。[4] しかし、このような豊かな先行研究の蓄積にもかかわらず、ビキニ事件が二〇〇万ドルの見舞金で決着した後も続いていた核実験について、日米間で補償問題についてどのような話し合いが行われたのかを実証的に論じた研究は見当たらない。またこの間、核実験に対する国際世論の批判が高まる中、アメリカ政府が悪いイメージを払拭するためにどのような情報プログラムや情報統制を行ったのかという点についても、樋口前掲書の一部で言及されている以外には、ほとんど研究されていない。

本章の第1節ではまず、二〇〇万ドルの見舞金以後、一九五六年のレッドウィング作戦に関して補償を求めて来た日本政府に対して、アメリカ政府が対応に苦慮していた様子を、水面下の交渉記録に焦点を当てて明らかにする。アメリカ政府が憂慮していたのは、補償金を拒否することで日米関係が悪化することだけではなく、国際社会でアメリカの道義的責任が問われ国のイメージが損なわれることでもあった。しかし、レッドウィング作戦の補償交渉が終わらないうちに、次のハードタック作戦の計画が具体化して行く。第2節では、アメリカ政府がハードタック作戦において、放射性降下物の少ない「クリーン・ボム」(きれいな爆弾)を使用し、その実験を各国のメディアや科学者に見学させるというイメージ作戦を計画した過程を扱う。しかしこの計画がとん挫すると、アメリカ政府は同じ時期にジュネーブで開催された第二回国連原子力平和利用国際会議におけるアメリカの展示へと国際世論の眼を誘導するのである。ところが実際にハードタック作戦が開始されると、恐れていた被ばく事件が起きてしまう。しかも大量の放射性雨を浴びてアメリカ海軍の医療チームの診察を受けたのは、科学を通した国際協調を掲げた国際地球観測年(International Geophysical Year : IGY)の一環として海洋調査を行っていた日本の海上保安庁の船であった。第3節では、この事件が「第二のビキニ事件」となることを恐れるアメリカ政府による対応を、そして第4節では、アメリカと同じく「第二のビキニ事件」を恐れる日本政府による対応を、それぞれ日米の公文書によって検証する。最後の第5節では、ハードタック作戦の頃には国際的な広がりを見せていた反核運動に対して、アメリカ政府がいかに情報の拡散を抑えようとしたかを明らかにする。

前章までが、科学技術を積極的に広報する対外情報プログラムを取り上げてきたのに対して、本章のテーマは、情報を統制あるいは秘匿することによって国家イメージの向上をはかる「負の対外情報プログラム」とも呼べるものである。レッドウィング作戦およびハードタック作戦の間にも太平洋を航行していた何百隻ものマグロ延縄漁船その他の船舶が受けた人的・経済的被害に対して、日米政府は深刻な懸念をもって対応した。しかし、水面下で行われた日米交渉やそこで用いられた被害の記録が公にされることはなく、結局、船員や船主に対して補償が支払われることはなかった。このように本章では、核に関する情報が公開されるのではなく統制され操作された過程を扱うことによって、情報を公開・宣伝するプログラムと情報を統制・操作するプログラムが、表裏一体の関係であったことを浮き彫りにする。

1　レッドウィング作戦の開始と補償問題

日米の外交文書を精査すると、一九五六年のレッドウィング作戦に先んじて、日本政府は船舶が水爆実験の危険水域を迂回して航行するために必要となる船舶燃料費の補償を求めており、アメリカ政府内にも補償を行うべきだという意見が存在したことが分かる。特に東京のアメリカ大使館は国務省本省に対し、日米関係にとっても、また世界に対するアメリカの国家イメージにとっても、何らかの補償を行うことが必要であると強く主張してい

3……Toshihiro Higuchi, "An Environmental Origin of Antinuclear Activism in Japan, 1954–1963 : The Government, the Grassroots Movement, and the Politics of Risk," *Peace & Change*, vol. 33, issae 3 (July 2008) : 333–367.

4……Toshihiro Higuchi, *Political Fallout : Nuclear Weapons Testing and the Making of a Global Environmental Crisis* (Stanford : Stanford University Press, 2020).

た。さらに日本側からの要求は、一九五七年に成立した岸政権にも引き継がれて行ったことも分かる。

一九五六年一月、太平洋における新たな核実験の計画が発表されると、日本政府は一月二五日付口上書で「もし実験が強行され、日本国および国民が損害を被った場合には、米政府が完全な補償を行うよう」申入れを行った。アリソン（John M. Allison）駐日大使は、二月九日付のダレス国務長官宛電報で、日本の与野党がアメリカの水爆実験に抗議するという点においては一致していることに注意を促し、たとえ放射能汚染が起きなくとも、「漁業者たちは危険水域を避けて迂回航行した時間と費用の補償」を要求するだろうと伝えた。また大使は、事前通告、安全対策、事後調査などの面で日本人と協力することの重要性を指摘した。[5]「危険水域」が公表される二月二四日の二日前になると、アメリカ大使館のJ・グラハム・パーソンズ（J. Graham Parsons）主席公使はダレス国務長官宛の電報で、「膨れ上がる反核世論」に警鐘を鳴らし、アメリカ政府が漁業補償を緊急に検討すべきであると訴えた。[6]「ビキニ事件の時のような反感とヒステリーの再来、そしてその結果日米関係に深刻な影響が生じること」を避けるためには、「法的賠償責任とは切り離して政治的レベルで」補償を考えるべきだとしたのである。パーソンズは補償の内容を（一）制限区域での操業不能、また迂回航行によって生じる不利益、（二）漁場や漁獲の汚染によって生じる不利益、の二つに分け、前者は核実験を行う前から概算できるので、クレームを受けてから計算するのではなく事前にそうした不利益への理解を示し「一時金」（ex-gratia basis lump sum）を支払うのが賢明だと助言した。「日本の漁業者の正当な不満に応える」とともに、「ソ連の無情さとは対照的に、アメリカが問題に関心を示し人道的な態度をとっていることを公に表明する」ことにもなるからである。万一（二）の汚染が明らかになった場合には、日本では「すぐに爆発的な反応」が起きることが予想される。そうなってからアメリカ政府がどのような対応をしようとも「ほぼ完全に失敗に終わることは目に見えている」ので、事前に「日米の科学者から成る調査団」を結成して万一に備えておくことを提案した。もし調査で本当に放射能による損害が明らかになった場合には、アメリカ政府は「再び速やかに一時金として」補償を支払うべきであろうと、パーソンズは述べた。さらに二日後に迫った危険水域の公表と同時に、「政治的・プロパガンダ的見地から」以下のようなステートメントを公表することを提案した。すなわち、一九五六年の核実験が前回のものと比べて「かなり小規模」であり、「アメリカ政府と科学界が、漁業や船舶に被害が出ないよう最大限の予防措置を講じて」いること、またアメリカ政府は「日本の漁船が迂回を余儀なくされることを認識」しており、「日本政府がこれに対処するのを支援するために一時金を支払う」こと、そしてアメリカ政府は「魚や漁場の汚染を調査する科学者のチームに日本の参加を求め」、調査結果によってはさらなる補償を検討する余地があること。このようにパーソンズは、日本と世界の反核世論をタイムリーな情報発信によって制御することを国務長官に進言したのである。[7]

しかし、ダレス国務長官の返信は、「補償の問題は省内で検討中」であるが、「危険水域の発表と同時にステートメントを発表することは不可能」というものであった。国務長官はさらに、「大使館とアメリカ広報文化交流局（ＵＳＩＳ）は日本の世論に対して、核実験が自由世界の利益にかなうものだということを、最大限に説明してほしい」と要請した。[8] 二月二八日、今度はアリソン駐日大使がダレス国務長官に電報を打った。「大使館とＵＳＩＳは、日本の有力者と国民に対して、核実験が自由世界の利益にかなうものだと最大限に説明し続けている」が、この説明は日本人の過去の経験に照らして「受け入れられていない」と大使は述べた。大使は一月にＵＳＩＳが民間会社に委託して行った世論調査の結果を引用して、いかに核実験に対する日本人の反感が根強いかを説明した。回答者の過半数が核・原子力にネガティブな感情を持ち、三割はアメリカが平和利用よりも軍事利用を推進していると感じていた。核兵器を撤廃すると共産主義国に有利になると考える者は九パーセントしか居

5……Telegram from Allison to Secretary of State, February 9, 1956, RG59, 711. 5611, box 2875, NACP.
6……後述する国務省北東アジア室長のハワード・L・パーソンズとは別人。
7……Telegram from Parsons to Secretary of State, February 22, 1956, RG59, 711. 5611, box 2876, NACP.
8……Telegram from Dulles to Embassy in Tokyo, February 24, 1956, RG59, 711. 5611, box 2876, NACP.

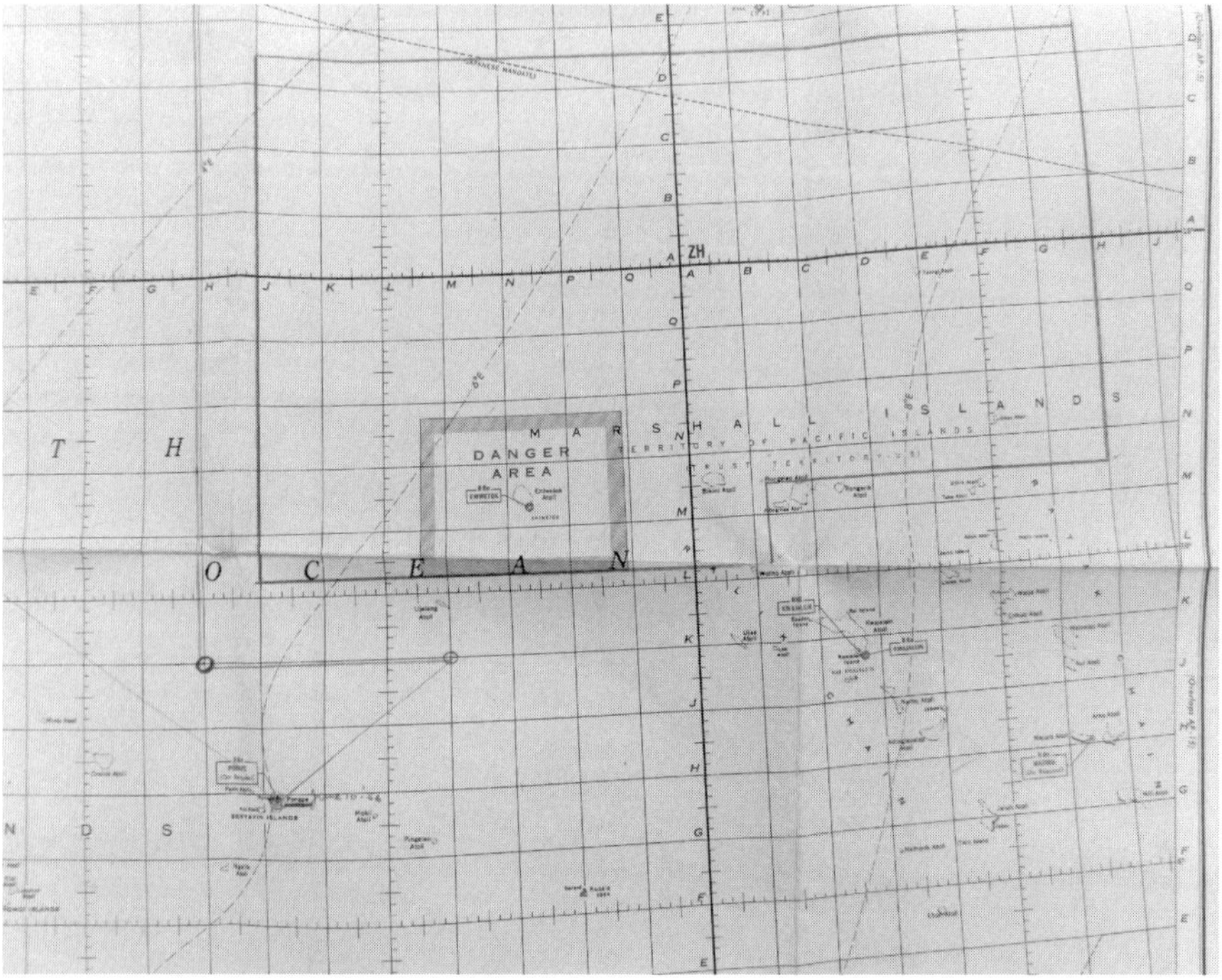

写真 4-1　国務省文書に残されている危険水域の海図。RG59, Entry 3008-A, box 428, NACP.

らず、六一パーセントはたとえ共産主義国に有利になるとしても核兵器を禁止すべきだと考えていた。さらにレッドウィング作戦の実施が発表される前と後とでは、原子力平和利用を支持する者が八七パーセントから四二パーセントに激減していた。このような日本の事情を説明した上でアリソン大使は、日本人が「核実験を中止することは現実的には無理だ」ということは理解しているものの補償を求める権利はあると信じており、特に「直接的被害を受ける漁業界」は強硬であることを説明した。そして「金額や財源や被害の見積もりなどの細かいことは後回しにして」アメリカ政府が補償を行うことを公にすれば、「日本におけるプロパガンダ価値は計り知れず」、「自由世界へのインパクトも大きい」と進言したのである。[9]

アメリカ政府は危険水域を予定通り二月二四日に公表したが、日本政府がこれを国民に発表したのは三月二日であった。この間、二月二九日には、在ワシントン日本大使館の島重信公使および向坊隆科学担当書記官（科学アタッシェ）ら数名が、国務省および原子力委員会の担当者ら六名と、「水爆実験の日本漁業への影響」および「魚の放射能汚染」について話し合っている。アメリカ側の危険水域を示す地図と、日本側の漁場を示す地図を広げて重ね合わせ、確認が行われた。アメリカ側から、「水爆実験によって漁業が被る損害の見積もりを取ることは可能か」という質問があり、日本側は、鰹鮪漁業組合に連絡して見積もりを取らせると答えた（写真4―1）。[10]

三月二日の日本における危険水域の公表は、案の定「大きな怒りと批判を」巻き起こし、主要な新聞各紙は一面トップで報じた。批判の矛先は、「アメリカの発表が補償に言及していないこと、そして日本の国会で核実験禁止の国際条約を推進することが合意されたことを無視している点」に向けられた。社会党議員と世論からの突き上げを受けて日本政府は、アメリカ政府に核実験を撤回させることはできないものの、補償は求めて行くことを約束せざるを得なかった。[11] アリソン大使はダレス国務長官に、アメリカ大使館にも各方面から抗議の手紙が殺到していることを伝え、中でも「海員組合」（seamen's union）からの歎願状は、「アメリカに友好的で反共的なグループが核実験の直接的な被害を受けている」点で注目すべきであると述べた。その手紙は「第五福竜丸事件を繰り返さないためのアメリカの努力に感謝」し、共産主義に対抗するための武器開発は「必要である」と認めながらも、核実験によってアメリカの名声が傷つき敵のプロパガンダに資することを憂慮していた。アリソン大使は、「海員組合」のような「我々の友人」が核実験によって困難な立場に置かれていることをアメリカ政府が認識し、彼らの「穏健な要望に応える」ならば、こうした「友好的な団体が、共産党に利用されている過激分子に

9……From Allison to Secretary of State, February 28, 1956, RG59, 711. 5611, box 2876, NACP.
10……Memorandum of Conversation, February 29, 1956, RG 59, Department of State, Miscellaneous Lot Files, box 10, NACP.
11……From Allison to Secretary of State, March 6, 1956, RG59, 711. 5611, box 2876, NACP.

対抗するための反撃材料を得る」だろうと述べて、ダレス国務長官が来日して「補償問題について何が期待できるのか」を日本人に明確に説明することを促した。[12] アリソン大使は三月一四日には一日に二回（一時二六分と六時三三分）も日本の（核実験禁止を求める）国会決議に対してアメリカ政府が公式に返信するよう進言する電報をダレスに送っている。[13] 核実験をめぐる日本の緊迫した状況を伝え対応を求めるアリソン大使からの度重なる電報を受け、アメリカ政府はついに国会決議と補償問題について公式見解を発表することを決めた。ダレス国務長官が来日し、三月一九日に鳩山総理と会談するのに合わせて発した日本政府宛口上書で、「日本政府または国民が危険区域の設定または実験の結果、実質的な経済損失を被ったことを立証する資料が正式に提出されれば補償を考慮する用意がある」と伝えたのである。[14]

五月にも複数回、ワシントンで島公使が国務省を訪れ、日本の漁業が被害を受けていること、またアメリカの核実験が公海の自由を妨げていることを訴えた。しかし国務省は、彼らの主要目的は、「日本国民や議会の反対派に対して、核実験の問題に積極的に取り組んでおり、世論に完全に応えているという印象を与える」ための国内向けパフォーマンスであろうと見ていた。[15] しかし日本政府はこの間、補償請求の根拠となるデータ収集に奔走していた。六月八日、ワシントンの関森太郎公使が国務省を訪れ、日本政府は、船舶が漁場や航行ルートから締め出されることによって生じる損害額を見積もるためのデータ収集に苦労していると伝え、データを早めに提出することがアメリカ政府による補償の検討を早めるのかどうかを尋ねた。ハワード・パーソンズ（Howard L. Parsons）北東アジア副室長は、「日本からのクレームの正式な検討は実験終了後に行われるが、早めのデータ提出は助かる」と述べた。関はまたこの会談の中で、アメリカ政府が西海岸に水揚げされる魚の放射線量を計測しているという噂は本当かと尋ねた。ジェームズ・マーティン（James V. Martin, Jr.）日本担当官は、食品医薬局（Food and Drug Administration : FDA）によるルーティンの抜き打ち検査は実施されているが、これは日本のマグロだけを対象にしたものではないと答えた。また同じ質問が、日本大使館科学アタッシェの向坊氏からも寄せられていることを伝えた。関公使は、「厚生省の中の左派」がそのような情報を悪用して日米関係に傷をつけようとすることを恐れているのだと説明した。[16] この問題はその後、アリソン大使と外務省との間で継続して話し合われ、日本政府は「ＦＤＡのルーティン検査を止められないことは理解するが、秘密裡に行ってほしい」と伝えている。[17] 対日補償は渋りつつも自国で消費する魚については放射能汚染を懸念するアメリカに対して厳しい態度をとる者が日本政府内にも存在していたことが裏付けられる。

　アメリカ側からの要請通り漁業被害額を算定した日本政府は、レッドウィング作戦終了後の一九五六年一一月一三日、ワシントン日本大使館の田中領事を通して、近々正式な補償請求が提出されることを国務省に内々に伝えた。その内容は、五一隻の商船と約五〇隻の漁船が危険水域を迂回して航行しなくてはならなかったために生じた燃料費など日本円にして約七〇〇〇万円と、調査船俊鶻丸の派遣に関わる費用二七三四万円、計九七三四万円であった（書類には国務省員が手書きで、@360＝$270,388とドルに換算している）。また、サモアに漁に出て未だ戻っていない船舶があるため、請求額はさらに増えるかも知れないということであった。国務省は日本側が俊鶻丸の費用まで請求してきたことに驚きを隠せなかった。[18] 一二月には、日本政府はさらに一億四六〇〇万円（約四〇万ドル）に膨らんだ補償要求額をアメリカ大使館に示した。アメリカ大使館のアウターブリッジ・ホーシー（Outerbridge Horsey）臨時代理大使は、「日本政府は妥当で裏付けのある要求額を提示しようと努力した」と評価

12……Telegram from Allison to Secretary of State, March 12, 1956, RG59, 711. 5611, box 2876, NACP. アリソンの言う seamen's union とは、一九四五年に結成され右派系組合として活動していた全日本海員組合のことであると推察される。

13……Telegram from Allison to Secretary of State, March 14, 1956, RG59, 711. 5611, box 2876, NACP.

14……米北資料第六二―四号「米原水爆実験に伴う補償問題に関する対米折衝経緯」、一九六二年三月七日、C'.4.2.1. 1-1-1（マイクロフィルム C'-0005）、外務省外交史料館。

15……Memorandum of Conversation, May 3, 1956 : Office Memorandum, May 4, 1956, RG59, 711. 5611, box 2876, NACP.

16……Memorandum of Conversation, June 8, 1956, RG59, 711. 5611, box 2876, NACP.

17……Telegram from Allison to Secretary of State, June 21, 1956, RG59, 711. 5611, box 2876, NACP.

した。そして、日本政府は補償要求を行うことを未だ公にしていないものの、「一月に入って国会が再開すると、漁業界・商船業界からの圧力で、補償問題は公にならざるを得ず」、「日本政府は補償を求める以外に選択肢はないだろう」と説明した。ホーシーは、アメリカ政府が「日本からの要求の全部または一部を一時金として支払うことを早急に検討する」よう進言した。対応が遅れれば「金額は間違いなく膨らむだろう」し、補償を検討しなければ「日米関係に深刻な障害をもたらす」ことになるだろう。もし事態が長引き大論争に発展すれば、日本政府は「たとえ不本意であっても国連総会で訴えることを余儀なくされるだろう」。ホーシーはこのように述べて、アメリカ政府に補償の支払いを促したのである。[19]

一方アリソン大使らが懸念した通り、レッドウィング作戦終了後の日本の世論は、それまでにも増して水爆実験に対する批判を強めていた。実験終了後間もなくUSIAが（その関与を秘匿して東京の「中央調査局」という組織名で）実施した、二〇歳以上の日本人一二七五人への聞き取り調査では、圧倒的多数（大学教育を受けた層では九四パーセント、一般市民でも八六パーセント）が核実験を「是認できない」と回答し、ヨーロッパで行われた同様の調査（是認しないは四八パーセント）に対して際立って高い数字を示していた。また原子力平和利用に関しても、同年一月に実施されたアンケート調査に比べて際立った悪化が見られ、原子力を「どちらかと言えば人類の福祉に役立つ」と考える人は、一〇ポイント以上も低下して五〇パーセント台となった。[20] レッドウィング作戦の最中の一九五六年五月に大阪で開催された原子力平和利用博覧会の入り口・出口調査でも、その半年前に開催された東京での博覧会に比べて「展示が発するメッセージに対する抵抗（resistance）が目に見えて大きい」という結果が得られた。[21]

一九五七年に入ると東京のアメリカ大使館は、日本の国会の会期が始まったために「一九五六年の核実験に関する賠償の問題はだんだん緊急性を帯びてきた」と国務長官宛に報告した。特に、その春に予定されていたイギリスの核実験によって、補償の問題がいっそう注目を集める可能性があった。日本政府は国会で追及を受ければ、政府が努力している姿勢を顕示するために、「既にアメリカ側に第一次の請求を行ったこと、そしてその金額も」

明らかにすることだろう。そうなれば賠償請求を行うという「日本の立場を固定（freeze）する」ことにつながり、マスメディアも騒ぎ出すだろうと、アメリカ大使館は憂慮した。この電報には欄外に手書きで「再度見舞金を払うことには躊躇する。なぜなら二度の見舞金は、ほとんど義務と同じようなものだから」と記されており、受け取った国務長官またはその側近によるものと考えられる。[22] アメリカ政府は、最初から補償の可能性を閉ざしていたわけではなく、日本側に請求額を算定させて検討する意思があったものの、ふたたび見舞金を支払うことによって、アメリカが補償を行うことが「常態化」してしまうことを恐れたのである。

18……Memorandum of Conversation, November 13, 1956, RG59, Entry A1 3008-A, box 428, NACP.
　この俊鶻丸による調査は、一九五四年の第五福竜丸事件直後に実施された第一次調査ではなく一九五六年の第二次調査である。第一次調査については、NHKのETV特集『海の放射能に立ち向かった日本人～ビキニ事件と俊鶻丸～』（二〇一三年九月二八日放送）や、奥秋聡『海の放射能に立ち向かった日本人――ビキニからフクシマへの伝言』（旬報社、二〇一七年）の中で、海洋汚染を過小評価しようとするアメリカ政府に対して、「闘う科学者」たちが果敢に真実を追求した点が強調されているが、第二次調査は日米共同研究という色彩が強かった。アリソン大使の提案した通り、日米の科学者が共同で調査にあたることによって水爆実験への不満を鎮静化させるという意図がアメリカ側にはあった。アリソン大使から国務長官宛の一九五六年六月一五日付電報は、俊鶻丸の科学者たちがグアムに上陸しようとした際、上陸許可が降りなかったことについて、こんなことを繰り返せば「日本人の放射線に関する感情主義や恐怖を緩和してくれる役割が期待されている、当の日本人科学者たちに敵意を抱かせてしまうことになりかねない」と警告している。From Allison to Secretary of State, June 15, 1956, RG59, 711. 5611 box 2876, NACP.

19……From Horsey to Secretary of State, December 22, 1956, box 2877, RG59, 711. 5611, box 2877, NACP.

20……Far Eastern Public Opinion Barometer, "Japanese Reactions to U. S. Nuclear Tests, Report #11, August 28, 1956, RG59, Entry A1 3008-A, box 428, NACP.

21……Foreign Service Despatch from USIS Tokyo to USIA, May 23, 1956, RG 469, Entry 421, box 32, NACP.

22……From Horsey to Secretary of State, February 9, 1957, RG 59, Entry A1 3008-A, box 430, NACP. メモ書きの英文は次の通り。Reluctant to make another "exgratia" settlement - since 2 exgratia settlements equal an obligation. (RG59, 711. 5611, box 2877 にも同じ電報のコピーが含まれているが、こちらは日付が二月八日になっている。)

国務省は、補償問題についてどのような態度を取るべきかを検討した。国務省北東アジア室長（前出時には副室長）のパーソンズは、日本からの補償請求は「真剣に検討するに値する」として、アメリカ政府が迅速に一時金を支払うべきだと強く主張した。核の問題について非常に神経質な日本人に対して、大きな問題になる前に「静かに」決着させるのが得策である上、拒否した場合には日本政府が国際司法裁判所に持ち込む可能性もあるからであった。[23] 国務省内には、こうした意見への支持があった。作成者は不明であるが、パーソンズとロバートソン極東担当国務次官補宛に送られた省内のメモランダムには、「日本のクレームは根拠が弱いものの、政治的には漁船の迂回によって生じるコストの部分だけは補償を支払うことが望ましい」と書かれている。メモランダムはまた、東京のアメリカ大使館が、日本から補償要求が出てくる前から「日本からの僅少なクレームは、すぐに支払うべきだ」と主張していたことや、ワシントンの日本大使館から「日本政府が要求している金額よりも多少低くても日本は満足するだろう」という非公式な情報がもたらされていること、さらに「もし拒否すれば日本は国際司法裁判所に申し立てを行うかもしれず」、そうなるとアメリカは「法的にも政治的にも出頭して説明せざるを得ない」状況になることを指摘している。結論として、「日本人の好意（goodwill）を損なうことなく補償支払いを避けることが出来ればそうすべきだが」、もしそれが不可能ならば「すぐに支払いを行い、見舞金（grace）ではなく義務（obligation）として支払うべきだ」と述べている。[24]

国務省は、補償の支払に関して肯定論にも否定論にも強い根拠があるため「決定は容易ではない」と頭を悩ませた。補償を拒否すれば「日本との関係を失うかも知れない」ので、「一時金として支払うべき」という考えも理解できるものであった。しかし、アメリカは既に一九五四年の核実験に関して一時金を支払っているので、「再度支払えば賠償責任を認めたも同然となってしまうだろう」という懸念にも説得力があった。国務省、法務省、海軍、アメリカ原子力委員会（ＡＥＣ）などの代表者からなるワーキング・グループが結成され、補償問題について国務省が採るべき態度について検討することになった。[25]

補償に関する検討と並行して、日米の科学者がレッドウィング作戦の放射性降下物や海水のサンプルを収集し、その分析結果を共有するというプロジェクトも進んでいた。先に述べたように、アメリカ側は日本の科学者を巻き込むことが、日本人の核実験に対する反発を鎮静化するのに役立つと考えていた。日本の科学者から見れば、サンプルの共有は放射性同位元素に関する基礎研究に役立ち、またアメリカが使用した核燃料の組成を推測できるというメリットがあった。一九五七年一月、ワシントンの日本大使館はレッドウィング作戦の放射性降下物や海洋汚染に関するデータを交換し、日米の科学者が研究会を開催することを国務省に提案した。これに対して国務省は、日本側の中心となっている桧山義男博士は、まだデータ収集が続いているので結果を討論できるのは四月ごろになると言っているものの、すべてのデータが出揃うまで会議を延ばす必要はないとして、ワシントン大学シアトル校での開催を提案した。ただし、アメリカ側はエニウェトク環礁およびビキニ環礁付近で収集したサンプルは日本側に提供することができないと言った。それ以外の提供できるサンプルは、すでに国立予防衛生研究所の小島三郎（所長）に送付してあると説明した。[26] このようにレッドウィング作戦にかかわる補償交渉と科学協力とが、並行して進められていたのである。

しかしながら、国務省は補償要求を拒絶する方向に傾いて行く。一九五七年三月一三日、国務省は「日本側から提出されたデータは、核実験が本当に経済的損失をもたらしたという証明にはなっていない」、また俊鶻丸による調査は「まったく自主的に行われたのであって、賠償の対象にはならない」という回答を日本側に手渡した。[27]

23……From Parsons to Kearney, January 25, 1957, RG59, Department of State, Miscellaneous Lot Files, box10, NACP.
24……To Parsons and Robertson, March 1, 1957, General Records of the Department of State, Miscellaneous Lot Files, box10, NACP.
25……From Robertson to Herter, February 13, 1957, RG59, General Records of the Department of State, Miscellaneous Lot Files, box10, NACP.
26……From Japanese Embassy to Department of State, January 18, 1957 ; From Department of State to Japanese Embassy, March 1, 1957, RG59, 711. 5611, box 2877, NACP.

翌三月一四日、アメリカ大使館のリチャード・スナイダーは外務省を訪れ、アメリカの回答についてより詳しい説明を行った。日本側は補償要求の主張が一つも受け入れられなかったことに非常に落胆し、漁業被害についてアメリカが求めるような「各漁船が通常に比べてどれだけの漁獲量を失ったかという客観的データをそろえることは非常に難しい」のだと説明した。翌日、スナイダーは、外務省の稲垣一吉欧米局次長と昼食をともにして、非公式に日本政府の内情について情報収集を行った。[28] 稲垣はスナイダーに、日本政府はさらなる証拠集めを進めるつもりであるが、外務省内には「これ以上の補償請求は無駄ではないか」という空気も広がっていると述べた。「最終的には国際司法裁判所に持ち込むしか無い」という意見もあるので、「政治的解決」が必要だと稲垣は述べた。[29] 外務省はマッカーサー駐日大使に対しても、データ収集の難しさを説明した。例えば、各漁船が失った漁獲高を正確に計算するのは困難であるし、商船の場合にも第五福竜丸事件の反省から危険水域を大きく迂回航行しているため航行距離が長くなるのは避けられない。「アメリカ局の次長」（欧米局次長の稲垣を指すと思われる）は「個人的な意見」としてマッカーサー大使に、「この件について法的議論をするのは無駄であり、政治的決着が必要である」と述べた。そして「提出した書類の半額」を補償金として支払うことを個人的に提案した。マッカーサー大使はダレス国務長官に、「国務省がネガティブな態度を取れば、現状の補償要求を再提出することは諦めさせられるかも知れない」が、議会で追及されれば、必ず日本政府は補償を求めざるを得ないだろうと打電した。[30]

日本側は、五月二二日に追加的なデータも含めて正式な補償請求を行った。金額は、商船の迂回による損失約四八〇〇万円、漁船の迂回による損失約二七〇〇万円、俊鶻丸などの調査費用約二七〇〇万円、鰹鮪漁業組合連合会の災害予防対策費約一〇〇〇万円、合計約一億三〇〇〇万円であった。公式記録では、これが日本がアメリカに補償請求を最初に行った日とされている。しかし、これに対する国務省の反応は、にべもないものであった。ダレス国務長官から東京のアメリカ大使館に送られた電報は、今回提出された「地図や表などの資料は一二月に提出されたものと全く変わっていない」上に、アメリカ側が前回異議を唱えた点に「何一つ答えていない」という批判で始まっていた。漁業に関するクレームはもっとも重要な点として国務省で注意深く検討されたが、新たに提出された資料には「通常の（normal）漁獲高」や「通常の（normal）航路」が示されておらず、したがって実際に何が失われたのかを立証していない。国務省は一九五六年二月二九日に日本大使館や水産庁の代表者と懇談し、「補償を要求する場合には、まさにこうした点をカバーするべきである」と非公式に助言した。その際には、彼らは前年度の漁獲高の統計があると言っていた。それにもかかわらず「統計を提出できないということは、実際には危険水域で漁をしていなかったので損失を証明できない」ということを強く示唆している。ダレスはこのように厳しい言葉で、日本からの補償要求を一蹴した。[31]アメリカ政府の正式回答は、九月一三日に送付された。商船の迂回、俊鶻丸の調査、予防対策はいずれも「日本国政府または当事者の自発的意思に基づいて行われたもので、危険区域の設定ないし実験の実施の結果生じたものとは認められず」、また漁船の迂回についても「提出資料は実際に損失を受けたことを立証していない」との理由で、補償は行えないという内容であった。[32]

27 Office Memorandum, August 2, 1957, RG59, Entry A1 3008-A, box 430, NACP.

28 稲垣は、戦時中は同盟通信社に勤め、一九五五年二月に外務省欧米局長心得、一九五七年三月に欧米局次長に就任した。一九五七年四月に欧米局がアメリカ局と欧亜局に分離したのに伴い、彼はアメリカ局第一課長事務取扱となる。「第二六回国会　衆議院文教委員会議録第一四号」、一九五七年三月二九日、国会会議録検索システム、https://kokkai.ndl.go.jp/simple/detail?minId=102605077X01419570329&spkNum=37#s37. 二〇二〇年一一月一〇日閲覧、外務省百年史編纂委員会編『外務省の百年』（下）（原書房、一九六九年）、七六七頁、「戦後外務省人事一覧　欧米局（一九五一～一九五七）」、戦後外交史研究会編「データベース日本外交史」、https://drive.google.com/file/d/0B_wk3O1slL17amdfOUVqSVp5alU/view. 二〇二〇年一一月一〇日閲覧。

29 Memorandum of Conversation, March 15, 1957; Memorandum for the Record, March 15, 1957, RG59, General Records of the Department of State, Miscellaneous Lot Files, box10, NACP.

30 From MacArthur to Secretary of State, March 22, 1957, RG59, 711. 5611, box 2877, NACP.

31 Telegram from Dulles to Embassy Tokyo, August 30, 1957, RG59, 711. 5611, box 2877, NACP.

しかし、この回答を起草している最中にも国務省内では、様々な議論が行われた。八月五日、パーソンズ北東アジア室長は、日本にこれ以上の補償請求を諦めさせるように、できるだけ外交的な表現で「ノー」を伝え、日本の要求の細部については議論しないほうが良いと考え、これに基づいて日本への回答の原案が起草された。[33] ところがこれに対して、東京アメリカ大使館のホーシーは真っ向から異議を唱えた。「日本側の提示したデータを正当化することができない」という結論には異議を唱えないものの、「敢えて以下の点を再度強調したい」とホーシーは述べた。「俊鶻丸への出資や、放射線防護の装備や、商船や漁船が危険水域を避けて航行することが、日本人の放射能に対する恐怖を和らげ、それによって一九五六年の核実験が大きな国際問題に発展しないで済んだ」という事実を忘れるべきではない。これらの措置は、たしかに日本人が自らの利益のために自主的に行ったことではあるが、同時にそれらはアメリカの利益でもある。「日本側は非常な努力をして補償要求の裏付けを行っており」、それに対してアメリカ側が拒絶理由を同じぐらい丁寧に説明しなければ、「充分な配慮を欠いている」と思われても仕方がない。[34] このように述べて、ホーシーはアメリカ側も客観的証拠に基づいて、補償要求がなぜ認められないのかを説明すべきだと論じたのである。国務省極東局もホーシーの意見を支持し、「アメリカ大使館が指摘している点は、我々が日本の世論の反発を招かないようにしたいということ」であり、何の説明資料も無しに日本の要求をただ却下することは、「パブリック・リレーションの観点から見て、我々の立場を悪くする」として、日本側への丁寧な説明が必要だと主張した。[35] また、漁船の迂回が本当に必要であったのかどうかという点について「日本側からもっと情報を集めることが必要」ではないかという意見も出てきた。[36] 国務長官特別補佐官のジェラード・スミス（Gerard C. Smith）は、日本側に反論するにしても国務省にはそれを支えるデータが無いことを指摘し、日本の漁業に関するデータをアメリカ側で独自に探すため、缶詰用マグロの輸入窓口として東京に設けられていた「マグロ研究基金」（Tuna Research Foundation）のウィリアム・ネヴィル（William Neville）から漁場や漁期に関する資料を取り寄せた。[37] アメリカ側の回答は結果的には「補償はできない」というものであったが、特に漁業については、損害の有無について日本側のデータも含め事実にもとづく判断をしよう

郵便はがき

料金受取人払郵便

左京局
承認

4109

（差出有効期限
2022年11月30日
まで）

6 0 6 - 8 7 9 0

（受取人）

京都市左京区吉田近衛町69
京都大学吉田南構内

京都大学学術出版会
読者カード係 行

▶ご購入申込書

書　　名	定　価	冊　数
		冊
		冊

1．下記書店での受け取りを希望する。

都道　　　市区　店
府県　　　町　　名

2．直接裏面住所へ届けて下さい。

お支払い方法：郵便振替／代引　　公費書類（　　　）通　宛名：

送料　ご注文 本体価格合計額　2500円未満:380円／1万円未満:480円／1万円以上:無料
代引でお支払いの場合　税込価格合計額　2500円未満:800円／2500円以上:300

京都大学学術出版会
TEL 075-761-6182　学内内線2589 / FAX 075-761-6190
URL http://www.kyoto-up.or.jp/　E-MAIL sales@kyoto-up.or.j

お手数ですがお買い上げいただいた本のタイトルをお書き下さい。

（書名）

本書についてのご感想・ご質問、その他ご意見など、ご自由にお書き下さい。

■お名前

（　　歳）

ご住所

〒

TEL

ご職業

■ご勤務先・学校名

所属学会・研究団体

E-MAIL

ご購入の動機

A.店頭で現物をみて　B.新聞・雑誌広告（雑誌名　　　　）

C.メルマガ・ML（　　　　）

D.小会図書目録　E.小会からの新刊案内（DM）

F.書評（　　　　）

G.人にすすめられた　H.テキスト　I.その他

日常的に参考にされている専門書（含 欧文書）の情報媒体は何ですか。

ご購入書店名

都道府県　　市区町　　店名

購読ありがとうございます。このカードは小会の図書およびブックフェア等催事ご案内のお届けのほか、広告・編集上の資料とさせていただきます。お手数ですがご記入の上、切手を貼らずにご投函下さい。

各種案内の受け取りを希望されない方は右に○印をおつけ下さい。　案内不要としていたことが窺われる。

アメリカ国務省は日本政府に対し、補償をめぐる一連の日米交渉について公にしないように要請した。[38] 日本側においても、核実験に関する日米交渉の記録を後にまとめた政府文書（一九六〇年一月九日付）の中で「損害賠償請求」という項目にだけ、「この項極秘」と付記されている。[39] このように補償に関する交渉が行われていたことが公にされなかった理由は、交渉が決裂に終わった場合に国民の批判を招くことや、補償交渉の詳細を明らかにすることによって漁業界などからの要求が制御不能になることも恐れていたからだと推測される。

一九五八年一月二一日に日本政府は、レッドウィング作戦に伴う損害補償請求に関してアメリカ政府に再考を促す申入れ書を、アリソンの後任として着任していたマッカーサー大使に手渡した。この時、日本政府は、「ア

32……Office Memorandum, August 2, 1957, RG 59, General Records of the Department of State, Miscellaneous Lot Files, box10, NACP.「米原水爆実験に伴う補償問題に関する対米折衝経緯」。

33……From Parsons to Horsey, August 5, 1957, RG59, General Records of the Department of State, Miscellaneous Lot Files, box 10, NACP.

34……From Horsey to Parsons, August 19, 1957, RG59, General Records of the Department of State, Miscellaneous Lot Files, box 10, NACP.

35……From Kearney to Parsons, August 28, 1957, RG59, General Records of the Department of State, Miscellaneous Lot Files, box 10, NACP.

36……Memorandum from John H. Pender to Spiegel, August 23, 1957, RG 59, Entry A1 3008–A, box 430, NACP.

37……Memorandum from Gerard C. Smith to Edward Gardner, September 3, 1957 ; Memorandum from Edward R. Gardner to Philip J. Farley, November 5, 1957, RG 59, Entry A1 3008–A, box 430, NACP.

38……Memorandum for the Record, March 15, 1957 ; From Robertson to Parsons, March 1, 1957 ; From Fender and Kearney to Bell and Parson, February 7, 1957, RG 59, General Records of the Department of States, Miscellaneous Lot Files, box 10, NACP.

39……「米国の太平洋における核実験に関する件」、一九六〇年一月九日、C'.4.2.1.1–1–3（マイクロフィルムC'–0006）、外務省外交史料館。

メリカからの九月一三日の（補償は行わないという趣旨の）回答は日本では公になっていない。したがって一一月の国会でも、この話題は避けられた。もし国会で補償問題が話題に上れば、日本政府は『まだ交渉中』であると言うつもりだ」と述べた。マッカーサー大使は、日本がアメリカ側に再考を促す申入れ書を手渡した理由は、「政治的に非常に機微な問題」について議論を刺激しないためであろうと分析した。そして、アメリカ側も事を荒立てないために、補償問題が「炎上してアメリカの立場を公に説明する必要が生じない限り、回答を差し控え、二か月ぐらい遅らせること」が、アメリカの国益にかなうと国務省に進言した[40]。つまりマッカーサー大使は、日本側からの申入れ書は、世論や国会からの圧力に対して「まだ交渉中」と言いながら時間を稼ぎ議論を鎮静化させるための、国内向けパフォーマンスであると解釈し、アメリカもそれに歩調を合わせるべきだと考えたのである。しかし、国務省に届いたマッカーサー大使の電文には、「我々は今、新たな核実験の危険水域を設定しようとしている。……二年前の核実験の残骸を片付けないまま次の核実験を始めるのはいかがなものか」というメモ書きが添えられている[41]。これが誰の手によるものなのかは判然としないが、この期に及んでもまだ国務省内の意見は一致していなかったことが読み取れる。しかし結局、アメリカ政府からの回答は無いまま、次のハードタック作戦の危険水域が二月に発表された[42]。

一方日本政府はイギリスに対しても、同国が一九五七年五月にクリスマス島で実施した核実験に対して、「日本商船及び漁船のこうむった迂回航行ないしは漁場転換による損害」をとりまとめて、一九五八年一月に補償請求を行っていた[43]。これに対してイギリス政府は「申入れを検討中」とのみ回答していたが、東京のアメリカ大使館は、「迂回航行に対する補償をイギリスが支払う用意がある」、ただし「漁獲に対する補償は含まれず、また一回限りの見舞金で、法的責任は伴わない」という情報を得て、国務省に打電している。これを受けてアメリカ国務省は改めて、（一）商船については「通常の航路が危険水域を横切るものではないので、迂回コストの補償は行わない」、（二）漁船についても「実際に経済的損失があったという証拠は示されていないので、迂回コストの補償は行わない」という方針を確認したものの、イギリスが補償を支払いアメリカが拒否し続ければ、「我々は恥ずかしい状況（embarrassing position）に置かれるだろう」としている。[44]
ハードタック作戦中の一九五八年七月九日、日本政府は、補償交渉の進行状況について社会党議員から度重なる追及を受け、（一）細かい項目の一つ一つについての金額は要求していない、（二）一九五七年春に提出した要求はエビデンス不十分として九月に却下された、（三）一九五八年一月に再提出し現在もアメリカ政府が検討中である、と回答した。外務省はマッカーサー大使に、これまでは社会党の要求を拒絶してきたものの、度重なる要求によってやむを得ずこれらの情報を公開したと伝えた。マッカーサー大使はダレス国務長官に、「このことが日本の新聞等に大きく報道されることはなかった」が、「国会の会期が間もなく終了する」ので、補償に関する何らかの回答を日本政府に送ることを推奨した。[45] これに対するダレスの回答は、「日本政府は一月の要求に際して、何ら新しい情報を提出しなかった。したがってアメリカ政府の立場は昨年九月一三日から変化していない。日本政府に対しては、『慎重な検討の結果、アメリカ政府は九月一三日の回答に示された立場を堅持する』と回答すればよい。それ以上アメリカの立場について説明する必要はない」というものであった。[46]

40……From MacArthur to Department of State, January 22, 1958, RG59, Entry A1 3008-A, box 429, NACP.
41……同上。
42……「核実験に関するクロノロジー（一九五八年—米国関係）」、一九五八年九月四日、C'.4.2.1.1-1-1（マイクロフィルム C'-0005）、外務省外交史料館。
43……「核実験に関する補償請求の経緯に関する件」、一九五八年七月五日、C'.4.2.1.2（マイクロフィルム C'-0009）、外務省外交史料館。
44……From Robertson to Bane, November 6, 1958, RG 59, General Records of the Department of State, Miscellaneous Lot Files, box 10, NACP.
45……From MacArthur to Secretary of State, July 9, 1958, RG59, 711. 5611, box 2879, NACP.
46……From Dulles to Embassy Tokyo, July 30, 1958, RG59, 711. 5611, box 2879, NACP.

以上のような経緯を総括すると、日本政府が補償問題を持ち出したのは「自主外交」を標榜する鳩山政権の時代であったが、岸政権に入ってもその交渉が水面下で続けられていたこと、またアメリカ側は公式には「証拠不十分につき補償は支払えない」という姿勢を貫いていたが、政府内部では一時金を支払うべきだという意見も根強く存在し、決して一枚岩ではなかったことが分かる。少なくともアメリカ側は、漁業に対する損害の有無については客観的データを集めて検討しようとしていた。しかし、補償が「常態化」することを恐れていたアメリカ政府は、このような内部での多様な意見を表に出すことはなかった。さらに、恐らくアメリカ政府は、本国の漁業関係者にも配慮しなくてはならなかったことが推察される。当時、日本の冷凍マグロ輸出をめぐって日米間で貿易摩擦が生じていたからである。日本の安い冷凍マグロが大量に出回ることでアメリカの漁業は打撃を受け、大手ツナ缶工場のあった南カリフォルニアでは漁業者や港湾労働者によるストライキが頻発していた。[47]そうした状況下で日本の漁業に関する補償交渉が公になることは、アメリカ政府は避けたかったに違いない。日本政府もまた、漁業界や船主組合などからの要求が制御不能に陥ることを恐れ、アメリカとの交渉を極秘にしていた。結局、漁業補償をめぐる日米交渉は公に議論されることなく停滞を続けた。しかし、後に述べる通り交渉をさらに後退させるような事態が、次のハードタック作戦で生じることになる。

2 「クリーン・ボム」(きれいな爆弾)をめぐる対外情報プログラムとその挫折

ハードタック作戦を間近に控えた一九五八年三月、アイゼンハワー大統領は記者会見を開き、今回の核実験では放射性降下物の排出がこれまでに比べて格段に少ない「クリーン・ボム」を使うことを公表した。AECは第五福竜丸事件を引き起こした一九五四年のブラボー核実験が放射性降下物の危険性を広く知らしめて以来、放射線放出量の少ない核爆発の研究開発を続けており、特に核実験推進派のテラー(Edward Teller)、ローレンス

（Ernest O. Lawrence）らがそれを強く推した。また「大量報復戦略」からの脱却を模索していたアメリカにとって、「クリーン・ボム」は小型戦術核の可能性を拓く将来性のある軍事技術でもあった。[48]高橋博子は、アラスカにおける「クリーン・ボム」実験計画である「チェリオット計画」が一九五七年から一九六〇年代初めにかけて推進されたものの住民の反対によって中止されたことを論じている。[49]しかし太平洋の核実験場においては実験は実行された。一九五六年のレッドウィング作戦に際しても、ＡＥＣは「クリーン・ボム」について記者会見を行ったが、その時には主として機密保持の観点から、ＡＥＣ内にも「クリーン・ボム」を公表することへの賛否両論があった。またＡＥＣの発表はアメリカ国内で批判を巻き起こし、特にシカゴの科学者たちの運動（第1章参照）の一員でもあった物理学者ラルフ・ラップ（Ralph Lapp）は『原子科学者会報』で、「大の大人が、水爆をまるで人道的なものであるかのように語ることこそが、今の時代の狂気の一部である」と激しい批判を展開した。[50]しかし一九五八年のハードタック作戦を前に、ソ連が一方的核実験停止宣言を出したことでプロパガンダ戦上の守勢に立たされていたアメリカは、「平和攻勢」への巻き返しを図るための材料として再び「クリーン・ボム」に頼ったのである。

　大統領の「クリーン・ボム」記者会見は、作戦調整委員会（ＯＣＢ）によって入念に準備されたシナリオであった。国家安全保障会議（ＮＳＣ）の中に置かれ、部局横断的に心理戦を統括するＯＣＢは、一九五四年の第五福竜丸事件の際にも「見舞金」の支払いなどをめぐって重要な役割を果たしたが、[51]レッドウィング作戦におい

47……土屋由香「マグロ遠洋漁業とツナ缶産業をめぐる日米関係史——一九五〇～六〇年代の貿易摩擦、水爆実験、そして戦前期からの連続性」『中・四国アメリカ研究』第八号（二〇一七年）、一一一—一三一頁。

48……Toshihiro Higuchi, "'Clean' Bombs: Nuclear Technology and Nuclear Strategy in the 1950s," *The Journal of Strategic Studies*, vol. 29, no. 1 (February 2006): 83–116.

49……高橋前掲書、一八八—一九一頁。

50……Hewlett and Holl, XII-16–17.

てもアメリカの国家イメージ低下を避ける方法を検討していた。ハードタック作戦を控えた一九五八年三月一九日、OCBはアイゼンハワー大統領が放射線放出量の少ない核爆発について記者会見を開いて公表することは、アメリカが「心理的アドバンテージ」を得る好機だとして、大統領声明の草稿を国務省、国防総省、AEC、USIAおよび大統領特別補佐官（安全保障担当）の協力の下に起草することを決めた。[52] 初期の草稿では「これまでのたった五パーセントしか放射性降下物の出ない」「クリーンな」核爆発であることが強調され、「アメリカの科学者たちによってもたらされたこの進歩は、原子力平和利用にとって非常に大きな意義がある」とされていた。ところがその後、OCBやUSIAから「クリーンさ」を強調し過ぎることに異論が唱えられ、国際社会に協力し情報公開を行っている点に注意を向ける方向で原稿が書き改められる。[53]

大統領が三月二六日に行った記者会見では、「クリーン・ボム」を国際的に披露するために、国連科学者委員会（UN Scientific Committee on the Effects of Atomic Radiation）のアメリカ以外の一四か国（アルゼンチン、オーストラリア、ベルギー、ブラジル、カナダ、チェコスロバキア、エジプト、フランス、インド、日本、メキシコ、スウェーデン、ソ連、イギリス）の科学者と、それらの国々のメディア関係者を核実験の見学に招待することが表明された。招待客らはいったんバークレーにあるカリフォルニア大学放射線研究所に集められて核実験についてのブリーフィングを受け、そこからホノルルに移動し、エニウェトク核実験場に向かうという計画が立てられた。実験の一週間前に現地を視察し、実験見学後は科学者だけが再びバークレーに戻り、核実験から出た放射性降下物などのサンプルの分析に当たるという予定だった。[54] ホノルルでの滞在費は国務省が、その他の旅費・滞在費はAECが負担することになっていた。[55] さらにその後、東南アジア条約機構（Southeast Asia Treaty Organization : SEATO）の四か国（フィリピン、タイ、パキスタン、ニュージーランド）および韓国・台湾・イラン・イラク・スペインの軍人たちもアメリカ海軍の招きで招待リストに加えられた。OCBの会議では、国務省代表のジェラード・スミスが、こうした招待が「政治的・心理的な理由から望ましい」とする国務省の考えを表明し、AECのストローズ委員長もこれに賛同した。[56]

しかしながら、六月に入るとOCBの内部から核実験を多くの外国人に公開することに対して、「パブリック・リレーションの面から、ある種の懸念」(uneasiness) が表明される。これを受けて、「クリーン・ボム」の公開について、OCBの原子力ワーキング・グループ (Nuclear Energy Working Group) において再検討されることになった。[57] また当初は「クリーン・ボム」の公開に積極的であったAECも、国務省の主導で招待国のリストがどんどん膨らんで行くことに反発を強め、六月一一日のOCB会議で、招待プログラムは「国務省のショー」であり、AECは責任も負わないし資金も出さないと言い出した。[58]

すでにソ連とインドは招待を辞退しており、日本もこれに続いて辞退を表明した。ソ連の科学者たちは、「クリーン・ボム」が実際にはそれほどクリーンではないことを証明した。アメリカの「オープンさ」と「科学の進歩」を世界に示すために考案された「クリーン・ボム」をめぐる対外情報プログラムは、「きれいな核爆発」という宣伝が世界に通用しないということを露呈してしまった。日本の新聞も「きれいな水爆は虚偽」などの見出しで批判的な記事を掲載し、外務省も「主として今後の軍縮会議及び世界世論全般に対する政治的、心理的効果

51……Office Memorandum from Col. B. B. Hovell to Leland Randall, November 4, 1954, RG469, Entry 421, box 17, NACP.

52……Minutes of OCB Meeting, March 19, 1958, RG59, Entry 3008-A, box 427, NACP.

53……"Draft of Presidential Press Conference Statement," March 20, 1958 ; From Watson to Lodge, March 24, 1958 ; From Spiegel to Berding, March 25, 1958, RG59, Entry 3008-A, box 427, NACP.

54……Information Memorandum, April 24, 1958 ; From Robertson to Under Secretary, May 10, 1958 ; From CINCPAC to CNO, May 20, 1958, RG59, Entry 3008-A, box 427, NACP.

55……Telegram from Dulles to USUN New York, July 16, 1958, RG59, 711. 5611, box 2879, NACP.

56……From Arthur L. Richards to Farley, May 21, 1958, RG59, Entry A1 3008-A, box 427, NACP.

57……From Arthur L. Richards to Farley, June 4, 1958, RG59, Entry A1 3008-A, box 427, NACP.

58……From Donelan to Farley, June 11, 1958, RG59, Entry A1 3008-A, box 427, NACP.

をねらったものと推測」されるが、「元来、核兵器はその破壊力偉大であることによって『デタレント』として効用があるのであり、『クリーン』な大量殺りく兵器という考え方自体が矛盾している」、また「現在の世界与論は、核実験に伴う放射能が少ないとか平和利用の将来性もあるとかいう説明で、国際管理に依らざる核実験を承服する段階を過ぎ去っている」と、冷めた分析をしている。[59] こうした国際社会からの冷たい反応を察知したアメリカ政府は、とうとう七月三〇日に(八月二五日に行われる予定であった)「クリーン・ボム」の公開実験が、第二回国連原子力平和利用会議と日程が重なっており、招待客が国連会議に出席できなくなるという表向きの理由で、実験中止を決定した。そのかわりに後日、バークレーの研究所に各国の科学者を招聘してデータを公開する旨が通達されたのである。これを伝える松平国連大使から藤山外務大臣宛の公電には、手書きで「これならばわが方参加しても問題となるまい」「同感です」というやり取りが記されている。[60] ジュネーブの第二回国連原子力平和会議は、「アメリカのショー」と呼ばれたほどアメリカ政府が派手な演出を行い、最新の核融合技術や巨大な発電炉の模型などが展示されていた。[61] 既存研究の中で、それは「スプートニク・ショック」からの巻き返しを図るためであったと説明されてきたが、上述のように「クリーン・ボム」の対外情報プログラムの失敗をカバーする意味もあった。

「クリーン・ボム」の公開実験とデータ分析への科学者の招待は、核実験のネガティブなイメージを払拭し、ポジティブな対外情報プログラムへと昇華させようとするアメリカ政府の試みであったが、それは無残に挫折した。各国の政府や世論は、「きれいな核爆発」という概念を論理矛盾と見なし、核実験を対外情報プログラムに使おうとするアメリカの姿勢を姑息なものと感じて、冷笑的あるいは批判的に反応したのである。こうしてアメリカ政府は、核実験の「対外情報プログラム化」を断念したものの、逆に核実験を目立たなくさせるための情報の制御は続ける必要があった。特に、第五福竜丸事件の反省から、船舶の放射能汚染に関する情報は、アメリカ政府にとって最も注意を要する問題であった。

3 ハードタック作戦と「拓洋」「さつま」被ばく事件

アメリカ政府は「第二の第五福竜丸事件」の発生を未然に防ぐために、日本の遠洋漁船をはじめとする船舶が危険水域に近づかないよう、上空から警告文を入れたシリンダーを投下するなどして立ち退きを促した。米国立公文書館に残されている警告文には、「あなたは今きけんなくいきに入ります。今すぐに――――にしんろをむけて下さい。ビキニとエンイウイトク島の近くにはかならずたちよらないで下さい」という拙い日本語を含む数か国語で、同じ内容が記されている（写真4―2）[62]。マグロの良漁場と危険水域とが隣接あるいは重複していたため、多くの日本魚船がこのような警告を受けた。例えばマグロ延縄漁船第一八宝幸丸は三崎漁港を一九五六年二月五日に出発し、フィジー沖を通って四月二日アメリカ領サモアに向かって航行中、アメリカ軍の哨戒機が上空を旋回した後、その場を立ち去るように警告する「コミュニケーション・シリンダー」を船上に落下させた。宝幸丸は全速でその場を立ち去り、横須賀港に六月一日に帰港した後、政府に航路について詳しく報告した。ワシントンの日本大使館はこの内容をアメリカ国務省に報告したが、同時に公海上であるにもかかわらず危険水域に近づく船舶の「安全を保障しない」というアメリカの態度は国際法に照らしても受け入れられないと伝えた[63]。

59……政第一四三四号（至急情報）、朝海大使より藤山大臣へ、一九五八年三月二八日、C'.4.2.1.1–1–3（マイクロフィルム C'–0006）、外務省外交史料館。Higuchi, *Political Fallout*, 104–105, 107–108, 128–129.

60……昭和三三 一三八七六 平国連 松平大使より藤山大臣へ、一九五八年七月三一日、C'.4.2.1.1–1–3（マイクロフィルム C'–0006）、外務省外交史料館。

61……Hewlett and Holl, XVI–13.

62……"message for communication cylinder," RG59, Entry A1–3008–A, box 427, NACP

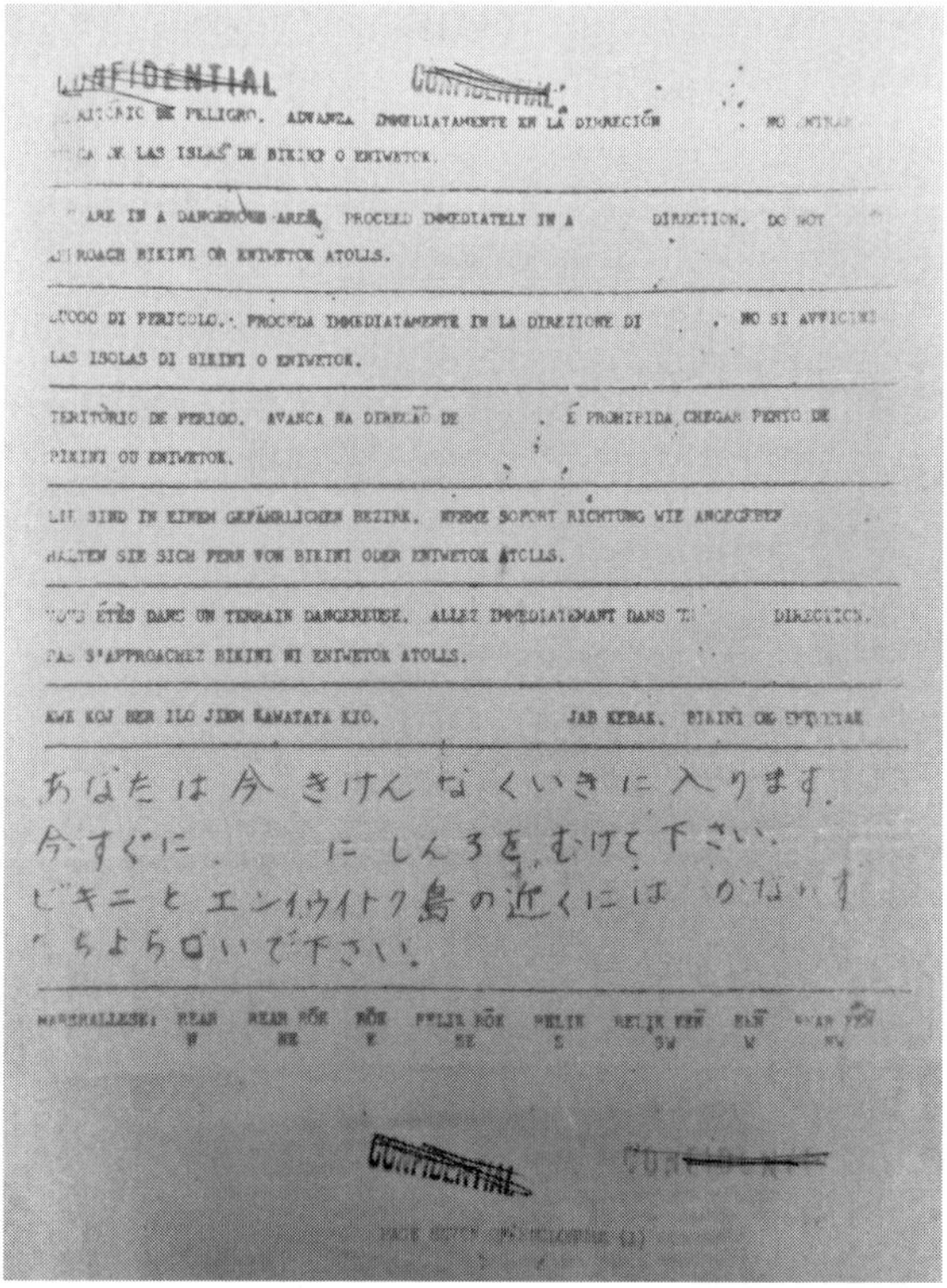

CONFIDENTIAL CONFIDENTIAL

ESTÁ EN TERRITORIO DE PELIGRO. AVANZA INMEDIATAMENTE EN LA DIRECCIÓN . NO ENTRAR CERCA DE LAS ISLAS DE BIKINI O ENIWETOK.

YOU ARE IN A DANGEROUS AREA. PROCEED IMMEDIATELY IN A DIRECTION. DO NOT APPROACH BIKINI OR ENIWETOK ATOLLS.

LUOGO DI PERICOLO. PROCEDA IMMEDIATAMENTE IN LA DIREZIONE DI . NO SI AVVICINI LAS ISOLAS DI BIKINI O ENIWETOK.

TERITÓRIO DE PERIGO. AVANCA NA DIREÇÃO DE . É PROHIBIDA CHEGAR PERTO DE BIKINI OU ENIWETOK.

SIE SIND IN EINEM GEFÄHRLICHEN BEZIRK. NEHME SOFORT RICHTUNG WIE ANGEGEBEN . HALTEN SIE SICH FERN VON BIKINI ODER ENIWETOK ATOLLS.

VOUS ÊTES DANS UN TERRAIN DANGEREUSE. ALLEZ IMMEDIATEMANT DANS DIRECTION. PAS S'APPROACHEZ BIKINI NI ENIWETOK ATOLLS.

KWE KOJ BED ILO JIKIN KAUWATATA KIO. JAB KEBAK. BIKINI OK ENIWETAK

あなたは今きけんなくいきに入ります。
今すぐに　　にしんろをむけて下さい。
ビキニとエンイウイトク島の近くには　かないすぐちよらないで下さい。

MARSHALLESE: REAR W　REAR RÖK NE　RÖK E　RELIK RÖK SE　RELIK S　RELIK KEN SW　KAN W　RIAR KEN NW

CONFIDENTIAL

写真 4-2　船舶に対する警告文。RG59, Entry 3008-A, box 427, NACP.

また五月にも、危険水域付近を哨戒していたアメリカ海軍から国務省宛に、日本漁船が危険水域内に入り込んだという情報が寄せられた。水爆実験の一時間ほど前に「船舶番号KNI-79の日本漁船がパトロール中の海軍哨戒機によって発見され、ただちに危険水域の外に出るように命じられた」というのである。船舶は無事に爆発の前に危険水域の外に出たが、海軍は国務省に対して、日本政府に厳重注意するよう要請した。KNI-79とは神奈川船籍の一級船（一〇〇トン以上の動力漁船）を示しており、恐らく三崎漁港から出航したマグロ延縄漁船であることは間違いないだろう。[64] アメリカ政府は、このような事件がいつか日本からの賠償請求につながるのではないかと懸念した。国務長官特別補佐官のジョージ・スピーゲル（George C. Spiegel）は「日本から何らかのクレームが来る可能性があるので、これらの（警告を受けた）漁船についてのデータをすぐ手元に出せるよう、ワシントンに準備しておく」ことを促した。[65]

「第五福竜丸事件」の再来を恐れていたのは日本側も同様であった。日本政府は危険水域近くを航行する日本商船のリストを自主的にアメリカ大使館に提出し、「実験の実施の直前及び直後には現地司令官から直接付近航行中の船舶に対し通報を発する」よう要請した。[66] しかしダレス国務長官は、気候条件によって実験予定は変わるため「毎回の核実験について知らせることはできない」し、「いずれにせよ船が危険水域外に居れば、知らせる必要は無い」と回答した。[67]

ところが実際には、危険水域外に居た船舶が放射能汚染の被害を受ける（あるいは、受けた疑いのある）事例は後を絶たなかった。例えば一九五六年六月五日、危険水域近くの海域を航行して日本に帰港した住友金属鉱山の貨物船「瑞穂丸」から毎分一一五〇カウントの放射能が検出され乗組員の白血球が低い数値を示しているという情報が伝えられた。日本の新聞は、これが「五月二八日に実施された、三度目の予告無き核実験」による被ばくだと報じた。ダレス国務長官はすぐさま東京のアメリカ大使館に真偽を確かめる電報を打ち、日本政府は乗組員の白血球数のデータをアメリカ大使館に提出した。[68] その後アリソン大使は、瑞穂丸についての外務省の最終報告書をインフォーマルに入手し、国務省に送っている。それによると、船舶の「平均放射線量は毎分一四〇カウント」で「直接人体に危険を及ぼすレベルではなく」、乗組員の白血球数の減少も「深刻なものではない」ため、

63……Telegram from Embassy/USIS Tokyo to Secretary of State, June 8, 1956 ; From Embassy of Japan to the Department of State, July 17, 1956, RG59, Entry A1 3008–A, box 428, NACP.

64……Memorandum from H. D. Riley to Officer in Charge, Japanese Affairs, Office of Northeast Asian Affairs, Department of State, May 24, 1956, RG59, 711. 5611, box 2876, NACP.

65……Memorandum from Spiegel to Musick, August 6, 1958, RG59, Entry A1 3008–A, box 427, NACP.

66……保警二第二四号「太平洋における米国の核爆発実験に伴う附近就航船の危害防止措置について」、一九五八年三月二六日、C'.4.2.1.1–1–3（マイクロフィルム C'–0006）、外務省外交史料館。

67……From Dulles to MacArthur, April 15, 1958 ; From MacArthur to Dulles, April 9, 1958, RG59, Entry A1 3008–A, box 427, NACP.

68……"Tokyo Kyodo in English" June 5, 1956, RG59, Entry A1 3008–A, box 428 ; From Dulles to Embassy Tokyo, June 5 ; Telegram from Embassy/USIS Tokyo to Secretary of State, June 8, 1956, RG59, 711. 5611, box 2876, NACP.

政府は本件を「終了」したものとし、公式発表も行わないということであった[69]。また川崎汽船の聖山丸が鉄鉱石の積載のためオーストラリアに向けて航行中、放射能を帯びた疑いのあるスコールに遭ったというニュースもあった[70]。さらに、国際地球観測年（IGY）に参加していたソ連の調査船ヴィーチャジ号（VITYAZ）が六月七日、危険水域から二〇〇〇マイル西で強い放射能を感知して退避したというニュースを日本の新聞各紙が伝えた。マッカーサー大使は、入手した情報を総合すれば「健康に害があるような線量に晒されたとは考えにくい」ものの、「この船が日本の港に立ち寄れば」注目を集め続ける可能性があるとして、国務省・AEC・USIAに対応を相談した[71]。ソ連の船は実際に六月九日、長崎の出島に入港し、六月一四日にウラジオストクに向けて出発するまで滞在して乗組員がメディアのインタビューを受けた。それによると、「エニウェトク環礁の四七五マイル西を航行中、雨の中に七万カウントの放射線を観測した」とのことであったが、アメリカ大使館が安堵したことには、それほど大きな記事にはならなかった[72]。

これらの報道された事例からも、アメリカ海軍がいくら危険水域から船舶を排除する努力を重ねても、被ばく事件を完全に防ぐことは非常に難しかったことが窺われる。ましてやマグロ延縄漁船は商船のように航路が確定しておらず、マグロの群を追ってどこへでも縦横無尽に航行するため、商船よりもさらに放射性降下物に晒される可能性は高かった。しかし、漁船の被ばくが公にされることはほとんど無かった。高知県の市民団体がマグロ漁船員の被ばくの実態を聞き取り調査によって掘り起こし、その後、元船員と遺族が国を相手取って損害賠償を求める裁判を起こしたことは（二〇一九年に二審棄却。その後、労災認定を求める別の裁判が起こされ二〇二〇年現在も継続中）、いかに多くの漁船員が危険に晒されていたかを物語っている。彼らの健康問題は、日米補償交渉の中で全く取り上げられなかったのである[73]。

こうした中、ついに大事件が起きた。七月一六日の夜一〇時二四分、マッカーサー大使はダレス国務長官に緊急電報を打った。アメリカ太平洋艦隊（CINCPAC）からの情報によると、「IGYに関する海洋調査に従事している二隻の日本の海上保安庁の船が、トラック諸島の近くで高い放射線量を報告した」。船に備え付けらえ

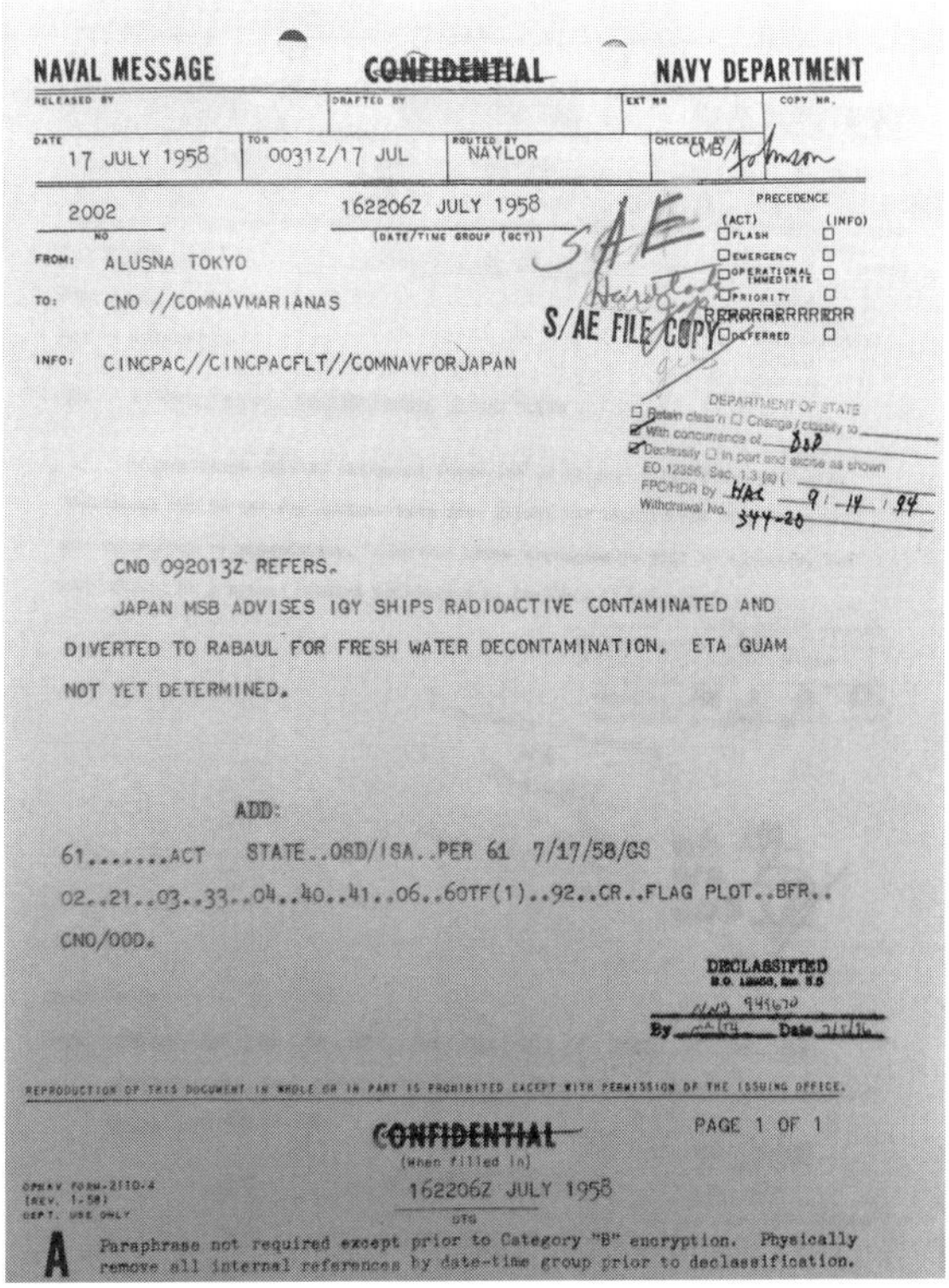
NAVAL MESSAGE CONFIDENTIAL NAVY DEPARTMENT

RELEASED BY | DRAFTED BY | EXT NR | COPY NR.

DATE 17 JULY 1958 | TOR 0031Z/17 JUL | ROUTED BY NAYLOR | CHECKED BY CMB

2002
NR

162206Z JULY 1958
(DATE/TIME GROUP (GCT))

PRECEDENCE (ACT) (INFO) FLASH EMERGENCY OPERATIONAL IMMEDIATE PRIORITY ROUTINE DEFERRED

FROM: ALUSNA TOKYO

TO: CNO //COMNAVMARIANAS

INFO: CINCPAC//CINCPACFLT//COMNAVFORJAPAN

S/AE FILE COPY

DEPARTMENT OF STATE

CNO 092013Z REFERS.

JAPAN MSB ADVISES IGY SHIPS RADIOACTIVE CONTAMINATED AND DIVERTED TO RABAUL FOR FRESH WATER DECONTAMINATION. ETA GUAM NOT YET DETERMINED.

ADD:

61.......ACT STATE..OSD/ISA..PER 61 7/17/58/GS

02..21..03..33..04..40..41..06..60TF(1)..92..CR..FLAG PLOT..BFR..

CNO/OOD.

DECLASSIFIED

REPRODUCTION OF THIS DOCUMENT IN WHOLE OR IN PART IS PROHIBITED EXCEPT WITH PERMISSION OF THE ISSUING OFFICE.

CONFIDENTIAL
(When filled in)
162206Z JULY 1958
DTG

PAGE 1 OF 1

A Paraphrase not required except prior to Category "B" encryption. Physically remove all internal references by date-time group prior to declassification.

写真4–3 「拓洋」「さつま」事件の第一報を伝える海軍の電報。RG59, Entry 3008–A, box 427, NACP.

た線量計は一九〇〇〇〇カウントを示し、雨水は一リットルあたり毎分一〇万カウント、海水は一リットルあたり毎分二四七カウントである。「海上保安庁はアメリカ海軍のアタッシェに対して、両船舶の乗組員が非常に心配していると伝え」、両船に対してはパプアニューギニアのラバウルに入港して除染を行うように指示したという（写真4—3）[74]。これ以後マッカーサー大使は、この事件に関する日本側の状況を刻々とダレス宛

69……Telegram from Allison to Secretary of State, June 21, 1956, RG59, 711. 5611, box 2876, NACP.

70……「聖山丸、不用意な航行——ガイガー管持たず危険水域附近を通る」『産経新聞』一九五八年七月二六日。

71……Telegram from MacArthur to Secretary of State, June 9 & June 11, 1958, RG59, 711. 5611, box 2879, NACP.

72……Telegram from MacArthur to Secretary of State, June 11, 1958, RG59, 711. 5611, box 2879, NACP.

73……「ビキニ国賠訴訟二審も原告の請求棄却 高松高裁判決」『毎日新聞』二〇一九年一二月一二日。

写真4–4　「拓洋」とともに活動していた海上保安庁の巡視船「さつま」。

に打電し続けることになる。

二隻の船は、海上保安庁の観測船「拓洋」と、同庁の巡視船「さつま」で、特に高い放射線量を記録したのは拓洋のほうであった。後に述べるように、この事件について日本政府が最終的になんら賠償請求を行わなかったことは、漁船に関する賠償請求をも難しくする効果をもたらした。一九五八年七月、「拓洋」と「さつま」は、南太平洋においてIGYの調査にあたっていた（写真4―4）。七月一四日「拓洋」はエニウェトク環礁の核実験危険水域の西方一六〇カイリを航行中スコールに遭い、その雨水から毎分一〇万カウントの放射線を検出したので調査を中止して南に退避した。「さつま」は危険水域の西方三〇〇カイリにいたが、「拓洋」とともに南下した。報告を受けた海上保安庁は、二隻の船に対してラバウルに入港して除染措置と健康診断を行うよう指示した。船医による任意抽出の一五名の乗組員の血液検査（七月一八日）によれば、白血球数が最高四九〇〇、最低二〇〇〇、平均三三〇〇で（「六〇〇〇～八〇〇〇が正常」と注記されている）、「白血球数の異常低下を来している」と推定された。[75] ラバウルでオーストラリア保健省の職員が診察した結果、一〇人の拓洋の船員が一八日までの三日間で三〇～四〇パーセントの白血球数の減少がみられ、二〇〇〇～四〇〇〇となっていた。そのほかにも七人の乗組員が四〇〇〇～四九〇〇の数値を示していた。[76] ラバウルで全乗組員を対象に行われた血液検査でも、「拓洋」において、下は三〇〇〇台（四名）から上は一〇〇〇〇以上（四名）まで、正常値をはずれた数値が見られた。[77] しかしアメリカ国務省に現地から入る船員の被ばく状況についての報告は、二転三転した。七月二二日には、「船員の被ばく量はそれほど深刻ではない。誰も病状を訴えるものは居らず、火傷や脱毛の症状も無い。軍医が二隻の船からそれぞれ七人の白血球数を調べたところ、うち五人だけが五〇〇〇以下だった。ラバウルのオーストラリア人医師によれば、これら五人も治療の必要は無い」との報告だった。しかし七月二三日付の電報には、「一四人の乗組員が被ばくし、白血球は三五〇〇カウント」とある。さらに同じ七月二三日に国務長官室に提出されたレポートでは、「乗組員の白血球数は二〇〇〇〜三〇〇〇」の者も居り「急性放射線障害の症状を示している」ということだった。[78]

その頃東京では、海上保安庁に「厚生省その他関係官庁及び放射能関係の権威者」が集まり、協議が行われていた。その結果、「乗組員の放射能による障害については資料が不充分で確実なことは言えない」が、「現在までのところまず障害はないと考えられる」ものの、「内部照射については不明であるし乗組員も相当精神的な衝撃をうけていると思われるので」一日も早く帰国させることになった。[79] 海上保安庁はアメリカ大使館に航空機の手配について協力を依頼した。また、船の除染がうまく行っていないことを伝え、除染の方法について助言を求めた。[80] これを受けて国務省は、ダレス国務長官名でキャンベラのアメリカ大使館に打電し、「ＡＥＣが医療スタッフと除染の専門家を現地に派遣する準備をしているので現地での受け入れ準備を整えるように」と指示した。[81]

74……From MacArthur to Secretary of State, July 16, 1958, RG59, 711. 5611, box 2879, NACP.

75……「放射能関係経過概要、三三・七・一四〜三三・七・二一朝　拓洋」、C'.4.2.1.1-1-3-1（マイクロフィルム C'-0006）、外務省外交史料館。

76……Telegram from Embassy Tokyo to Secretary of State, July 21, 1958, RG59, 711. 5611, box 2879, NACP.

77……「白血球測定値」、C'.4.2.1.1-1-3-1（マイクロフィルム C'-0006）、外務省外交史料館。

78……Naval Message from ALUSNA TOKYO to COMNSVMSRISNAS, July 17, 1958; from CNO to CINCPACFLT, July 21, 1958; From Parsons to US Embassy Tokyo, July 22, 1958; From FBIS to Agency Offices, July 23, 1958, RG59, Entry A1 3008-A, box 327, NACP.

79……海上保安庁「測量船『拓洋』及び巡視船『さつま』の放射能汚染についての経過」、一九五八年九月一〇日、C'.4.2.1.1-1-3（マイクロフィルム C'-0006）、外務省外交史料館。

80……Telegram from Embassy Tokyo to Secretary of State, July 21, 1958, RG59, 711. 5611, box 2879, NACP.

翌七月二二日マッカーサー大使は、日本の外務省が海上保安庁をはじめとする政府各機関と相談した結果、改めて（一）有能なアメリカ人医師、（二）除染のための道具と技師、（三）線量計八台、をラバウルに送ることを大使館に依頼して来たと伝えた。日本政府としては、七月二四日の夜には乗組員を日本に帰国させたいので、出来るだけ早期に派遣してほしいとのことであった。[82]

同日、ダレス国務長官は東京とキャンベラのアメリカ大使館に同報電報を送った。キャンベラに対しては、医師らを乗せたアメリカ軍第七統合タスク・フォース（エニウェトク核実験場のアメリカ軍部隊）の航空機のラバウル上陸許可を得るように指示し、東京に対しては、アメリカのチームが到着するまで「拓洋」がラバウルに留るよう日本政府に要請するよう指示した。

一九五四年に福竜丸の件で起きた混乱に鑑み、我々は本件について細心の注意を払うべきだと感じている。オーストラリア政府も、一九五四年の事件を想起すれば、本件が潜在的に危険な（explosive）性質を持っていることを理解するであろう。[83]

ダレスはこのように述べて、事の深刻さを強調した。これに対してマッカーサー大使は翌二三日、「拓洋」をラバウルに留め置くことを日本政府が了承したが、医療チームの出来るだけ早い到着を望んでいること、また海上保安庁が二船舶に対して、アメリカ側に完全に協力するよう指示していることを伝えた。また二二日の夜遅く、ラバウルから海上保安庁宛に、一名の乗組員が放射能障害の症状を示しているとの連絡が入ったと報告した。外務省は「アメリカ側の動きについて公表を避ける」ように再三大使館に念を押していることも伝えた。[84]これに対してダレスも、「我々としてもこの件について報道は避けたいと強く思っている」と返信した。もし情報漏洩や報道からの問合せがあれば、「アメリカ政府は放射線量の増加に関する報告を受け、専門家による調査の〝サービス〟をオファーしたところ、日本政府もこれを受け入れた」と回答するよう、ダレスはマッカーサー大使に指示した。[85] 日米両政府ともに、事件が公になることを回避するために、あらかじめ態度を摺り合わせて情報操作を行おうとしていたことが分かる。

しかし、キャンベラのアメリカ大使館からは、「我々はアメリカの行動が公にならないよう、オーストラリア外務省にもこの件を機密扱いにするよう要請したが、アメリカの専門家チームが到着すれば、推測に基づく報道を完全に封じることは難しい。キャンベラの日本大使館にも、パブリシティを控え、先の電報にあったような態度（つまり専門家チームによる「線量増加に関する調査サービス」を受け入れたこと――筆者注）を取るように、日本の外務省から指示することを提案する」との電報が国務省に届いた。[86] 日本の外務省も歩調をそろえ、「米側の希望もあり、特別の新聞発表は行わず、なるべくパブリシティを与えない方針」を採った。もし新聞記者などから問合せがあった場合には「米側のオファーによりその協力援助を求めることになった」とのみ回答することとした。[87]

しかし、「さつま」に南日本新聞（鹿児島）の今野奎介、読売新聞の片柳英司という二人の新聞記者が乗船していたことから、[88] 日米の新聞がこの事件を取り上げ始めた。特に読売新聞は果敢にこの件について報道を続ける。

81……From Dulles to Embassy Canberra, July 21, 1958, RG59, 711. 5611, box 2879, NACP.
82……From MacArthur to Secretary of State, July 22, 1958, RG59, 711. 5611, box 2879, NACP.
83……From Dulles to Embassy Canberra, July 22, 1958, RG59, 711. 5611, box 2879, NACP.
84……From MacArthur to Secretary of State, July 23, 1958, RG59, 711. 5611, box 2879, NACP.
85……From Dulles to Embassy Tokyo, July 23, 1958, RG59, 711. 5611, box 2879, NACP.
86……From Sebald to Secretary of State, July 24, 1958, RG59, 711. 5611, box 2879, NACP.
87……電送第一〇八七七号「拓洋、さつまの放射能汚染に関する件」、一九五八年七月二四日、C'.4.2.1.1–1–3–1（マイクロフィルム C'–0006）、外務省外交史料館。
88……「『拓洋』『さつま』被災に関する件」、一九五八年七月二五日、C'.4.2.1.1–1–3–1（マイクロフィルム C'–0006）、外務省外交史料館。

写真4–5　「観測船『拓洋』『さつま』 政府，放射能事件を重視　近く対米申入れ」（読売新聞，1958年7月25日朝刊）。

七月二五日の読売新聞朝刊一面に掲載された記事（写真4—5）は、マッカーサー大使の危機感を高めた。大使はダレス国務長官およびUSIA、AEC、国防総省宛の電報で、「今日までは、各紙とも被ばくの可能性があるという短い記事を紙面の後ろのほうに掲載しただけだった」が、読売新聞がアメリカ人の医師・専門家チームが現地に派遣されたことを暴露し、長文の記事を掲載したことを伝えた。記事には、「乗組員は深刻な健康被害を受けているかも知れない」こと、「危険水域外で高い放射線量が出たことで政府はアメリカに対して抗議するかも知れない」こと、また「七月二八日に衆議院外交委員会が開催される際に社会党議員がこの件について政府に質問する予定である」ことが報じられていた。外務省は、読売の記事にある「政府による抗議」はまったくの作り話であると言っているが、「このニュースのせいで圧力を受けるかも知れない」とマッカーサー大使は憂慮した。記事を受けて外務省もアメリカ大使館も報道機関からの問合せを受けたが、あらかじめ申し合わせた通りの回答をした。マッカーサー大使は、アメリカ人専門家チームによる検査結果を日本政府に早急に送ることを進言した。なぜなら「今のところ日本の放射線研究の第一人者たちは拙速なコメントを出さず責任ある態度を取っているものの、もし検査結果が政府ルートではなく報道機関から届くようなことがあれば、今ほど協力的ではなくなるかも知れない」からであった。[89]

問題となった読売新聞の記事以外にも、日本では「死の灰から恐怖の脱出――一〇万カウントのスコール」（毎日新聞、七月一五日夕刊）、「全乗員が白血球減少――〝拓洋〟から保安庁へ報告」（日本経済新聞、七月二一日夕刊）、「観測船『拓洋』『さつま』 政府、放射能事件を重視」（読売新聞、七月二五日夕刊）などと各紙が伝えたほか、七月二七日の読売新聞「時評」欄では、第五福竜丸事件の後に調査船・俊鶻丸で放射能汚染の調査にあたった気象学者の三宅泰雄が、「第二の福竜丸事件ともいうべき重大な事件」であり、「これらの損害に対して米国に十分な補償を求める」ことが必要だと論じた。アメリカでも、オレゴン州の『キャピタル・ジャーナル』紙が、"Doubly Unlucky Dragon"（二重に不運な龍）というタイトルで、この事件が第五福竜丸事件を想起させるものとして、「同じ過ちを二度繰り返した」アメリカ政府の専門家たちを批判した。[90]

アメリカの医療チームは当初、七月二三日にラバウルに到着予定で、日本政府は乗組員たちを二四日に日本へ帰国させる予定であったが、医療チームの実際の到着は二五日になった。[91] ラバウルに到着したＡＥＣ・海軍の医療チームは、船員の被ばく程度について決定的な診断結果を下した。すなわち「拓洋は放射性物質を含む雨を浴びた可能性はあるが、放射線量は少なく放射線障害を引き起こすほどではなかった」。また、「放射線障害の証拠はなく」、「白血球の最低値は三三五〇であったが、深刻なものではなく、この乗組員の白血球値が元々低いか、いくつかの要因が重なって起きたものだ」と報告したのである。[92] 日本政府はアメリカ側の報告書を秘密裡に、そ

89……From MacArthur to Secretary of State, July 25, 1958, RG59, 711. 5611, box 2879, NACP.
90……第二四〇号、在ポートランド日本領事館今城領事から岸総理大臣へ、一九五八年八月一五日、C'.4.2.1.1-1-3-1（マイクロフィルム C'-0006）、外務省外交史料館。
91……From Embassy Canberra to Secretary of State, July 23, 1958, RG59, 711. 5611, box 2879, NACP.
92……From Starbird to Farley, August 1, 1958, RG59, Entry A1 3008-A, box 427, NACP.

して早急に、できれば「拓洋」と「さつま」が日本に戻るよりも前に送るようにアメリカ側に要請した。アメリカ側は論争を避けるためにＡＥＣによる調査結果の分析を待ってから日本側に公開するつもりだったが、アメリカ大使館からも報告書を早く日本に送るように再三要請された結果、八月四日に報告書を日本に送った[93]。

マッカーサー大使は、それまで日本人の間には「核実験に対する運命論的な受入れ」の気持ちが広がって来ていたが、この事件によって、ふたたび核実験反対の世論に火が付いたと感じていた。特に船舶が危険水域のはるかに外側を航行していたにもかかわらず放射性降下物が降り注いだことは、「きれいな爆弾」を開発したというアメリカ側の主張を完全に信用失墜させるものであった。しかし、全体として日本の報道の論調は、「アメリカが予想したほど荒々しくない」もので、もし事件が一年早く起きていれば、反応はもっと激しかっただろうと予測された。とはいえ、この事件でアメリカの対日外交が痛手を受けたことは間違いないというのが、大使の結論であった[94]。

報告書の到着を受けて日本側では、その検討が始まった。アメリカ大使館は日本政府の動向を探るために、国連科学委員会の日本代表でもある「原爆症」の専門家、都築正男医師をアメリカ大使館に呼んだ。都築によれば、八月五日に政府の特別委員会が開かれ、慎重に乗組員と船を検査することが決まった。一週間あるいはそれ以上かけて乗組員全員に検査を受けさせ、船体と船に積んでいた水や食料も検査されることになった。これは原爆傷害調査委員会（Atomic Bomb Casualty Commission：ABCC）の中泉正徳医師が担当することになっていた[95]。

八月七日に「拓洋」「さつま」が入港すると、大勢の報道陣と放射線専門家が港で待ち構えていたが、報道は事件当初に比べてかなり抑制されたトーンになった。検査の結果、二名の乗組員の白血球数がまだ異常に低いということが判明し、海上保安庁はこれをアメリカ大使館には伝えたが、「報道陣には伝えられず公にされなかった」。このため新聞各紙は両船の帰港については報じたが、おおむね小さな記事で、被ばくの程度は「深刻ではない」とした。むしろ、乗組員が「ラバウルにおけるアメリカ人医師の大変親切な対応に感謝」したことや、船医が「アメリカ人医師のほうが優れた検査機器を使ったので、恐らくそちらの検査結果が正確」だろうと発言したことなど、アメリカ側の対応に感謝するような内容が報じられた。また日本人放射線専門家による、乗組員の被ばく程度は「心配していたほどではなかった」というコメントが広く流布した。[96] 乗組員に対する精密検査を行った日本政府は、アメリカ側の所見と矛盾しない検査結果、すなわち「現在放射線障害があるという所見はえられない」「放射能調査の結果、乗組員に対する精密検査の必要はない」という内容を公表した。[97] 新聞各紙もこの政府発表を受けて、乗組員は「無事」であり、「被爆の影響はなし」と報道した。「拓洋」に乗船していた読売新聞の片柳記者が「死の海」というニュースリールを制作したが、アメリカ大使館は概して「バランスの取れた」内容で問題なしと判断した。

この時期、「拓洋」「さつま」以外にも、例えば東京水産大学の練習船がIGYの調査のために台湾沖を航行中、雨の中に二〇〇〇カウントの放射線を計測して引き返した事件や、日本の貨物船の乗組員二名が白血球量が異常に低くなり体調が悪くなったという報告があったが、日米政府は「拓洋」「さつま」に関する報道が沈静化するにしたがい、こうした他のケースについても報道は下火になって行くだろうと判断した。ただ、いくつかの新聞は「社説」などで批判的なコメントを続けた。例えば毎日新聞は「拓洋」「さつま」がIGYの研究を中止しなくてはならなかったことを遺憾とし、「危険水域の外で放射能に晒された」ことに言及して、ただでさえ広大な危険水域から、さらに離れた場所でさえ影響があるならば、核実験を中止する以外無いと結論付け、日本政府に

93……Telegram from MacArthur to Secretary of State, July 26 & August 4, 1958, RG59, 711. 5611, box 2879, NACP.
94……From MacArthur to Secretary of State, August 4, 1958, RG59, 711. 5611, box 2879, NACP.
95……Telegram from MacArthur to Secretary of State, August 6, 1958, RG59, 711. 5611, box 2879, NACP.
96……From MacArthur to Secretary of State, August 8, 1958, RG59, 711. 5611, box 2879, NACP.
97……「測量船『拓洋』及び巡視船『さつま』の放射能汚染についての経過」, From MacArthur to Secretary of State, August 11, 1958, RG59, 711. 5611, box 2879, NACP.

補償要求をするよう促した。「普段は親米的な」産経新聞も、事件が「もはや地球上に安全地帯は無い」ことを証明したと述べ、核実験禁止への努力を求めた。[98]

八月一三日、マッカーサー大使は「拓洋」「さつま」の事件がほぼ「収束した」として、次のように総括する電報を国務省に送った。

報道や対立陣営がこの事件を「第二の福竜丸事件」に仕立て上げアメリカとの大きな論争を創り出そうとする強い圧力の下で、日本政府が「とても責任ある態度で被ばくの可能性に対処したことは、称賛に値する。……その結果、ヒステリックな空気を創り出して日本の核実験禁止要求を際立たせようとする、報道や左派の試みは失敗した。……しかし、日本政府関係者が語ったところによれば、彼らの努力はアメリカ政府の全面的で迅速な協力なしには成功しなかっただろう。[99]

アメリカ側は事件が「収束した」と認識していたが、日本政府はこの時点では、事件に関してアメリカ側に補償を求める可能性を諦めてはいなかった。七月二五日に外務省は、「危険区域の内外を問わず放射能の被害が十分に防止されるという科学的確証なき点」を従来から日本政府が指摘してきたこと、また「今後本件に関して生ずることあるべき補償請求」の可能性を踏まえて、「放射能により地球観測年計画による海流観測作業の中止を余儀なくされた事実」、および「本件放射能汚染が危険区域外で起こった事実」に注意喚起するメモランダムをアメリカ政府に手交した。[100] 外務省はアメリカ大使館に対して、メモランダムが「アメリカ側の専門家チームによる調査結果に異議を唱える趣旨ではなく」、また「抗議の申し入れ」や補償要求でもないと述べたが、マッカーサー大使は、後に補償要求をするための「地ならし」ではないかと考えた。しかし同時に、衆議院外交委員会を控え、「政治的理由により何らかの書面をアメリカ側に提出しておくこと」が必要だったのだろうとも推測した。外務省はこのメモランダムの内容を公にはしなかった。[101]

一方で日本政府は、実際に損害賠償を請求する際の根拠について検討を始めた。それによると、被害は「直接損害」と「間接損害」に分けて考えられた。「直接損害」では、乗組員に対する直接的な被害がたとえ証明されない場合でも、「放射性物質の人体に与える影響からみて被害があったと考えられる充分な理由の下に」、医学上の処置を行ったり、航行に変更が加えられたりしたことは、補償要求の根拠となり得ると判断された。そして、「スコールの中に十万カウントの放射能を検出したこと」は、「被害があったと考えられる十分な理由」に相当するとされた。「間接損害」の主たるものは、「調査の継続が不可能となったこと」であった。これについて、「ラバウル立寄りを余儀なくされたため……調査継続が不可能となった」という点と、「米国医師団の判定内容は……放射能の心配なし」というものであったとしても日本に帰港させて再検査する必要があったという点が立証できれば、補償要求の根拠となり得ると考えられた。このほか乗組員の家族への配慮から「帰港を命ぜざるをえなかった」という理由も検討されたが、これは「主観的要素があまりにも強く、損害賠償請求のための十分な根拠とは言い難い」と判断された[102]。

日本政府内部の意見の相違を外務省がとりまとめようとしていたことが、アメリカ大使館と国務省の間に交わされた電報から読み取れる。ちょうど損害賠償請求の是非について日本政府内で議論が続いていたころ、アメリ

98……From MacArthur to Secretary of State, August 12, 1958, RG59, 711. 5611, box 2879, NACP.
99……From MacArthur to Secretary of State, August 13, 1958, 711. 5611, box 2879, NACP.
100……「『拓洋』『さつま』の放射能汚染に関する対米申入れの件」、一九五八年七月二四日、「拓洋、さつまの放射能汚染に関する件」、一九五八年七月二五日、C'.4.2.1.1-1-3-1（マイクロフィルム C'-0006）、外務省外交史料館。
101……Telegram from MacArthur to Secretary of State, July 26, 1958, RG59, 711. 5611, box 2879, NACP.
102……「拓洋、薩摩丸の被放射能事件について」一九五八年八月一九日、C'.4.2.1.1-1-3-1（マイクロフィルム C'-0006）、外務省外交史料館。

カ大使館は外務省北米課（アメリカ局の下に一九五八年五月に設置された）の職員を呼んで、保留になっていた一九五六年のレッドウィング作戦にかかる補償要求に対するアメリカ政府の回答を、いつ公表すべきかと尋ねた。第1節で述べたように、アメリカ政府は一九五七年一月二一日に日本政府が再提出した補償要求に対して、「提出資料は実際に損失を受けたことを立証していない」として、補償を行えない旨の回答を九月一三日に伝えていた。その後一九五八年一月にも日本政府は補償要求を再々提出したが、結果は同じであった。しかしその回答を公にしないうちに「拓洋」「さつま」の事件が起きたため、外務省は「回答を公表することを差し控えてほしい」とアメリカ側に要請していたのだ。「拓洋」「さつま」の事件が「収束した」とアメリカ側が判断した九月八日、マッカーサー大使はふたたび外務省に対して、回答を公表する時期について打診したのだった。ところが外務省北米課は、「未だ公表しないでほしい」と言った。その理由は、北米課が「海上保安庁の船舶の事件に関して、補償要求を行わないという合意を、日本政府内部でとりまとめようとしているところ」だったからである。[103]

外務省北米課による政府内部での調整、そして最終的に海上保安庁が補償を求めない方針を固めたことで、「拓洋」「さつま」に関する補償要求の可能性は無くなり、それが先例となったことで他の補償請求にも歯止めがかかる。さらに他省庁も、レッドウィング作戦時の補償要求もいまだに解決されていないことに鑑み、さらなる要求を行っても交渉が平行線をたどると予想し、補償要求を行っても無駄だという気分が支配的になって行った。そのことを示すのが、九月一七日に外務省、海上保安庁、運輸省航空局、運輸省海運局、水産庁、厚生省の代表者たちが集まって開催された「米国の一九五八年度太平洋地域核実験に関する関係各省連絡会」の記録である。「国会も十月再開されるので、補償に関するわが方態度を検討しておく必要あり」という理由で開催されたこの会議では、まず海洋保安庁監理課長が、「拓洋」「さつま」の被災について、「人体、船体、共に直接的被害は無かったとの結論」にしたがい、「補償請求の意向は無い」と発言した。これに対して水産庁海洋二課の課長補佐は、「太平洋にかかる広大な危険区域が設けられれば、わがくに漁業に必ず損害を与えると思っており」、漁船に対して「実質的損害を被れば報告する様指導している」と述べ、漁船に関する補償請求に積極的な（あるいは少なくともその必要性を認める）姿勢を示した。ただし水産庁は同時に、「米側を納得せしめる様な損害算出の資料作成」が困難であることも認めた。運輸省航空局は、核実験による通信不能状態発生のため日本航空機四便が遅延し、「会社側は遅延による損害を百万円」と見積もり、「ジャパン・タイムズには補償請求を行うと報道された」が後に取り消され、結局「請求の意図はない」と説明した。運輸省海運局も、船舶の迂回によるコストなど「間接損害はあるが、五六年分の補償請求も解決しておらず、補償の可能性がなければ、時間を要する資料を作成する機運が船会社に無い」とした。厚生省は、「拓洋」「さつま」の「汚染はあったが、被害と言えるかどうかが問題」で、「危険の概念についても、わが方と米国とは大きく喰違って」いるため、損害賠償をうったえても「平行線をたどる恐れがある」と述べた。これらの議論を受けて外務省法規課は、「海上保安庁の公船は補償請求せず、漁船商船等が請求すると云う事は、統一を欠き、わが方請求の立場を弱くする」ので、最終的な日本政府の態度が決まるまで「間接損害の算出については調査中としては如何」と提案した。最後に外務省北米課長が、当面の日本政府の態度として「直接損害はみとめられず、間接損害の有無、程度についてなほ検討中」と取りまとめた。しかし同時に、「漁船、船会社等関係者の補償要望の強さ」や世論も考慮する必要があるとして、各省庁に引き続き検討を求めた[104]。八月の時点では「直接損害」についても補償を要求する根拠があると考えていたのが、ここへ来て補償要求に関する日本政府の態度は大きく後退していることが看取できる。その背景には、「補償請求を行わない」という海上保安庁の前例が出来たこと、そしてアメリカ側が結局は補償要求に応じないだろうという、各省庁間に共有された諦めの空気であった。

103……Telegram from MacArthur to Secretary of State, September 8, 1958, RG59, 711. 5611, box 2879, NACP.

104……「米国の一九五八年度太平洋地域核実験に関する関係各省連絡会に関する件」、一九五八年九月一七日、C'.4.2.1.1-1-3（マイクロフィルム C'-0006）、外務省外交史料館。

「拓洋」「さつま」放射能汚染事件から約一年後の一九五九年八月三日、「拓洋」の首席機関士であった永野博吉（事件当時三三歳）が急性骨髄性白血病で亡くなった。永野は倦怠感や歯茎からの出血などの症状を訴え、七月から入院していた。永野が亡くなる二日前、外務省と海上保安庁の代表者が懇談し、永野の入院について「広島の原爆禁止大会もありプレスには極秘にしたい」との方針を相互に「内諾」した。遺体解剖の結果、厚生省に設けられた「原爆被害連絡協議会・医学部会」は、「同氏の受けた放射線量は微量であるので、この線量とその白血病とを直接関連づけて考えることは現在の医学の立場からは困難である」と結論付けた。[105] また、その他の「拓洋」乗組員のそれまでの健康診断結果も集められ再検討されたが、「放射線障害を思わせる所見は見いだせない」との結論に達した。新聞各紙は「永野首席機関士、白血病で死ぬ――エニウェトク放射能騒ぎから一年」（読売新聞、八月五日）、「白血病で乗員死ぬ――昨夏、'死の灰'浴びた『拓洋』」（朝日新聞、八月五日）、「永野首席機関士、白血病で死ぬ――拓洋、死の灰浴びて一年後」（毎日新聞、八月五日）など、一斉に被ばくとの関係を疑う記事を掲載した。また読売新聞（八月六日）は元乗組員や関係者への取材にもとづき、帰国後に行われた検査所見が、「いまのところ明らかな所見はなかった」という文言から、「いまのところ明らかな」という限定が削除された形で発表されたことや、政府当局が事件を「秘密に、内輪にしようという空気は報道陣の間にも問題になっていた」こと、また「精密検査の必要はないといっておきながら、実は一六人の要注意者があった」ことなどを挙げて、元乗組員に対する政府の健康管理に疑問を呈した。[106] しかし、こうしたメディアの批判によって、既に賠償請求を行わないことを決定していた日本政府の方針が揺らぐことはなかった。

結局、「拓洋」「さつま」事件だけではなく、ハードタック作戦全体について、日本政府は補償請求を行わなかった。「関係各省とも協議したが、商船、漁船などの被害について報告されたものはなく、前回の補償問題が懸案のままである点にもかんがみ」というのが、その理由である。[107]「拓洋」「さつま」の放射能汚染事件は、結果的に日本にとって補償請求全体のハードルを高めることになった。各省庁間での統一を図る必要性から、漁場を奪われたり迂回航行を余儀なくされた遠洋漁業への補償も、請求しにくくなったのである。

4　核実験禁止要求と賠償請求との関係

日本政府はアメリカ政府に対して再三、核実験停止を求める申し入れを行ったが、これには国民世論を取り込み、左翼勢力が率いる反核運動を分裂させようとする狙いや、国会で野党の追及をかわす意図があったことは、これまでの研究でも指摘されてきた。しかしながら日本政府は、核実験停止要求が、国内世論への考慮から来るジェスチャーに過ぎないのか、それとも他に「真の理由」があるのか、また両者の割合はどの程度であるべきなのか等について自問し、検討してもいた。岸政権発足間もない一九五七年四月、核実験反対問題について「外務省としての明確な基本的態度の樹立に資する主旨」から、こうした問題が話し合われた。まず会議では、「自由陣営に属するわが国の立場上」核保有を否定することはできないため、「実験を保有から分離して実験不要論または制限論を持ち出す」という点が確認された。その上で、ジェスチャーか真の理由かという上述の点について、以下のような議論が行われた。

政府が実験禁止を唱え始めたのはそもそもかかる（筆者註：国内世論に配慮した）ゼスチュアから始まったことは事実であるが、現在は単なる国内政治的なゼスチュアでは済まない段階まで進んでおり、「自主外

105……第一一三二号「拓洋乗組員の死亡に関する件」、一九五九年八月五日、「拓洋被災の件」、一九五九年八月一日、原爆被害対策に関する調査研究連絡協議会医学部会「結論」、一九六〇年三月二八日、「拓洋乗組員　永野保安官の死亡に関する件」、一九六〇年三月三一日、C'.4.2.1.1−1−3−1（マイクロフィルム C'−0006）、外務省外交史料館。

106……「拓洋の健康管理—要注意者を〃疎開〃」『読売新聞』一九五九年八月六日朝刊。

107……「米原水爆実験に伴う補償問題に関する対米折衝経緯」。

交」の一環としての意義も有して来ており、今後はかかるゼスチュアとしての考慮は比重をずっと少なくすべきであり、それだけにまた、感情論を離れて現実的な外交措置を考究する要あることに意見の一致を見た[108]。

そして、単なる「ゼスチュア」ではない核実験反対の論拠として、(一) 感情論 (原水爆被害国として)、(二) 法規論 (公海自由等)、(三) 直接損害論 (漁業、迂回航行等)、及び (四) 人類に及ぼす長期的害悪論が挙げられた。しかし、(一)~(三) は「いずれも弱く」、(四) が「人道に基づく外交論議として最も強い論拠となり得べきこと」が認められた。(三) の根拠が弱い理由は、「全額補償すると言われればそれまでになる」ことであるとされたが、既に見た通り、実際にはそのような補償の可能性はほとんど無に等しかった[109]。以上のことから、核実験禁止論議の中において、漁船や商船等への被害の問題は、日本政府が核実験に反対する「真の理由」の一つとは認められていたものの、外交上の論拠としては弱いと判断されていたことが分かる。

しかしながら、日本政府が幾度となくアメリカ政府に手交した核実験停止の申入れ書の文中には、毎回のように経済的損失を被った場合に補償請求を行う権利を保留する旨が明記されていた。例えば、ハードタック作戦の危険水域が発表された際にワシントンの朝海大使を通じて行われた申し入れでは、当該水域が「日本商船、漁船等の航行ないし操業水域に近接」しているため日本政府は重大な関心を寄せているとして、次のように述べている。

危険区域の設定に伴い生じ得べき経済的損失を含め、核実験に伴って生ずることあるべき日本国及び日本国民のすべての損失、損害に対して、合衆国政府が補償の責に任ずべきものであるとの見解を明らかにし、この様な損失、損害に対する完全な補償を請求する日本国政府の権利を留保する次第である[110]。

こうしたことを総合すると、日本政府の核実験停止要求には「ゼスチュア」の部分と本心の部分があり、自国の漁業や海運業にもたらされた損害に抗議し補償を求めるという対応は、外交交渉の論拠としては「弱い」ものの、日本政府としてその必要性は十分に認識していたと考えられる。

これに対してアメリカ政府は、「ゼスチュア」の部分については理解し忖度する姿勢を見せた。例えば、ハードタック作戦の開始と日本の総選挙が重なっていることに注目したアメリカ政府は、自民党政権の立場を弱めないよう配慮を示した。一九五八年五月三日、ロバートソン国務事官補は、省内のAEC担当官フィリップ・ファーリー（Philip J. Farley）宛のメモランダムで、五月二二日に予定されている日本の総選挙の直前には、核実験を行うべきではないと進言した。選挙公示後に実験が行われれば、「社会主義者たちが、岸首相と自民党を攻撃する材料に使う」ことが予測されるからである。「アメリカとの協力関係を重視する自民党に有利な世論を作り出す」ことが、「間違いなくアメリカにとっての国益」であるため、選挙に配慮すべきだと主張したのである。これを受けて国務省は国防総省とAECに対して、実験延期が難しい場合、せめて小規模実験にとどめてほしいと伝えている[111]。AECはこれを受け入れ、五月二二日午後一一時（エニウェトク島現地時間）まで、二〇〇キロトン以上の核実験を行わないよう指示を出した。AECは「二〇〇キロトン以上の実験のみ公にする」という決まりを作っていたため、それ以下の小規模実験は公にされず、結果的に日本の選挙期間中は核実験の情報はいっさい流れなかったことになる[112]。ハードタック作戦終了後、国務省は「社会主義者たちの努力にもかかわらず、核実

108 「第二十回幹事会（四月三日）記録」、一九五八年四月三日、C'.4.2.1.2（マイクロフィルム C'-0009）、外務省外交史料館。
109 同上。
110 外務省情報文化局発表「エニウェトク水域における核実験に関する対米申入れについて」、一九五八年二月二〇日、C'.4.2.1.1-1-3（マイクロフィルム C'-0006）、外務省外交史料館。
111 Memorandum for Herbert B. Loper and Paul F. Foster, May 3, 1958 ; From Walter S. Robertson to Philip J. Farley, May 3, 1958, RG59, Entry A1 3008-A, box 427, NACP.

験が選挙の争点にならなかった」のは、選挙戦中に大規模な核実験が行われなかったせいだと分析してＡＥＣに感謝を表している[113]。アメリカ政府による核実験に関する情報のコントロールは、他国の国内政治までもその射程に収めていたことが看取される。

しかしながら「ゼスチュア」ではない、実質的な核実験反対の理由について、同じように日米の考えが噛み合うことは無かった。全国漁業組合連合会、日鰹連（日本鮪鰹漁業協同組合）、日本船主協会、焼津市の水産加工業組合など、遠洋漁業関係の各種団体は、日米両政府に対して核実験禁止を求める請願状を送った。このうち船主協会は日本政府に対して、「損害賠償等の措置」をアメリカ政府に求めるよう請願している[114]。日本政府はそうした漁業界の声を十分承知していたが、補償請求全体の勢いがしぼんで行く中で、それを外交交渉の場に反映させることは到底出来なかった。アメリカ政府内に存在した、漁業被害を客観的に調査すべきであるという意見も、ハードタック作戦終了後、次第に聞かれなくなった。

5　抗議船に関する情報統制

水爆実験の危険水域にあえて航行する「抗議船」もまた、アメリカ政府による情報統制の対象となった。反核運動家たちの活動がメディアに報道されることによって、水爆実験が継続されている事実が改めて強調され、反核・反米感情を世界中で掻き立てかねないからである。以下で述べる抗議船をめぐるアメリカ政府の動きは、核実験およびそれに対する抗議活動がメディアで取り上げられることを防ぎ、なるべく目立たなくさせるための、逆説的な対外情報プログラムであったと見ることができる。

アメリカ海軍少佐であったアルバート・ビゲロー（Albert Bigelow）は、核実験に抗議して海軍を退役し、クエーカー教徒の反核活動家らとともに「非暴力行動委員会」（Committee for Non-Violent Action）を結成していたが、一九五八年一月、仲間とともに抗議船「ゴールデン・ルール号」で危険水域に入る計画を立て、アメリカ政府に通告した。東京のマッカーサー大使は二月一一日、日本の新聞がゴールデン・ルール号を写真入りで紹介していること、日本の反核団体（原水爆禁止日本協議会。以下、原水協）もこれに合わせて抗議船を同水域に送ることを検討していることを国務長官宛の電報で伝えた。彼は、日本の反核団体がその前年にもイギリスの核実験場のあるクリスマス島に「抗議船」を派遣する計画を立て、最終的には日本政府の反対によって断念したことを指摘し、「もしアメリカ政府がゴールデン・ルール号について公式コメントを出さなければ、そのことが原水協に抗議船を送り込むことを奨励（encourage）することになるかも知れない」と伝えた[115]。

ＯＣＢは、ゴールデン・ルール号の航行が、原水協をはじめとする日本の抗議活動を刺激することを恐れ、何度も対策を協議した。例えば一九五八年二月一九日の会議では、他の抗議運動に対する「抑止装置として働く」ような声明を出すことが検討され、「アメリカ政府はゴールデン・ルール号が実験区域に入ることを全力で阻止する」という声明を出すことについて合意を得た。同時にＯＣＢは、ＵＳＩＡを通して「ゴールデン・ルール号に関するいかなるイベントや広報活動にも反対する」旨の通知を各国のＵＳＩＳに送った[116]。すなわち世界の国々で、ゴールデン・ルール号が話題にならないように情報の抑制を試みたのである。

しかしながら、こうした抗議活動に関する情報統制に関して、アメリカ政府内の考え方は一枚岩ではなかった。

112……From Paul F. Foster to Philip Farley, May 16, 1958, RG59, Entry A1 3008–A, box 427, NACP.
113……From Robertson to Farley, June 4, 1958, RG59, Entry A1 3008–A, box 427, NACP.
114……Incoming Telegram from Tokyo to USIA, July 13, 1956, RG59, Entry A1 3008–A, box 429, NACP.「船主船第四五号」、一九五六年三月三一日、C'.4.2.1.2（マイクロフィルム C'–0009）、外務省外交史料館。
115……From MacArthur to Secretary of State, February 11, 1958；From AEC Chairman to Dalles, March 25, 1958；From William B. Maccomber, Jr. to Alexander Smith, May, 17, 1958, RG59, Entry A1 3008–A, box 427, NACP.
116……OCB Minutes, February 19, 1958； April 2, 1958, White House Office, NSC Staff Papers, OCB Secretariat Series, box 14, Dwight D. Eisenhower Presidential Library, Abilene, Kansas.

国務省は、ちょうど国連が「公海の自由」の原則について議論していたことに鑑み、あまり強い反対声明を出すことには躊躇していた。なぜなら核実験が行われる危険水域は国連の信託統治領に属する「公海」であり、そこに危険水域を設けて核実験を行うアメリカの姿勢に、既に国際世論の批判が向けられていたからである。その矢先にゴールデン・ルール号を非難する声明を出せば、対外情報プログラムという観点から逆効果になる恐れがあった。しかし海軍は、国務省の態度に対して批判的であった。特にCINCPACは、「遠回しな対応をすればするほど、我々の法的・道義的な立場は弱まり、見当違いの同情をゴールデン・ルール号側に呼び起こす」ことになるので、「断固たる対応」を取るべきだと主張し、ゴールデン・ルール号が危険水域に向かって出航する前に「ここハワイで対処」すべきだと主張した[117]。またAECも国務長官宛に書簡を送り、「どのような権限を使ってでも彼ら（ゴールデン・ルール号の乗組員――筆者注）がハードタック作戦を妨害しないように」して欲しいと依頼した[118]。

四月一九日、ゴールデン・ルール号はホノルルのヨットハーバーに到着し、そこからハードタック作戦が実施されるエニウェトク環礁に向かうと声明を出した。AECと司法省の法律顧問が相談した結果、「法的にもパブリック・リレーション的にも」原子力法にしたがってゴールデン・ルール号の危険水域への航行を禁じるのが良いという結論に達し、ホノルル地方裁判所を通して乗組員を一時拘束した[119]。ビゲローらは争わず法廷に出廷し、そこで改めてAECの規則に反して危険水域に航行する意思を明らかにした。そこで彼らは逮捕され、裁判にかけられて有罪となり、六〇日間の執行猶予付判決を受け一年間の保護観察期間を付けられた[120]。彼らは保護観察よりもむしろ六〇日間の投獄を望んだが、それは果たされなかった。ビゲローらへの判決は、AECが危険水域を設定した一九五八年四月一一日の声明で、「アメリカ市民および合衆国の法的管轄の下にあるすべての者について、エニウェトク核実験場の危険水域に入ることを禁止する」と宣言していたことを根拠としたものであった。

逆に言えば、もしアメリカの法的管轄下に置かれない外国人が抗議船で危険水域に入った場合、アメリカ政府が取り締まる法的根拠は無かった。アメリカ政府が、日本などの外国の反核運動家が危険水域に入ることを恐れた理由の一つは、こうした所にもあったと考えられる。

ビゲロー船長らが逮捕されたというニュースは世界を駆け巡った。ロンドンでは支援者らが沈黙の抗議集会（サイレント・ビジル）を開催して、ゴールデン・ルール号の乗組員が法律を犯していないのに逮捕されたことを不当だと訴え、アメリカ・ソ連・イギリスに対して核実験と核兵器製造の停止を呼びかけた。ロンドンのアメリカ大使館は、この集会に参加した団体やリーダーたちの名前や経歴を詳しく国務省に報告している。[121] またアメリカ国内でも、上院外交委員会のアレクサンダー・スミス議員（H. Alexander Smith）のもとには、逮捕の正当性を疑問視する手紙が次々に届いた。[122] またゴールデン・ルール号乗組員の弁護を引き受けていたウィリン（A. L. Wirin）弁護士は、ホノルルの法廷で乗組員の弁護を行った後、すぐに日本に飛び、日本の反核運動家らと懇談した。ウィリンは第二次世界大戦中に強制収容された日系アメリカ人の弁護も引き受けた人権派弁護士であった。アメリカのノーベル賞受賞化学者ライナス・ポーリング（Linus Pauling）が同年四月四日に、核実験による放射性降下物の危険は憲法で保障された基本的人権を侵害しているとしてワシントンDCで訴訟を起こした時、ウィリンは訴訟団のメンバーに日本の社会改革運動家である賀川豊彦と、高知県室戸市の三人のマグロ遠洋漁業者をリクルートしていた。ウィリンが日本に飛んだのは主としてこの訴訟の打合せのためであったが、当然ながら彼を通してゴールデン・ルール号のニュースは日本の反核運動家らに広く伝わった。[123] 国務省はこうしたウィリンの

117……Memorandum for Strauss, March 28, 1958 ; Naval Message, April 12, 1958, RG59, Entry A1 3008–A, box 427, NACP.
118……From Acting Chairman to John Foster Dalles, March 25, 1958, RG59, Entry A1 3008–A, box 427, NACP.
119……From Louis Strauss to John Foster Dulles, May 2, 1958, RG59, 711. 5611, box 2879, NACP.
120……From William B. Macomber, Jr., Assistant Secretary to Senator Smith, May 17, 1958, RG59, 711. 5611, box 2879, NACP.
121……Foreign Service Despatch from Embassy London to Department of State, May 6, 1958, RG59, 711. 5611, box 2879, NACP.
122……From Smith to William B. Macomber, Jr., May 17, 1956, RG59, 711. 5611, box 2879, NACP.

動きにも神経を尖らせていた。マッカーサー駐日大使は、ウィリンの入国時（九日）と出国時（一五日）の二度にわたってダレス国務長官宛に電報を打ち、彼の日本での行動について報告している。特にウィリンが日本の漁業者が核実験によって損害を被っていると主張している点については、恐らくダレス国務長官の手による鉛筆書きのチェックが付されている。[124]

ゴールデン・ルール号に刺激を受け、フェニックス号という反核運動家のヨットも危険水域に抗議の航行を行った。そこにはアール・レイノルズ（Earle Reynolds）夫妻とその息子のテッド（出航時一五歳）、娘のジェシカ（同一〇歳）そして広島大学出身のヨット乗り三上仁一ほか二名の日本人が乗り組んでいた。レイノルズは広島のＡＢＣＣに勤務する医師であったが、任期を終えた一九五四年一〇月に家族と三上を含む三人の日本人を乗せて広島から世界一周の航海に出た。三年半をかけてインドやアフリカ、中南米をめぐり、ハワイに寄港したところ、現地はゴールデン・ルール号の裁判の話題で持ち切りであった。レイノルズはホノルルの図書館でＡＥＣや核実験について調べ、核実験が人道に反するものであるという確信に至る。そして彼は、家族および三上とともに危険水域に航行したのである。[125] ヨットはクワジェリン環礁で沿岸警備隊に拿捕され、船長のアール・レイノルズは逮捕され飛行機でホノルルに移送られた。家族も彼に付き添ってホノルルに飛んだ。アール・レイノルズはホノルルで保釈されたが、三上とレイノルズ夫妻の息子はヨットとともに抑留され、その後、三上は日本に帰国する途中にアメリカ海軍の基地に連行された。この経緯を説明するレイノルズ夫人からの手紙は毎日新聞に掲載され、またレイノルズの手記は三上らによって翻訳され中国新聞に連載された。マッカーサー駐日大使は、この一連の出来事の経緯についても、すぐさま国務省に報告している。[126]

太平洋の核実験やそれに対する抗議活動をめぐる情報は、「アトムズ・フォー・ピース」のような対外情報プログラムとは対照的に、アメリカ政府にとって、なるべく目立たぬように抑制したいテーマであった。それはアメリカの対外情報プログラム上、大きな汚点となった第五福竜丸事件の再来を恐れる強い警戒感に立脚していた。

日米政府の間で行われたレッドウィング作戦・ハードタック作戦に関する補償交渉では、なるべく「静かに」幕引きを行うために一時金を支払うべきだとするアメリカ大使館と、補償に応じるべきではないとする国務省上層部との間に意見対立が見られたが、こうした議論の存在自体がいっさい秘密にされた。日本政府も、補償請求がうまく行かない場合に国民の批判を浴び左派勢力を勢い付かせることを恐れ、交渉を極秘扱いにした。さらに交渉の最中に起きた「拓洋」「さつま」の被ばく事件は、日米両政府をますます秘密主義に向かわせた。こうした日米双方による情報統制によって、核実験をめぐる補償問題は、日本国内でも大きな議論になることなく立ち消えとなって行ったのである。

アメリカ政府は核実験によって傷ついた対外イメージを少しでも改善するために、「クリーン・ボム」を使った対外情報プログラムを企画するが、それは到底、国際世論に受け入れられるようなものではなかった。しかも、核実験に対する抗議運動が国内外で活発化するに及んで、アメリカ政府は情報の発信よりも統制を強いられるようになって行ったのである。こうした経緯は、核実験がいかに文化冷戦の中でアメリカの立場を弱めていたか、そのダメージを上回るような対外情報プログラムがいかに難しかったかということを物語っている。「拓洋」「さつま」の事件が「収束に向かった」とマッカーサー大使が国務省に報告したわずか一〇日後の八月二三日、アイ

123　「賀川氏らも原告に　米市民が核実験反対の訴訟起す」『読売新聞』一九五八年三月二六日朝刊、「核実験禁止に全世界が共同法廷闘争　ウィリン氏記者会見」『読売新聞』一九五八年五月一〇日朝刊、Densho Encyclopedia, http://encyclopedia.densho.org/A.L._Wirin/ 二〇二〇年二月二一日閲覧。

124　Telegram from MacArthur to Secretary of State, May 12 & May 16, 1958, RG59, 711. 5611, box 2879, NACP.

125　「広島の不死鳥　もう一度海へ」『朝日新聞』二〇一八年二月一三日朝刊、アール・レイノルズ／三上仁一・松元寛共訳「フェニックス号の冒険」⑤〜⑩『中国新聞』一九五八年一〇月一四日〜一八日、「日本製ヨット、世界を巡る」『ＯＦＦＳＨＯＲＥ』第一〇一号（一九八三年八月）、八頁。

126　From MacArthur to Secretary of State, July 23, 1958, RG59, 711. 5611, box 2879, NACP.

ゼンハワー大統領が核実験一時停止を発表した。一九五八年のアメリカの核実験に関する政策転換については、倉科一希がダレス国務長官のイニシアティブに注目して詳しく分析している。そこでは「国際世論における米国のイメージ」を変えるために「何らかの重要なジェスチャー」が必要だと考えたダレス長官が、同盟国との関係悪化を防ぐための心理戦上の施策として核実験一時停止を提案したことが明らかにされている。[127] ダレスの発案は、一九五八年三月にソ連が一方的核実験停止を宣言するという情報が入った時にすでになされていたので、「拓洋」「さつま」の事件が核実験停止の決定を左右したわけではない。しかしながら、ダレスを中心に核実験一時停止が政府内部で話し合われていたまさにその最中に、海上保安庁の船舶の被ばくという「潜在的に一触即発の問題」が起きたことは、核実験停止宣言という選択肢を戦略的にいっそう不可避なものにしたことだろう。ハードタック作戦終了後の一九五八年一〇月、アメリカ・イギリス・ソ連はジュネーブで核実験停止会議を開催し、最終的に大気圏中の核実験を禁止する部分的核実験禁止条約（Partial Test Ban Treaty : PTBT）に結実する交渉が始まった。樋口の最近の研究においても、ＰＴＢＴの背景に世界的な放射能汚染への関心の高まりがあったことが指摘されている。アイゼンハワー大統領が、核実験続行を主張するテラーらＡＥＣの有力者たちを抑えて交渉の席に着いたのは、いかなる情報操作によっても大気中核実験によるアメリカの国家イメージの低下が止まらないことを痛感したからかも知れない。次章以下で扱う通り、これ以後アメリカの科学技術広報外交は核・原子力のテーマから次第に遠ざかり、医療や宇宙開発などへと重点移動して行くのである。

127……倉科一希「ジョン・フォスター・ダレスと軍備管理——一九五八—五九年核実験禁止条約交渉を中心に」『一橋法学』第二巻第三号（二〇〇三年一一月）、一一六七—一一九三頁。

第II部

新たな対外情報プログラムの展開

Science for Peace

第5章

「アトムズ・フォー・ピース」から「サイエンス・フォー・ピース」へ

対外情報プログラムとしての「フォーリン・アトムズ・フォー・ピース」の最盛期は、それほど長くは続かなかった。その理由として、核実験が国際世論に与えたネガティブな影響により、原子力技術をアメリカのもつ「魅力」として対外発信することが難しくなったこと、研究炉の輸出や発電炉の開発が進み、もはやイメージ戦略に拘泥する段階ではなくなったこと、また景気後退による企業の投資意欲の低下などが挙げられる。それらに加えて、一九五七年一〇月にソ連が世界初の人工衛星打ち上げに成功した、いわゆる「スプートニク・ショック」は、アメリカ政府が科学技術対外情報政策を見直す重要な契機となった。アイゼンハワー大統領は軍事探査衛星の重要性を早期から認識していたため、アメリカにおいても人工衛星の開発は静かに進められていた。[1] したがって大統領周辺と一部の科学者たちの間ではソ連の人口衛星打ち上げはそれほどの衝撃をもって迎えられなかったが、アメリカの世論やアイゼンハワー大統領の政敵たちは、政府がソ連の科学技術の進歩を過小評価していたことを批判した。ソ連はスプートニク打ち上げ成功の直前にも、大規模な水爆実験と大陸間弾道ミサイル（ICBM）の発射実験に成功していたし、翌一一月には、犬の「ライカ」を載せたスプートニクⅡの打ち上げにも成功した。それに対してアメリカは、一二月四日に予定していた初の人工衛星ヴァンガードの打ち上げを土壇場で延期した上に、六日に行われた打ち上げは、ロケットが爆発・炎上するという無残な失敗に終わったのである。第Ⅱ部では、こうした一連の出来事が、アメリカの科学政策および対外情報プログラムをどのように変化させたのかを分析する。

スプートニク打上げ成功の後、政府関係者の間では「人材的緊急事態」(manpower emergency) が唱えられた。国家防衛に資する科学技術人材を育成するため、一九五八年には「国家防衛教育法」(National Defense Education Act) が成立して高校・大学における科学教育が強化された。また、それまで国家として統一された科学技術政策を持たず、それぞれの政府機関に一任する「分権型」の政策をとってきたアメリカ政府は、スプートニク・ショックを契機に連邦政府として統制のとれた科学技術政策を推進することになった。[2]

写真 5–1　ジェームズ・キリアン(James Rhyne Killian Jr.)。MIT Museum.

一九五七年末、アイゼンハワー大統領はマサチューセッツ工科大学の学長で同大学における軍事研究の発展に多大な貢献をなしたジェームズ・キリアン（James Rhyne Killian Jr.）を科学技術担当の大統領顧問に任命した（写真5―1）。キリアンは閣議や国家安全保障会議（NSC）にも出席して、アメリカ原子力委員会（AEC）、国防総省（Department of Defense : DOD）、中央情報局（CIA）、国務省等の科学技術に関する活動全般について監督・助言を行った。

1……Sambaluk, *The Other Space Race*.
2……Wolfe, *Competing with the Soviets*, 47.

写真5‒2　グレン・シーボーグ（Glenn T. Seaborg）。University of Chicago Photographic Archive, [apf1-07530r], Special Collections Research Center, University of Chicago Library.

彼の下には、それまで実質的に機能していなかった「科学諮問委員会」を改組して新たに設置した、大統領科学諮問委員会（President's Science Advisory Committee : PSAC）が置かれた。「科学諮問委員会」は元々トルーマン政権下の一九五〇年に、武器開発に重点を置く軍の科学技術開発に対する「カウンター・バランス」として設置された。ところが、選ばれた委員の多くは軍関係の様々な諮問委員会にも同時に所属していたため、軍からの独立性を担保することは難しかった。一九五五年の諮問委員会報告書は、ICBMや中距離弾道ミサイル（intermediate-range ballistic missile : IRBM）開発を推進する集中プログラムや、軍事情報収集能力を高めるための投資を推奨していた。[3] PSACはこのような旧来の科学諮問委員会を刷新し、軍事目的に限定されない基礎研究の充実が重要であると強調した。マンハッタン計画を経て、当時はカリフォルニア大学バークレー校の校長（Chancellor）を務めていたグレン・シーボーグ（Glenn T. Seaborg）（写真5―2）がまとめた一九六〇年のPSAC報告書は、基礎研究の充実や大学院生への奨学金、大学のインフラ整備などの予算を確保するのに大きな役割を果たした。PSAC設立から三年間で、国立科学財団（National Science Foundation : NSF）の予算は三倍以上に増えた。むろん、AECやDODからの防衛関係の研究資金も増え続けていたが、相対的に見ればPSACの助言によって、軍に紐づけされない研究資金の割合が増加した。[4]

連邦政府の科学関連政策の再編成は、対外情報プログラムにおいても見られた。一九五八年一月九日の年頭教書において、アイゼンハワー大統領は、「アトムズ・フォー・ピース」（平和のための原子力）での経験を「サイエンス・フォー・ピース」（平和のための科学）に応用し、マラリア、癌、心臓病、飢餓との戦いなど、科学を人道的分野に応用することを提案した。この年頭教書の中で大統領は、「安全保障と平和」という目標のために実行すべき項目として、（一）国防組織改革（国防総省の強化）、（二）防衛力増強（科学技術の軍事応用）、（三）相互援助（相互安全保障と相互経済協力）、（四）貿易、（五）友好国との科学技術協力、（六）教育・研究の振興、（七）収支バランス、そして（八）平和のための努力、を挙げた。この最後の八番目の具体的内容が、「サイエンス・フォー・ピース」であった。アイゼンハワー大統領は、「国内だけではなく世界の、そしてソ連の人々に向けて」、「アトムズ・フォー・ピース」の経験からインスピレーションを得ることで、病気や飢餓との闘い、そして軍縮のために国際協力することを呼びかけたのである。USIAは同月、「サイエンス・フォー・ピース」を対外情報プログラムにおける「優先テーマ」に指定した。「サイエンス・フォー・ピース」のアイデアは、むろん大統領個人が考案したものではなく、NSCや作戦調整委員会（OCB）における議論を経て打ち出された、新しい科学技術政策の方向性であった。[5]

これにより、原子力に関するアメリカの対外情報プログラムは相対的に縮小したものの、完全にフェーズアウ

3……Wolfe, 37. この一九五五年の「科学諮問委員会」報告書をまとめたのも、マサチューセッツ工科大学（MIT）学長のキリアンであった。

4……Wolfe, *Competing with the Soviets*, 50.

5……Cull, *The Cold War*, 135, 148, 150–152. アイゼンハワー年頭教書の全文は、以下を参照。"Annual Message to the Congress on the State of the Union," January 9, 1958, The American Presidency Project, University of California, Santa Barbara, https://www.presidency.ucsb.edu/documents/annual-message-the-congress-the-state-the-union-10. 二〇二〇年七月二五日閲覧。

トしたわけではない。それまでに制作された原子力平和利用をテーマとするUSIS映画は一九六〇年代入っても世界各国で上映され続けたし、新しい作品も追加された。また原子力平和利用博覧会や展示会も、相変わらず世界各地で開催された。さらに第2〜3章で扱ったような専門家・準専門家を対象とした「フォーリン・アトムズ・フォー・ピース」(例えば技術情報の提供や教育訓練)は、原子炉の輸出が現実的になるにつれてむしろ加速した。しかし、核・原子力の比重はアメリカの対外情報プログラム全体の中で相対的に低下し、かわって次章以下で扱うような医療保健援助や食料援助、そして宇宙開発へと多様化して行った。本章では、このように過渡期にあるアメリカの対外情報プログラムに焦点を当て、科学技術と対外情報プログラムについて政府内部でどのような議論が行われ、いかなる具体的政策に結びついて行ったのかを明らかにしたい。

1 スプートニク・ショック後の科学技術政策に関する政府機構改革

スプートニク・ショック以後、科学技術は複数の経路を通して、アメリカの対外情報プログラムの中に組み込まれた。まず国務省では、一九五八年一月一三日、元CIA科学顧問のウォレス・ブロード(Wallace Brode)が、ダレス国務長官によって「科学顧問」に任命された。国務省の「科学顧問」は、海外の科学技術情報の収集や外国人科学者へのビザ発給など、科学技術分野における国際交流の窓口の役割を果たしてきたが、一九五四年に前任のジョセフ・ケプリーが、スタンフォード大学の化学の研究職に戻るために辞任して以来、空席となっていた。スプートニク・ショックを契機とした科学技術政策の再編成の中でこのポジションが復活し、CIAから国務省へと水平移動人事が行われたことは、科学技術が情報の発信や収集にかかわる「外交」の中に、改めて重要な位置づけを得たことを示している。しかも前任者ケプリーは省内では「国務次官補付」という肩書であったが、ブロードは直接ダレス国務長官を補佐する立場にあり、ブロード自身の言葉によれば「大統領の科学顧問であるキリアン博士に匹敵する」ほどの重要な役割を担った。[6] ブロードは科学顧問室(後には「国際科学室」)という組織を統括し、彼の下には副科学顧問と科学顧問特別補佐官、そして「国際組織担当」「物理学担当」「生物学担当」「工学担当」「管理運営担当」の補佐官と、六人の秘書が配置されていた。[7]

一九六〇年九月二日、ブロードは「国務省の科学プログラム」（The Department of State Science Program）という二五ページの文書を起草した。そこには、「ＮＳＦの設立、国際地球観測年、スプートニクの打ち上げ成功」などに伴い、一九五〇年代を通して政府の科学技術への関与が飛躍的に増大したことが説明され、これに対応する国務省科学顧問の役割が詳細に記されていた。それによると科学顧問は、国務長官をはじめとする国務省高官への助言、在外公館の科学アタッシェの統括、他の省庁との連携、官民を問わず科学技術関連組織との連携などを、「原子力分野を除く」科学の諸分野において行うことになっていた。それまで国務省は、二国間協定の締結や原子力技術支援などの原子力外交において重要な役割を担ってきたが（そしてまだ国務省が原子力外交から完全に撤退したわけではなかったが）、新設された科学顧問が「原子力以外の」科学に携わるとわざわざ規定されたことは、外交としての「フォーリン・アトムズ・フォー・ピース」の縮小を反映したものと考えられる。[8]

次に、在外公館における「科学アタッシェ」のポストも一九五六年に最後の一人が退職して以来、一人も居ない状態が続いていた。その大きな理由は、一九五五年までは科学アタッシェの主たる任務は情報収集でありＣＩＡにも報告を行っていたため、外国ではしばしば科学アタッシェがスパイと見なされ活動しにくい状況が生まれていたことであった。このためスプートニク・ショック後の科学アタッシェの再任命も容易ではなかったものの、一九五九年一月にはロンドン、パリ、ローマ、ボン、ストックホルム、東京の各アメリカ大使館に科学アタッ

6……Wolfe, *Freedom's Laboratory*, 54, 99.
7……"The Department of State Science Program," September 2, 1960, RG306, Entry P 243, box 1, NACP.
8……"The Department of State Science Program," September 2, 1960, RG306, Entry P 243, box 1, NACP.

シェが配属され、続いてモスクワ、ニューデリー、リオデジャネイロ、さらにブエノスアイレス、ブリュッセル、キャンベラが加わった。科学アタッシェの下には副アタッシェ、秘書、現地雇用者も配置された。さらに科学アタッシェが配置されない地域、例えばメキシコ、カナダ、スイス、イスラエル、台湾、南アフリカ、ポーランドなどには、「科学コンタクト」と呼ばれる非常勤職員が置かれた。[9] 科学アタッシェの役割は、公式には「情報収集」「アメリカ人科学者と現地要人との橋渡し」「アメリカ大使館への助言」とされたが、実際には現地事情に応じて複雑かつ多岐にわたる活動を担っていた。[10] 例えば第2章で見た通り、東京アメリカ大使館の科学アタッシェは、AEC東京支部長を兼任したハーバート・ペニントンであった。彼は、日本のみならずアジア一円の原子力開発に関する情報収集、アジア諸国への技術支援に関する窓口、条約締結に関する現地政府との交渉、アジア諸国を訪れるアメリカ人科学者へのブリーフィングなど、非常に幅広い活動を行っていたことが国務省やAECの文書から看取できる。科学アタッシェの役割は、対外情報プログラムと実質的な技術援助・技術移転の両方に関わるものであったと言えよう。

そして、科学技術をめぐる対外情報プログラムをもっとも実質的な意味で担ったのが、一九五三年八月の創設以来アメリカの対外情報プログラム全般を管轄してきたUSIAであった。「スプートニク・ショック」直後、USIAは新たな科学技術対外情報プログラムのあり方を検討するために「科学委員会」を立ち上げ、「科学顧問」というポストを新設した。科学技術に関する展示のあり方や、対外情報プログラムの中で強調すべき具体的テーマ等について、科学者の立場から助言できる人物をUSIAの中に常駐させることが目的であった。USIA科学担当官が提案された経緯は以下のようなものであった。一九五七年一一月、まず四名からなる「科学委員会」が立ち上げられ、審議の結果、ただちに「科学界で地位のある専門家」をUSIA科学顧問に任命すること、そしてUSIA長官を通してキリアン大統領科学顧問に適任者の推薦を依頼することが提言された。[11] そして提言は、「科学顧問」ポストの新設とハロルド・グッドウィン（Harold Leland Goodwin）の任命という形で結実する。グッドウィンは、ジョン・ブレイン（John Blaine）というペンネームで青少年向けサイエンス・フィクションを書く人気作家でもあったが、同時に、新設された国立航空宇宙局（NASA）や国立海洋大気庁（National Oceanic and Atmospheric Administration : NOAA）に断続的に籍を置く科学技術行政の専門家でもあった。[12] 青少年向けに科学的な内容を分かり易く語るコミュニケーション能力と、科学技術行政の知識の両方を併せ持つグッドウィンは、科学技術対外情報プログラムの助言者として適任であったと言えよう。

2 対外情報プログラムにおける科学技術の新たな重要性

グッドウィンの下でUSIAの「科学技術に関する基本ガイダンス文書」が起草された。その原案はUSIAおよび国務省内の複数部局で検討・改訂された後、「セミ・ファイナル原稿」がNSFとOCBのチェックを受け了承された。さらに最終原稿はUSIA各部局のトップと国務省およびOCBのチェックを受けるという、入念なプロセスが採られた。[13]「セミ・ファイナル」以前の原稿に寄せられたコメントの一例を挙げると、USIA

9……"The Department of State Science Program," September 2, 1960, RG306, Entry P 243, box 1, NACP ; Wolfe, *Freedom's Laboratory*, 100.

10……Ragnar Rollefson, "Science in the Department of State," *Argonne National Laboratory News-Bulletin*, vol. 5, no. 2（April 1963）: 3-5, National Archives at Chicago.

11……From William L. Clark, IAE, to Bradford, IOP, November 12, 1957 ; From Edmund Schechter to William L. Clark, November 12, 1957, RG306, Entry P 243, box 1, NACP. 科学委員会（Science Committee）のメンバーは、Miss Cutter, Messrs. Grossman, West, Schechter の四名であった。

12……*New York Times* Obituary, February 23, 1990, http : //www.nytimes.com/1990/02/23/obituaries/harold-leland-goodwin-author-75.html.

13……Office Memorandum from Harold L. Goodwin to Kolarek and Halsema, October 30, 1958, RG306, Entry P243, box 3, NACP.

映画部（IMS）は、映画はシナリオそのもの以外にも、「視覚を通して多くのことをオーディエンスに伝える」ので、製作者がUSIAの意図をしっかりと理解することが重要だが、草稿には製作者の誤解を招くような要素が含まれていると指摘した。例えば、まるで科学技術こそがアメリカ的価値の神髄であり究極の目標であるかのような誤解を生みかねないことや、「良い科学」と「悪い科学」が存在し、ソ連の科学は悪でアメリカの科学は善であると言っているかのような印象を与えかねない点であった。また国務省の科学担当顧問ウォレス・ブロードからも、ソ連との競争に焦点を当て過ぎず、「他国との協力」を強調するほうが賢明であるというコメントが寄せられた。これらのコメントは、最終版に反映されることになった。[14]

一〇月三〇日に完成した最終版は、「アメリカの情報プログラムにおける科学技術の取り扱い」（The Treatment of Science and Technology in the US Information Program）と題され、Ⅰ目的、Ⅱ課題、Ⅲ全般的考察、Ⅳ科学的主題の取り扱いに関する各論、から成る全一一ページの文書であった。まず科学技術を扱う対外情報プログラムの目的は、以下の三点であるとされた。

（一）アメリカの科学技術が一般人の福祉の向上ために応用されることを説明し、外国の人々のアメリカに対する好感度を高めること。

（二）アメリカおよび自由世界の科学技術の功績について、特にそれらが、自由・進歩・平和への希求（aspirations）の証左となっていることについて、外国の人々の理解を得ること。

（三）アメリカおよび自由世界の功績をフルに活用することで、ソ連の科学技術の功績がもたらす心理的効果を弱めること。[15]

続く「課題」と「全般的考察」では、科学技術が対外情報プログラムの中でかつて無い重要性を帯びる中、ソ連の人工衛星打ち上げ成功が同国の科学技術力の高さを世界に印象づけた一方、アメリカと「自由世界」の科学技術が「人々の福祉にどう寄与し」科学技術から生まれる「製品がいかに世界中で役立っているか」については十分な理解が得られていないと指摘している。また、アメリカは基礎科学の進歩にも貢献してきたにもかかわらず、「物質主義的」な国という印象が流布していることから、今後は「科学」と「技術」を分け、それぞれの目的と効果について対外的に説明することが必要だとしている。「科学」は知の追求であり非政治的・国際的な性格をもち、科学者は国際的な交流・協力を行ってきた。アメリカおよび自由世界はそうした国際協力を推進し、科学情報を惜しげもなく共有してきた。翻って「技術」は科学の応用であり、国内産業と連動すると説明されている。文書はまた、アメリカの対外情報プログラムは「米ソの科学技術開発競争に焦点を置くべきではない」としている。なぜなら米ソの違いは科学技術の差異にあるのではなく、アメリカの強みは、経済競争の下で多様な技術・製品が生まれたことや、技術が生活水準を担保し、地理的格差を無くし、家庭内労働を軽減し、階級なき社会を実現してきたことにあるからだ。したがって対外情報プログラムにおける科学技術の扱いは、相対的（in perspective）であるべきだ。個々の科学技術において米ソを比較するのは避け、アメリカの科学技術は、「他の色々な側面と同じく、アメリカが希求するもの（aspirations）と調和するシステムの一要素なのだということを示すべき」である。さらに文書は、特に発展途上国向けの対外情報プログラムに言及している。発展途上国の人々が国の潜在力を開花させる手段として科学技術に期待するのは当然だが、技術を生かすためには人材育成が必要であるため、技術導入に対する過大な期待を抱かせてはいけない。[16]

14　Office Memorandum from Anthony Guarco to Saxton Bradford, October 9, 1958 ; Memorandum from Wallace R. Brode to Philip H. Burris, September 29, 1958, RG306, Entry P243, box 3, NACP.

15　"The Treatment of Science and Technology in the US Information Program," no date, RG306, Entry P243, box 3, NACP. この文書には日付が無いが、内容が後に各国ＵＳＩＳに配信されたものと同一であること、また同じフォルダー内にあるグッドウィン名の送り状に「一〇月三〇日に完成」したとの記述がある。

文書最後の各論部分では、対外情報プログラムについて一〇個の具体的提言が示されている。（一）科学の国際性を認識し他国の科学者の貢献にも言及すること、（二）ソ連を含む他国の科学者との非政府レベルでの交流を示すこと、（三）アメリカだけが優れていると強調するのは信頼失墜につながるので避けること、（四）目前の出来事に反応するのではなく長期的効果を視野に入れること、（五）他国の科学者の能力について正確な情報を伝えること、（六）根拠に基づいた将来的展望を述べるのは効果的であること、（七）アメリカと自由世界の功績が特に著しい分野として、新薬の開発・公衆衛生・医療が挙げられ、これらは「個々の人々に直接影響を及ぼす」ので「特に利用価値がある分野」（productive fields of exploitation）であること、（八）軍事技術を起源とする科学技術も社会に貢献しているので言い訳をする必要は無いが、他国が科学技術を国際関係の緊張や国際協力の阻害のために使う場合にはこれを非難すること、（九）アメリカと自由世界の科学技術は公共性が高く、国家安全保障を脅かさない範囲において政府が情報公開する責任が認識されている点を示すこと、（一〇）発展途上国の人々は科学技術に特別な期待を抱いているので、実用的な科学技術は対外情報プログラムの重要テーマだが、宇宙飛行のように人のイマジネーションを掻き立てるテーマも、同じ程度かそれ以上に有用であること。[17] このうち、（一）〜（六）までは対外情報プログラムにおける基本姿勢を示したもので、特に他国との協調を重んじる「科学国際主義」が前面に打ち出されていることが分かる。しかし、（七）は新薬開発・公衆衛生・医療という具体的テーマ、（八）は軍事技術の扱い、（九）は発展途上国へのアプローチ、特に実用的技術と宇宙開発のような夢の技術を組み合わせることが説かれており、かなり具体的に踏み込んだ内容となっている。医療と宇宙だけが具体的テーマの例としてここで取り上げられていることは、偶然ではない。これら二つのテーマが持つ重要性について、第6章・第7章でそれぞれ扱う。

「基本ガイダンス文書」の最終版は、一九五八年一一月一八日、各国のアメリカ広報文化交流局（USIS）に向けて電信で送付された。その冒頭には、「基本ガイダンス文書」には含まれていない「アプローチの要約（Summary of Approach）」という項目が追加され、USISオフィサーたちに特に留意してほしい点がまとめられていた。それらは、アメリカの製品や技術が「アメリカだけではなく世界の全般的福祉に資する」という点、科学が非政治的（apolitical）であるという点、ソ連との競争を強調するのではなく、アメリカの科学技術がより大きな希求（aspirations）と調和するシステムの一部であるという点である。[18] 科学が世界の人々のためになる「国際的」なものであり、かつ「非政治的」であるという見方は、以後のアメリカの対外情報プログラムの中に繰り返し現れる。そして逆説的ではあるが、科学が国際的で非政治的なものであるという概念こそが、対外情報プログラムにおける科学・科学者の政治的な利用価値を高めたのである。科学は一国の政治プロパガンダとは無縁の「純粋」で「善良」なものであるという前提によって、ＵＳＩＡの主催する博覧会、出版物、ＵＳＩＳ映画、ＶＯＡラジオなどの内容に、政治的プロパガンダとは異なる「真実」のオーラを纏わせることができたからである。このように「プロパガンダとは見なされない対外情報プログラム」こそが、文化冷戦の本質であったと言えよう。[19]

さて、ここまで国務省とＵＳＩＡにおける科学技術政策の再編成について見てきたが、同じ時期には政府内外で科学技術と海外情報プログラムに関する複数の検討委員会が立ち上げられ、それぞれ報告書を起草していた。例えば、連邦科学技術委員会（the Federal Council of Science and Technology）がＮＳＣに提出した「科学技術における自由世界の地位の強化」という文書は、科学技術とは国策によって左右され、強力な兵器や強い経済力・政治力をもたらすための手段であるととらえていた。これとは対照的に、ＰＳＡＣにおいてジョンズ・ホプキンズ大

16……同上。

17……"The Treatment of Science and Technology in the US Information Program," no date, RG306, Entry P243, box 3, NACP.

18……Outgoing Message, USIA CA-1367, November 18, 1958, RG306, Entry P243, box 3, NACP.

19……ＶＯＡラジオ放送に表れた科学の「非政治性」の問題については、以下の論考でより詳しく論じた。土屋「ＶＯＡ『フォーラム』と科学技術広報外交――冷戦ラジオはアメリカの科学をどう伝えたか」『アメリカ研究』第五四号（二〇二〇年四月）、六七―八七頁。

学やロックフェラー大学の学長も努めた生物物理学者のディトリーヴ・ブロンク（Detlev Bronk）を中心に起草された「国際科学活動」というレポートは、政治から切り離された「客観的な科学および科学研究の性質」こそが心理戦に効果を発揮するのだと主張していた。一九六〇年一二月一日、NSCはPSACのレポートを採択した。しかし国務省科学顧問のウォレス・ブロードは、レポートが主張する「非政治的で国際的な科学は、ナイーブで非生産的である」として最後までこの案に反対し、国策として科学政策を強力に推進するための「科学省」（Department of Science）の設立を主張した。前述のようにブロードは、USIAのガイダンス文書に関して「他国との協力」を強調するよう助言していたので、PSACのレポートを「ナイーブ」と批判することは、それと矛盾しているようにも見える。しかし結局のところブロードにとって「科学国際主義」とは、文化冷戦を戦うための外向きのパフォーマンスであったのだろう。結局、ブロードの案は支持されず、彼はその年の九月に国務省を去ることになる。[20] ただ、科学技術が政治外交を超越した自律性を持つというPSACの主張が、ブロードの言うように「ナイーブ」であったかと言えば、そういうわけでもない。既に述べた通り科学の非政治性・自律性こそが、プロパガンダ臭のしない対外情報プログラムとして有効であったことに鑑みれば、PSACの提案もまた、科学技術を文化冷戦の武器と見なしていることに変わりはなかった。

NSCがPSACのレポートを採択したのと同じ一九六〇年一二月、「国際情報活動に関する大統領委員会」（通称「スプラーグ委員会」）もまた、一〇〇頁近くもある報告書をアイゼンハワー大統領に提出した。「スプラーグ委員会」とは、アイゼンハワー政権の発足時に対外情報プログラムの指針として作成された「ジャクソン委員会報告書」（一九五三年）を見直す目的で設置され、それまでの対外情報プログラムを総括するとともに次のケネディ政権への橋渡しをする役割を果たした。しかし、USIAの通史を著したニコラス・カル（Nicholas J. Cull）によれば、USIAを国務省の中に統合しようという動きがあったことに対して、USIAの存続を支持するアイゼンハワー大統領が、その存在意義を強調する意図も込められていたという。[21] 委員長に任命されたマンスフィールド・スプラーグ（Mansfield D. Sprague）は元国防次官補であり、小型原子炉の製造も行っていた民間企業、アメリカン・マシーン&ファウンドリーの社長でもあった。委員会が設置された直接的な契機は、第二次世界大戦中からアイゼンハワーの心理戦顧問であったC・D・ジャクソン（C. D. Jackson）が、一九五九年七月一〇日付の大統領宛の書簡で、国務省などの政府機関の中で「心理戦」「政治戦」への理解が浸透していないことを訴えたことであった。これを受けてアイゼンハワー大統領は九月一〇日、安全保障に携わる主要政府機関の代表たちをホワイトハウスの晩餐会に招き、心理戦・政治戦に関する認識を高めるための懇談会を開催した。大統領がスプラーグに「国際情報活動に関する大統領委員会」の立ち上げを命じたのは、その数週間後であった。[22]

スプラーグ委員会のメンバーには、心理戦担当大統領特別補佐官C・D・ジャクソン、USIA長官のジョージ・アレン（George V. Allen）、副長官のアボット・ウォッシュバーン（Abbott Washburn）、CIA長官のアレン・ダレス（Allen W. Dalles）、CIAのジョン・ブロス（John Bross）、国家安全保障担当大統領特別補佐官のゴードン・グレイ（Gordon Gray）などが名を連ねていた。[23] むろん実際の起草作業は各組織の中で下から積み上げられ、幾度もの推敲を経て、最終的にアレンやダレスのようなトップが承認したのである。報告書は、一〜七章および附属文書から成り、附属文書のⅡは、「スタッフ・ペーパー」（Committee Staff Papers）と呼ばれる三三種類のテーマ別報告書の一覧表になっている。[24] 報告書は、共産主義陣営のプロパガンダに対抗するために海外情報活動を含

20……Wolfe, *Freedom's Laboratory*, 110.

21……Cull, *The Cold War*, 180.

22……"U. S. President's Committee on Information Activities Abroad（Sprague Committee）: Records, 1959–61," Dwight D. Eisenhower Library website, https://www.eisenhowerlibrary.gov/sites/default/files/research/finding-aids/pdf/us-presidents-committee-on-information-activities-abroad.pdf.

23……"Conclusions and Recommendation of the President's Committee on Information Activities Abroad," iii, CIA, Freedom of Information Act Electronic Reading Room, https://www.cia.gov/library/readingroom/document/cia-rdp86b00269r001400021001-2. 二〇一八年一〇月一六日閲覧。（以下、「スプラーグ委員会報告書」と表記。）

む「全面外交」（total diplomacy）の必要性を提唱している。報告書のほとんどの内容（ＯＣＢの存続以外）が、翌月に発足するケネディ政権にも引き継がれ承認されたことから、この報告書は一九五〇年代末から六〇年代前半にかけてのアメリカの対外情報プログラムの指針として無視できない重要性を持つものであると考えられる。

特に科学技術に関する対外情報プログラムについて論じられている部分は、第四章「経済援助、科学研究および軍事プログラムの心理・情報的側面」と、三三種類の「スタッフ・ペーパー」の一つである「科学技術の成果がアメリカの対外イメージに与える影響」、そして「附属文書Ｉ　補完的な提案」の一部分である。やや長くなるが、本報告書の重要性に鑑み、これらの内容をそれぞれ検討して行きたい。

報告書第四章はまず、「科学技術の成果が国際世論に及ぼす影響」が近年著しく増大する中で、スプートニク一号の打ち上げは「疑いなくソ連に心理戦の勝利をもたらした」ことを指摘している。科学技術の成果が「ソ連の国家編制全体のダイナミズムの証左」であるかのようなイメージが世界に拡散し、これまで科学技術全般においてアメリカのほうが優位に立ってきたにもかかわらず、いくつかの分野では「ソ連の力が上回っている」と多くの国々で信じられるようになった。スプートニクがアメリカの対外イメージに及ぼした傷を払拭する上で、「心理戦上、欠くことのできない点」は、「アメリカが科学技術の成果を引き続き世に出し続けること」、そして「より効果的な方法で、そうした成果を世界に広報（communicate）すること」である。そう述べて報告書は、七項目の具体的助言を行っている。

一、科学技術の成果を広報するための海外情報活動の規模と効率を引き上げること。そのために有能な情報専門家をリクルートし訓練すること。また展示会などのプロジェクトのための予算を確保すること。
二、科学エリートと一般市民との両方に働きかけること。
三、科学技術の成果公表と、外交・軍事などの政府活動との調整を高めるため、部局横断的な努力を行うべきこと。

四、最近政府内で行われた組織改革、特に「科学技術担当大統領補佐官」および「国務長官付科学顧問」、「科学アタッシェ」の活動を活用すること。

五、USIAは「心理的効果が非常に高いプログラム」を特定し政策を提言すること。高い心理的効果が期待

24 報告書の章立ては以下の通り。第一章「外交政策における心理的要素の役割および十分な情報制度の要請」(The Role of the Psychological Factor in Foreign Policy and the Requirement for an Adequate Information System)、第二章「アメリカ合衆国の情報制度の基盤の強化」(Reinforcing the Foundations of the U. S. Information System)、第三章「教育、文化、交流活動の新たな重要性」(The New Importance of Educational, Cultural and Exchange Activities)、第四章「経済援助、科学研究および軍事プログラムの心理・情報的側面」(Psychological and Informational Aspects of Economic Aid, Scientific Research and Military Programs)、第五章「外交の新基軸」(New Dimensions of Diplomacy)、第六章「民間人および民間組織とマスメディアの国際活動」(International Activities of Private Persons and Organizations, and of the Mass Media)、第七章「組織、調整および評価」(Organization, Coordination and Review)、附属文書Ⅰ「補完的な提案」(Supplementary Recommendations)、附属文書Ⅱ「スタッフ・ペーパー一覧」(List of Staff Papers)、附属文書Ⅲ「大統領からスプラーグ宛の委員長就任依頼状」(Letter of the President to Committee Chairman Sprague dated December 2, 1959, concerning the establishment of the President's Committee on Information Activities Abroad)。「附属文書Ⅱ」に挙げられた三三種類の「スタッフ・ペーパー」の内訳は以下の通り。「アフリカ」「農業技術援助とアメリカのイメージ」「アメリカの海外ビジネス」「国際問題におけるアメリカの労働」「アジア」「共産中国」「軍縮と世論のファクター」「英語教育プログラム」「アメリカ政府の人物交流プログラム」「科学技術の成果がアメリカの対外イメージに与える影響」「相互安全保障に関する情報活動」「国際共産主義のプロパガンダ・マシーン」「ニュースの国際的流通」「アメリカ政府の対外ラジオ・テレビ活動」「海外旅行」「ラテン・アメリカ」「中東」「ピープル・トゥー・ピープル計画」「軍事訓練支援プログラムの政治的副作用」「民間財団」「アメリカ国民の国際問題理解に関する問題」「国際教育開発に関する問題」「アメリカのボランティア海外援助の心理的影響」「対外経済援助の心理・情報的側面」「研究活動と限られた情報活動資金の配分」「国際関係におけるアメリカの大学の役割」「対外心理・情報活動における軍の役割」「政府関与を開示/秘匿した情報活動とUSIA・CIAの役割分担」「ソ連ブロック」「ソ連による冷戦の武器としての教育の利用」「テーマ」「世論のフォーラムとしての国連」「西ヨーロッパ」。なお京都大学の大学院生との共著で「スプラーグ委員会報告書」の抄訳・解題を行った。土屋由香・奥田俊介・進藤翔大郎「資料紹介:『スプラーグ委員会報告書』(一九六〇年一二月)抄訳と解説」『英語学評論』第九一集(二〇一九年二月)、一—二九頁。

される分野として「手堅い科学的成果を反映すると同時に新たな基礎研究を要しない、ドラマチックな可能性を秘めた際立った功績」や、「外国の人々の日常生活に直接影響があるような」分野が挙げられる。後者では特に応用化学（例えば樹脂、ファイバー、抗生物質）や、公衆衛生の分野が有望そうである。

六、特にニーズのある分野、例えば農業・医療などにおいて、アメリカの技術知（technical knowledge）を教えるプログラムを拡大・強化すること。

七、他の自由世界の先進国と共同の科学技術プログラムを奨励し、心理戦に活用すること。

報告書第四章の終盤では、基礎研究への政府支援においても「心理的効果」を勘案すべきかどうかが議論されている。アメリカの威信を高めるような科学的発見を次々と世に出すためには、基礎研究への「ひも付きでない（unprogrammed）潤沢な財政支援」が必要であるが、同時に、アメリカの威信を高めるような科学的発見が期待できる分野に基礎研究を集中させることが望ましいとされている。[25]

また「附属文書I　補完的な提案」は、アジアに対する対外情報プログラムとして「アジアの人々、特に日本とインドの科学エリートたちに、アメリカの科学技術の学知や成果について知らしめるプログラムを増加させること」を挙げている。[26]またOCBの役割の一部として「科学者、科学者ではないエリート層、一般大衆のそれぞれとのコミュニケーションを促進する方法について研究すること」を提案している。[27]スプラーグ委員会が、対外情報プログラムのターゲット・グループを、「一般大衆」「科学エリート」「科学者ではないエリート」に明示的に分けて考えていたことは興味深い。前章までに見た「フォーリン・アトムズ・フォー・ピース」にも、明らかに准専門家向けのものと一般市民向けのものがあったが、そうした違いをアメリカ政府がより意識して対外情報プログラムに反映させようとしていたことが窺われる。

さらに「補完的な提案」の中には、「さりげなく間接的にソ連の主張を否定」したり、ソ連の「科学技術プロパガンダの計略」についてマスメディアに情報を流したりすることで、ソ連の威信を失墜させることも推奨されている。また科学技術は政府だけが担うものではないため、「民間の個人・組織・マスメディアなどに、アメリカの科学技術の対外イメージ形成における役割と責任について」自覚を促すことも提唱されている。

一方、スタッフ・ペーパー「科学技術の成果がアメリカの対外イメージに与える影響」は、一九六〇年六月六日付でStudy Number 23と番号が付された（スタッフ・ペーパーの第二三番という意味か）ものが米国立公文書館に所蔵されている。日付から考えても、スタッフ・ペーパーとは、報告書がとりまとめられる前の段階で起草された基礎資料という性格を持ち、そのような二三種類の基礎資料のエッセンスを統合したものが「スプラーグ委員会報告書」であったと考えられる。スタッフ・ペーパー「科学技術の成果がアメリカの対外イメージに与える影響」は、ケネディ政権発足後の一九六一年三月二九日に、USIA企画室のフレデリック・バンディー（Frederic O. Bundy）から科学顧問のグッドウィン宛に、「貴殿にとって興味深いかもしれず、手元に置くのが良いかも知れない」（may be of interest to you and may be retained）というメッセージとともに送付されていることから、ケネディ政権に入っても参照されていたことが窺われる。内容はすでに紹介した最終報告書の内容と重なり、「一般大衆」「科学エリート」「科学者ではないエリート」の区別も、既にこのレポートの中で提言されている。[28] 報告書本体には含まれない内容として、「有人宇宙飛行」「制御された核融合」「癌の治療」「モホール計画（地球深部への採掘調査）」の四つをアメリカの対外イメージを左右する重要テーマとしている点や、発展途上国向けのプロ

25……「スプラーグ委員会報告書」、三六―三八頁。

26……「スプラーグ委員会報告書」、六七頁。

27……「スプラーグ委員会報告書」、八〇頁。

28……The President's Committee on Information Activities Abroad, "The Impact of Achievements in Science and Technology Upon the Image Abroad of the United States," June 6, 1960 ; From Frederic O. Bundy to Goodwin, March 29, 1961, RG306, Entry P243, box 4, NACP.

ジェクトとして自家発電ラジオなどと並んで、「核爆発による運河建設」を推奨している点が挙げられる。[29] 核爆発を建設工事に応用するというアイデアは、「スプートニク・ショック」直後、当時のラーソン（Arthur Larson）USIA長官がストローズAEC委員長に進言したもので、アラスカ州での港湾建設などが構想されていた。「プラウシェア計画」と呼ばれたこのプロジェクトは、辺境の地で港湾建設を行うことによって「ソ連のICBMやスプートニクに対抗してアメリカの技術的ノウハウを証明するというニーズに合致し、しかも国内外からの放射性降下物に関する批判をかわすこともできる」という理由でAECの合意を得たが、結局は住民の反対もあって実現しなかった。[30]

以上のように、スプラーグ委員会報告書とその関連文書には、転換点を迎えていた科学技術対外情報プログラムの要点がまとめられていた。それはまず、科学技術が国の威信を反映すると見なされるようになったことを受け、科学技術と対外情報プログラムの関係の重要性を指摘した。また科学エリートと一般市民の区別が明記され、それぞれのグループに対してもっとも有効な対外情報プログラムを模索することが提言された。さらに、「アメリカの技術知（technical knowledge）を教え、広める」ことの重要性を指摘し、科学技術援助が対外情報プログラムと密接に関連していることも明示していた。第3章で示した通り、「技術知」は、それだけが移転されるのではなく、そこに国家の権威やイメージ、さらに技術が形成する社会の特徴など、文化的な要素も積み込んだ形で輸出される。スプラーグ委員会は、こうした科学技術の特徴をとらえ、文化冷戦の主戦場の一つとして科学技術を位置づけていたと言えよう。

3　変革期の対外情報プログラム

ここまで見た通り、一九五八年一月からケネディ政権が発足する一九六一年一月までの三年間は、スプートニク・ショックを受けて大統領府、国務省、USIAなどに科学顧問が置かれ、USIAの「基本ガイダンス文書」や「スプラーグ委員会報告書」等が起草されて、アメリカの対外情報プログラムにおける科学技術の存在感が増した時期であった。またこの時期には、対外情報プログラムの対象として「科学エリート」「それ以外のエリート」「一般庶民」の区別をより明確化するという特徴も顕在化した。

このような区別が顕著に表れた分野の一つが、原子力平和利用であった。第2章・第3章で論じた通り、企業の技術者や大学の研究者、あるいは科学技術行政を担う官僚など、アメリカ政府が「科学エリート」と認識した人々に対しては、技術研修制度や見学ツアー、そして国際会議の会場における展示や技術映画などの対外情報プログラムがさかんに実施された。こうした科学エリート向けのフォーリン・アトムズ・フォー・ピースは、原子炉の輸出が現実化した一九五〇年代末にはますます盛んになった。

それでは外国の一般市民を対象とした「フォーリン・アトムズ・フォー・ピース」は、どのように変化したのであろうか。一九五五年に原子力平和利用がUSIAの「重要テーマ」に指定された時、日本をはじめとする各国で「原子力平和利用博覧会」が開催されたり、原子力平和利用USIS映画が公開されたりした。そこではまず原子力という馴染みの薄い新技術について平易に説明するために、例えば可愛らしいアニメーション・キャラクターを用いて核連鎖反応が説明されたり、巨大な「マジック・ハンド」を用いて放射性物質を安全に取り扱う装置が会場で披露されるなど、見栄えのする派手なパフォーマンスが行われた。その一方で、まだ原爆の記憶も風化しない中で、莫大なエネルギーを生み出す恐ろしい核分裂を、人間の手で手なずけるというテーマも繰り返し登場した。原子力に対する畏怖を掻き立てるとともに、原子力を制御できる科学技術の偉大さも強調されたの

29……"Final Agency Views on Annex Material of Sprague Committee Report," from Sirkin to Goodwin, November 29, 1960, RG306, Entry P291, box 3, NACP.

30……Scott Kaufman, *Project Plowshare : The Peaceful Use of Nuclear Explosives in Cold War America* (Ithaca : Cornell University Press, 2013), 24–25.

である。こうした特徴は、一九五五年に東京で開催された、読売新聞社とUSISの共催による原子力平和利用博覧会や、その会場で上映された原子力平和利用USIS映画などに如実に表れていた。[31]

しかし、一九五八年以降のUSIA文書からは、一般市民向けの「フォーリン・アトムズ・フォー・ピース」が、原子力に対する畏怖を抱かせるようなものや、派手なパフォーマンスを伴うものから、より親しみ易く生活に密着した技術として紹介されるものへと変化を遂げたことが看取できる。原子力平和利用博覧会は相変わらず世界各地で開催されていたが、その内容はより発展途上国の一般市民の日常生活に寄り添ったものとなり、現地の政治リーダーや「科学エリート」を積極的に登場させるようになった。

例えば一九五八年二月に南ヴェトナムのサイゴンで開催された原子力平和利用博覧会のパンフレット（英語・フランス語・ヴェトナム語の三種類が作成された）は、展示物を番号順に紹介する内容で、最初の展示物はアイゼンハワー大統領とゴ・ディン・ジエム大統領の写真と、原子力平和利用に関する二人の言葉であった。アイゼンハワー大統領の一九五三年一二月の国連演説からの抜粋、「アメリカ合衆国は世界の前に誓います。恐ろしい核のジレンマを解決し、人間の奇跡的な発明が、死のためではなく生のために捧げられる方法を、全身全霊で探求することを」が提示され、次にゴ・ディン・ジエム大統領の次のような言葉が掲げられた。

> 原子力が平和のため、そして人類すべての莫大な利益のために利用できるという十分な証左がここにあります。この新しい力は、子々孫々により良い生活を与えるという目標に向かって尽力しているすべての人々にとって、思慮深い注目に値します。目標のために我々が最善を尽くすことが、後の世代から求められているのです。[32]

第2章で見た通り、ゴ・ディン・ジエム政権は一九五八年夏ごろから原子力への関心を表明し、同年九月には、南ヴェトナムの代表的「科学エリート」であったブ・ホイが、アメリカ企業から原子炉を購入する計画をマスメディアに公表した。その後、アメリカ大使館の反対にもかかわらず原子炉建設計画が進められて行った経緯とその理由については、既に述べた通りである。一九五八年二月に原子力平和利用博覧会が、南ヴェトナム情報・青年省（the Vietnamese Ministry of Information and Youth）とUSISの共催で開催されたことは、南ヴェトナム政府がこの時期すでに原子力に関心を寄せていたことを示している。あるいはゴ・ディン・ジエムはこの博覧会を機に原子力が自らの権威を高める可能性に目覚めたのかも知れない。

二人の大統領の言葉に続いて、原子力は（一）新しい電力、（二）より良い健康、（三）より多くの食糧をもたらす、という記述がある。恐らく実際の展示物にも同じ言葉が記されていたのだと考えられる。この三つが、発展途上国の市民向け「フォーリン・アトムズ・ピース」の中で特に強調されていたことは、同じ年にフィリピンのマニラで開催された原子力平和利用博覧会のパンフレットからも明らかである。フィリピンのパンフレットには、原子力のもたらす効果として、（一）より多くの食糧――農民は、間もなく放射性同位元素の導入によって、より多く、より高品質な作物や家畜を育てることができるようになる、（二）より良い健康――医師や研究者は、放射性同位元素を使って癌や腫瘍や甲状腺異常を診断することができる、（三）より豊かな電力――既存の水力や火力を原子力発電が補い、産業をよりスピーディーに動かす、という三点が挙げられている。[33] 南ヴェトナムの場合と順序は入れ替わっているものの、まったく同じ三項目である。前節で扱った「スプラーグ委員会報告書」においても、「特にニーズのある分野、例えば農業・医療などにおいて、アメリカの技術知を教える」ようなプ

31……一九五五年の東京における原子力平和利用博覧会については、多くの文献やメディアで紹介されているが、例えば有馬哲夫『原発・正力・CIA――機密文書で読む昭和裏面史』（新潮社、二〇〇八年）、井川前掲書、二四七―二六五頁などが挙げられる。原子力平和利用USIS映画については、土屋・吉見編前掲書を参照。
32……USIS Saigon, "Atoms for Peace Exhibition," RG306, Entry P46, box 48, NACP.
33……"Atoms-for-Peace Exhibit," November - December, 1958, RG306, Entry P46, box 9, NACP.

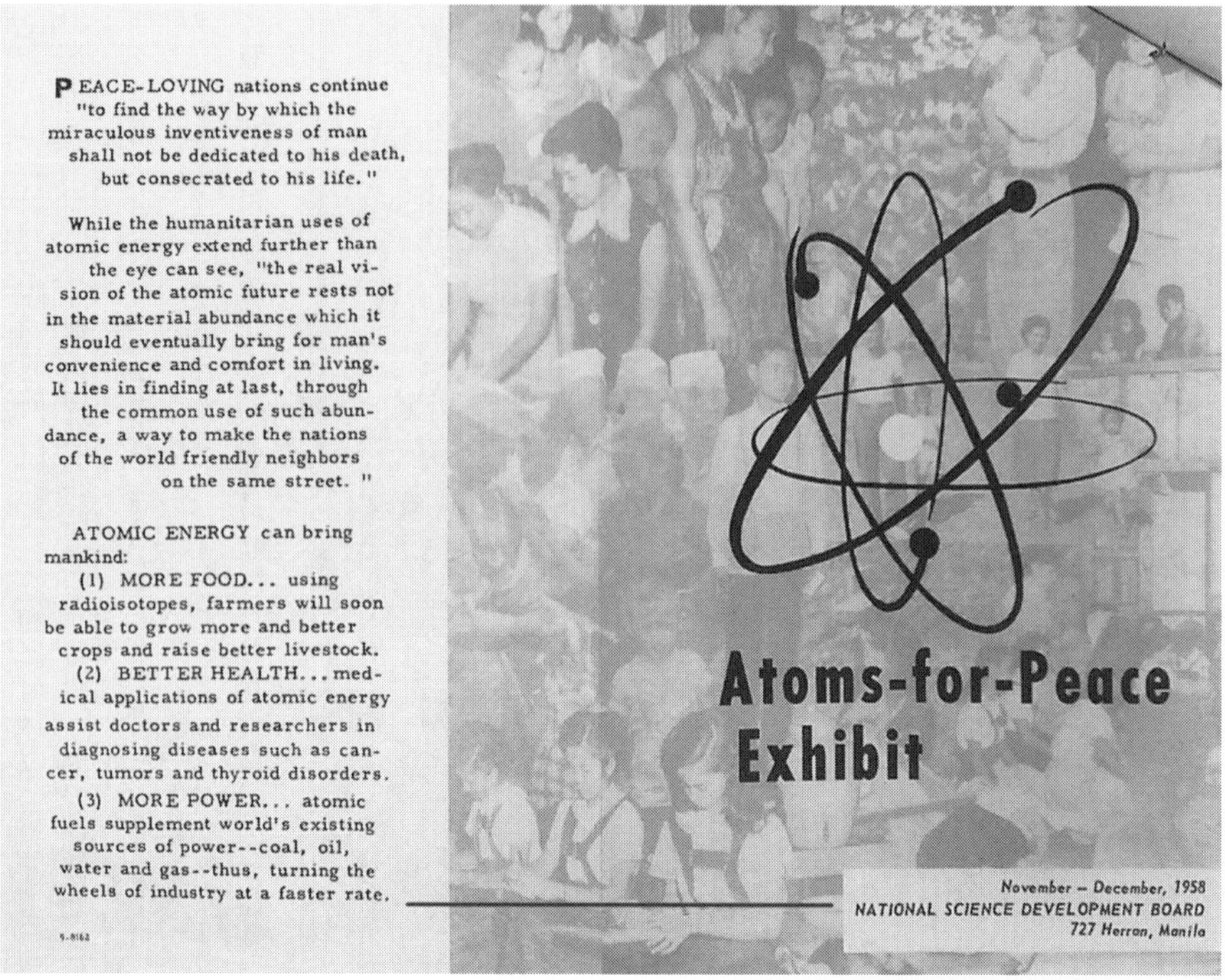
PEACE-LOVING nations continue "to find the way by which the miraculous inventiveness of man shall not be dedicated to his death, but consecrated to his life."
While the humanitarian uses of atomic energy extend further than the eye can see, "the real vision of the atomic future rests not in the material abundance which it should eventually bring for man's convenience and comfort in living. It lies in finding at last, through the common use of such abundance, a way to make the nations of the world friendly neighbors on the same street."
ATOMIC ENERGY can bring mankind:
(1) MORE FOOD... using radioisotopes, farmers will soon be able to grow more and better crops and raise better livestock.
(2) BETTER HEALTH... medical applications of atomic energy assist doctors and researchers in diagnosing diseases such as cancer, tumors and thyroid disorders.
(3) MORE POWER... atomic fuels supplement world's existing sources of power--coal, oil, water and gas--thus, turning the wheels of industry at a faster rate.
Atoms-for-Peace Exhibit
November – December, 1958
NATIONAL SCIENCE DEVELOPMENT BOARD
727 Herran, Manila

写真 5–3　フィリピンの「アトムズ・フォー・ピース」パンフレット。RG306, Entry P46, box 9, NACP.

ログラムが推奨されていたことを考え併せると、一九五八年以降、発展途上国の市民を対象とする「アトムズ・フォー・ピース」において、原子力は主として食料と健康をもたらす技術として喧伝されていたことが窺える。

「科学国際主義」を前面に打ち出したり、対象国の現地エリートを登場させたりする方針も、南ヴェトナムとフィリピンの事例に共通していた。南ヴェトナムのパンフレットでは、原子炉の構造や、農業・医療への原子力技術の応用の具体例を示す展示の説明が続いた後、「情報の共有」と題するセクションが設けられ、世界中の技術者たちがアルゴンヌ国際原子力科学技術学校（ISNSE）で学んだことや、アメリカが各国へ燃料、技術情報、研究用原子炉を提供していること、そして科学者たちが国境を越えた協力を行っていることが述べられている。フィリピンのパンフレットでも、フィリピン人科学者がＩＳＮＳＥで学ぶ様子や、アメリカ人研究者がフィリピンの大臣に原子炉の仕組みを説明する様子が写真で紹介されている。このようにいずれの博覧会パンフレットも、アメリカによる「科学国際主義」の推進が強調されている。一方現地エリートを登場させる点については、南ヴェトナムでは未だ原子炉導入に関するアメリカとの交渉が始まっていない時期であったため、パンフレットに登場するヴェトナム人は大統領のみであった。これに対してフィリピンは、一九五五年に二国間原子力協定を結び既にアメリカ製研究炉を導入していたことから、原子力委員、上院議員、軍人など、さまざまな立場の現地エリートが原子力について学んだり、原子力行政に携わったりする様子、そして教育や医療を受ける子どもたちや女性、原子力技術の恩恵を受ける農民などの一般市民まで登場している（写真５―３）。

南ヴェトナムとフィリピン以外にも、一九六〇年にはインド、エジプト、ブラジル、パキスタン、アルゼンチンで、一九六一年にはブラジル、レバノン、ペルーなどで原子力平和利用博覧会が開催され、さらにメキシコ、チリ、コロンビア、ギリシャ、タイでも計画されていた。[34] 原子力平和利用博覧会の展示物やパンフレットは、しばしば複数国で同じものが異なる言語に翻訳して使い回されたり、部分的に改訂して用いられたりした。したがって農業技術支援、医療技術支援、発電という三大テーマは、恐らく少しずつ順序や重点の置き方を変えながらも、アジア、ラテン・アメリカ、中東の発展途上国に共通して流布されたことが推測できる。日本のようにすでにアメリカ製原子炉や放射性元素が輸入され、アメリカとの技術的なつながりが確立していた国々においては、すでに見た通り若手技術者などの「科学エリート」向けの対外情報政策が重視されていたが、まだ「科学エリート」が形成されていない、あるいはそうした層が非常に限られていた発展途上国では、一般市民に分かりやすい原子力の「恩恵」が対外情報プログラムの中心になっていたのである。ＡＥＣはアイゼンハワー政権期の活動を

34 From Larsen to Goodwin, June 5, 1958, RG306, Entry P243, box 3, NACP.

振り返って総括するレポートの中で、「原子力平和利用展は、一般市民と技術者の両方のレベル（both the popular and technical levels）で原子力平和利用の国際的普及における大きな収穫を得た」と述べている。[35] 上の例に示されたような展示は、現地エリートも展示内容の一部に含めつつ、一般市民にアメリカ製原子力技術の恩恵をアピールするものであったと言えよう。

人々の生活に密着した対外情報プログラムは、「フォーリン・アトムズ・フォー・ピース」に限られたものではなかった。例えば一九六〇年に制作され、英語版二〇〇〇部、ネパール語版四〇〇〇部、日本語版七万部が印刷された「アメリカの消費者――産業発展の鍵」と題された四〇頁の冊子は、科学技術の発展と日常生活の向上とを直結させている点が特徴的である。アメリカの資本主義は、国民の生活水準を向上させることを最大の目標とする「消費者の資本主義」であるという主張が全体の基調をなすが、まるで原子力発電所の制御室のようにも見えるコントロールパネルの並んだ「合成繊維工場」の写真を掲載し、「ほぼ全自動の大量生産が、ますます大量の消費財と、労働時間の減少をもたらすのです」というキャプションが付されている（写真5―4）。さらに、洗濯・料理・農作業・買い物など、人々の日常的な活動の「五〇年前と現在」が、それぞれ左右見開きページで比較され、科学技術の進歩によって生活の利便性が向上したことが強調される。例えば洗濯については、洗濯板と桶を使っていた五〇年前に比べ、現在では「電気洗濯機が主婦の時間と手間を省いている」こと、また料理については、石炭で火を起こしていた五〇年前に比べ、現在では「写真のような最新式の電子レンジ」で素早く調理できることが説明されている（写真5―5、5―6、5―7、5―8）[36]。

アメリカの生活水準の高さを紹介する対外情報プログラム自体は、冷戦開始直後から行われており、決して珍しいものではなかった。例えば一九四六年頃から世界各国で上映された数多くのUSIS映画の中にも、豊かで充実した住環境、教育設備、文化施設などが描かれている。しかし、上に挙げた例のように、科学技術の成果が日常生活の中に直接入り込んでいるというナラティブは、一九五八年以降の対外情報プログラムに特徴的な傾向であった。それは、科学技術に関する対外イメージにおいて劣勢に立たされたアメリカが、本章で見たような対

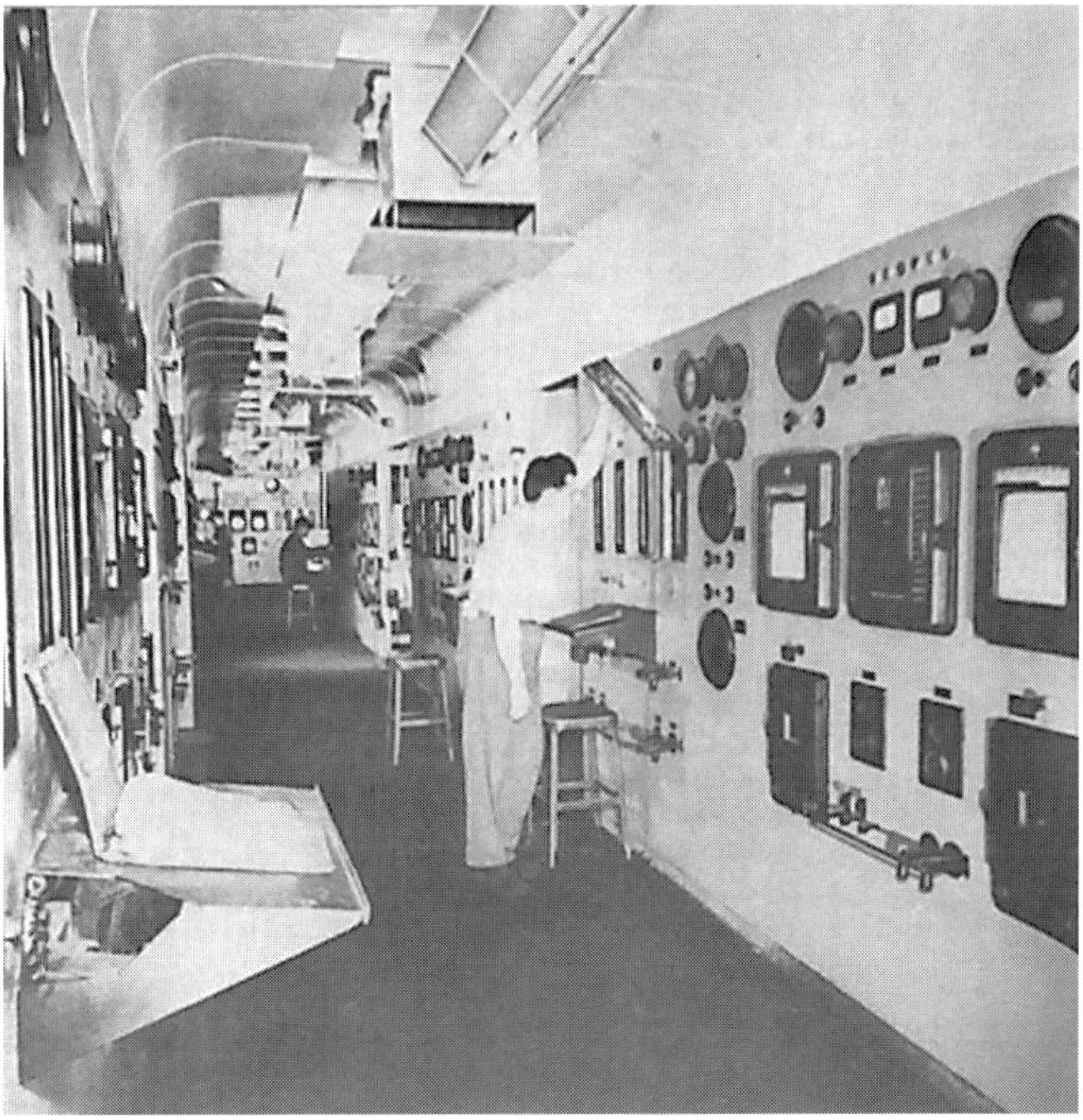

写真 5-4　コントロールパネルの並んだ「合成繊維工場」。RG306, Entry A1 53, box 1, NACP.

外情報プログラムの抜本的な見直しを経てたどり着いた結論、すなわち「アメリカの科学技術は人々の生活水準の向上に資する」というテーマの具体的表現であった。そう考えると、一九五八年の米ソ文化交流協定に基づいて一九五九年七月にモスクワで開催されたアメリカ博覧会で、ソ連のフルシチョフ首相とアメリカのニクソン副大統領の間で闘わされた「台所論争」(kitchen debate)も、科学技術と対外情報プログラムの文脈の中で理解することができる。郊外型住宅のモデルハウスの中でニクソンは、電化製品がそろった台所で家事をするアメリカの主婦たちがいかに幸せかを強調した。この有名なエピソードは、米ソの生活様式の優劣を競う鍔迫り合いであったと理解されてきた。[37] しかし、本章で述べてきた対外情報プログラムの変遷の中に

35……“International Scientific Program of the AEC and Future Plans,” no date, RG306, Entry P243, box 1.
36……“The American Consumer : Key to an Expanding Economy,” RG306, Entry A1 53, box 1, NACP.

写真 5-5　洗濯 50 年前。RG306, Entry A1 53, box 1, NACP.

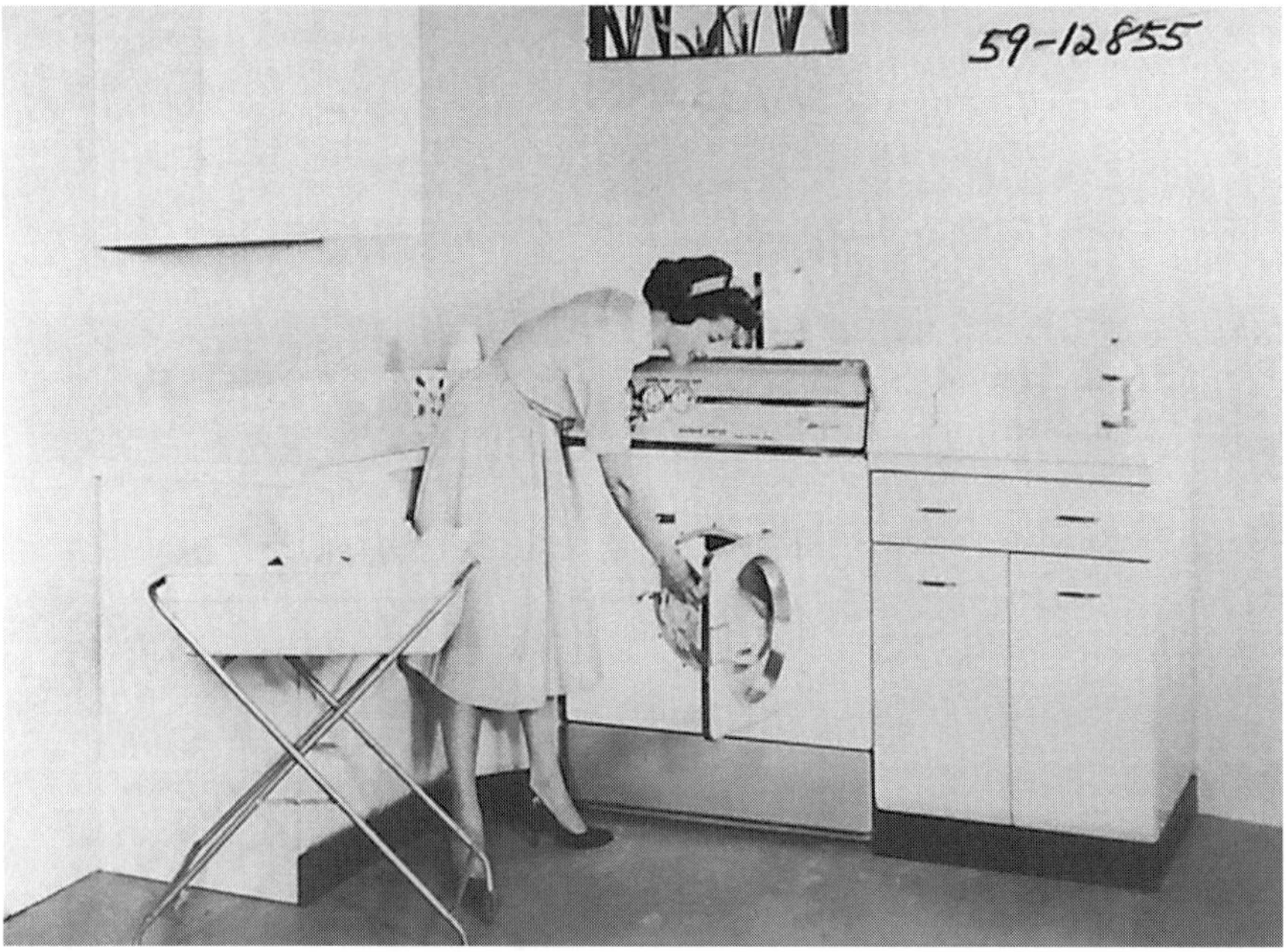

写真 5-6　洗濯現在。RG306, Entry A1 53, box 1, NACP.

写真 5-7　料理 50 年前。RG306, Entry A1 53, box 1, NACP.

写真 5-8　料理現在。RG306, Entry A1 53, box 1, NACP.

「台所論争」を位置づけるならば、それは科学技術をめぐる文化冷戦の舞台であったとも見ることができる。ソ連の科学技術とは異なり、アメリカの科学技術は家事負担を減らし女性を幸せにするのだという主張は、科学技術のあり方についてソ連との差異化を図ろうとする国務省やUSIAの方針と一致していた。ニクソン副大統領自身が、科学技術をめぐる政府内の議論をどの程度認識していたかは不明だが、「台所論争」は科学技術をテーマとするアメリカの対外情報プログラムに見事に合致していたのである。

「スプートニク・ショック」からケネディ政権発足までの約三年間は、アメリカ政府が科学技術と外交との関係をそれまでにも増して明確に認識し、対外情報プログラムの中に科学技術を位置づけるための機構改革と政策立案が行われた時期であった。西洋先進国のみならず第三世界でも科学技術に対する関心が高まり、「科学エリート」の存在が重要性を増した。また外国の一般市民の間でも、より良い生活を実現するために科学技術に対する期待感が高まった。アメリカ政府は、科学技術そのものだけではなく、科学技術の持つイメージにおいても優位に立つべく、ソ連の科学技術とは異なるアメリカ的な特徴を前面に打ちだそうとした。アメリカの科学技術の偉大さを強調するよりもむしろ、科学国際主義や、科学の政治からの自律性、そしてアメリカの科学技術は一般市民の生活をより豊かに幸せにするという主張が展開された。公衆衛生、医療、食料増産のような、人々の日常生活に直接影響があるような分野と、宇宙開発のように人々のイマジネーションを掻き立てるような分野の両面において、対外情報プログラムを充実させることが目指されるようになった。

次章以下では、新たに対外情報プログラムのテーマとして重要性を増した二つの分野、すなわち医療保健援助と宇宙開発に焦点を当て、これらの分野における対外情報プログラムがいかに実施され、外国の人々にどのように受け止められたのかを探究する。

37……例えば、Elaine Tyler May, *Homeward Bound : American Families in the Cold War Era* (Revised and Updated Edition) (New York : Basic Books, 2017, First published 1988.), chapter 1を参照。

第6章

「ホープ計画」に見る医療援助政策

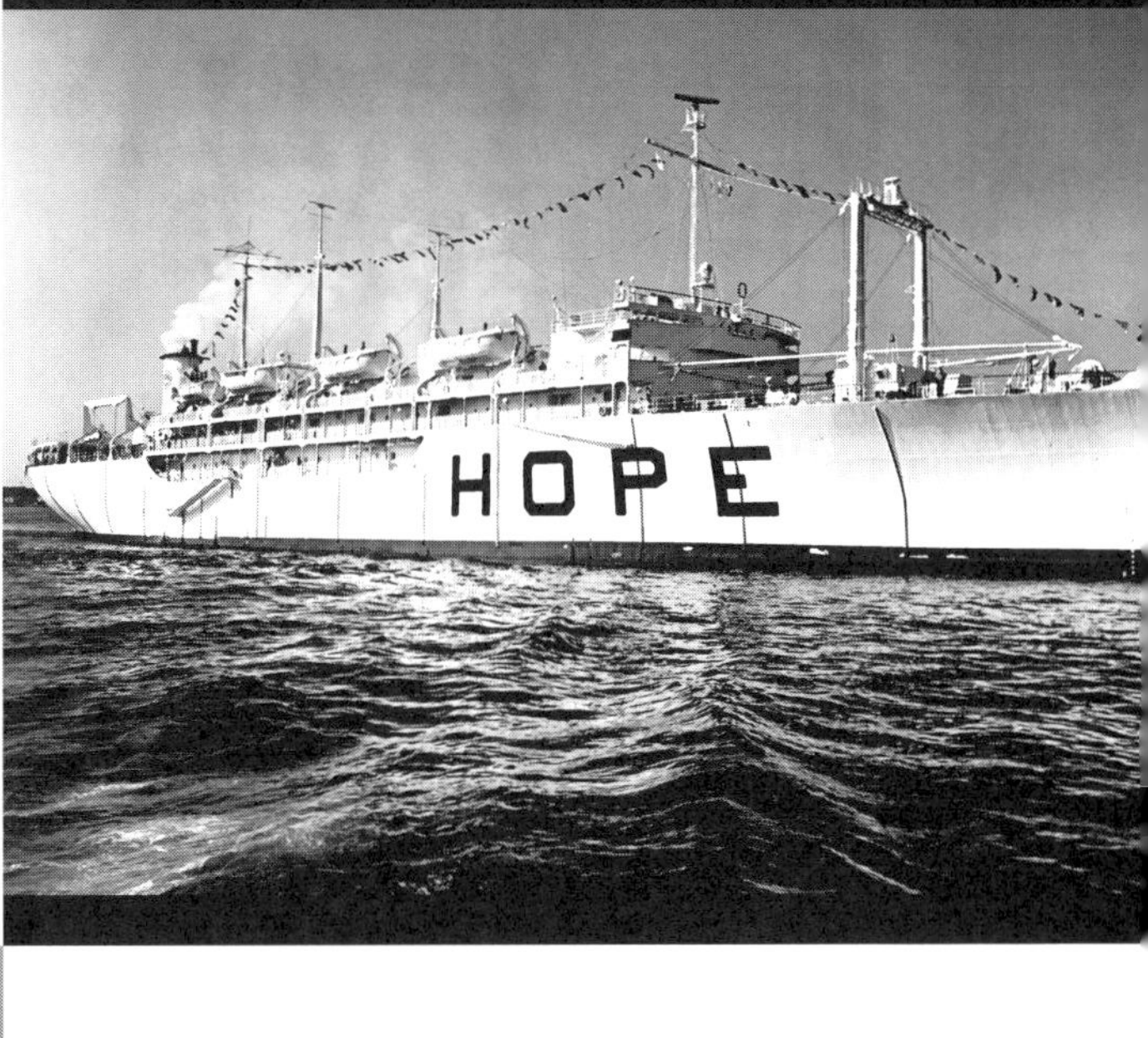

ここまで見た通り、「アトムズ・フォー・ピース」の相対的な衰退とソ連の人工衛星スプートニクの打ち上げ成功は、アメリカの対外情報プログラムにおける科学技術の位置づけに変化をもたらした。一九五八年一月の年頭教書でアイゼンハワー大統領が言及した「サイエンス・フォー・ピース」では、病気や飢餓との戦いなど人道的分野での国際協力が重視された。またUSIAの「科学技術に関する基本ガイダンス文書」においても、新薬の開発、公衆衛生、医療が名指しされ、これらが「アメリカおよび自由世界の功績が著しい分野」であり、しかも外国の一般市民に直接影響を及ぼすという点で、対外情報プログラム上「特に利用価値がある分野」とされた(これらの内容については前章参照)。一九五〇年代後半から一九六〇年代にかけて、第三世界の国々に対する米ソの援助競争が激化する中、医療保健援助は、アメリカの対外情報プログラムの焦点の一つとなって行った。[1]

本章ではまず、アイゼンハワー大統領の唱えた「サイエンス・フォー・ピース」の中に、撲滅すべき疾病の代表例として「マラリア」「癌」「心臓病」の三つが挙げられた理由について考察する。このうち特にマラリア撲滅は、戦前からアメリカの対外医療援助の重要なテーマであったことから、いち早く対外情報プログラムの一部に組み込まれることになった。マラリア撲滅キャンペーンを一つの事例として、医療援助が文化冷戦の舞台となって行く過程を紐解くことが第1節の主題である。続く第2節では、「サイエンス・フォー・ピース」が打ち出された後、医療援助と対外情報プログラムの関係についてアメリカ政府内部でどのような議論が展開され、いかなる方針が打ち出されたのかを明らかにする。

その上で第3節以下では、医療援助が対外情報プログラムとして遂行された最たる例として、「ホープ計画」(正式名称はProject HOPE――Health Opportunity for People Everywhere「ホープ計画――世界中の人々に健康の機会を」)を取り上げる。ホープ計画とは、第二次世界大戦と朝鮮戦争で活躍したアメリカ海軍の病院船コンソレーション号を、医療援助船ホープ号に改装し、「アメリカ国民から東南アジアの人々への善意の印」として再利用しようというものであった。それは、アイゼンハワー政権が民間外交推進のために立ち上げたピープル・トゥー・ピープル(People to People)計画の一部である、「ピープル・トゥー・ピープル医療保健専門家委員会」の活動の一環でもあった。ピープル・トゥー・ピープル計画は、一九六一年にはピープル・トゥー・ピープル・インターナショナル(People to People International : PTPI)という民間団体となり、その後も青少年の国際交流活動や地雷禁止運動などの分野で活動を続ける。しかし「ホープ計画」は、ピープル・トゥー・ピープル計画がPTPIとして完全民営化される以前から、少なくとも建前上は民間のボランティア活動ということになっていた。ホープ号は一九七四年に引退するまでに、インドネシア、南ヴェトナム、ペルー、エクアドル、ギニア、ニカラグア、コロンビア、セイロン、チュニジア、ジャマイカ、ブラジルに航行した。船が引退した後も、医療援助活動そのものは「ホープ計画」という名称の非営利団体(NPO)に継承され、二〇二〇年現在まで続いている。[2]

本章では、アイゼンハワー政権末期からケネディ政権初期にかけての初期のホープ計画に焦点を当て、表向きは民間のボランティア活動であったホープ計画が、実はアメリカ政府と緊密に連携して計画・実行されて行く様

1……アジア諸国への援助競争については、秋田茂『帝国から開発援助へ――戦後アジア国際秩序と工業化』(名古屋大学出版会、二〇一七年)、九頁、秋田茂編著『アジアからみたグローバルヒストリー』(ミネルヴァ書房、二〇一三年)、二一八―二一九頁、渡辺編著(二〇一四年)、渡辺昭一編著『冷戦変容期の国際開発援助とアジア――一九六〇年代を問う』(ミネルヴァ書房、二〇一七年)等を参照。

2……「ホープ計画」ウェブサイト、https : //www.projecthope.org/. 二〇二〇年一一月一一日閲覧。

子を公文書に基づいて明らかにする。そこからは、対外情報プログラムにおける政府と民間の境界線の曖昧さや、「民間活動」であることを政府が宣伝するという矛盾が浮き彫りになる。文化冷戦は、企業や専門家をはじめとする社会のさまざまなセクターを巻き込んだ多層的な構造を持っていたことが、ホープ号の事例を通して示される。さらに、官民連携の下に行われた医療援助が、前章で見たようなアメリカ政府の対外情報プログラムの目標、すなわちアメリカの科学技術はソ連のものとは異なり一般市民の生活向上に資するというメッセージを伝えることに成功したのかどうかという点についても検討が加えられる。

1　文化冷戦の舞台としての医療援助[3]
——マラリア撲滅キャンペーンを事例として

アイゼンハワー大統領が一九五八年の年頭教書で、「マラリア」「癌」「心臓病」という具体的病名を特に挙げたことは単なる思い付きではなかった。このうち「癌」の治療では、放射性同位元素を用いた病巣のマーキングや放射線照射による癌治療が、最先端の、そしてアメリカの先進性を主張できる医療技術として、対外情報プログラム上の重要性を持っていた。「心臓病」には、心臓の持病を持っていたアイゼンハワー大統領の思い入れが現れていた。彼は大統領在任一期目の一九五五年九月、深刻な心臓発作に見舞われ、主治医の誤診により危うく手遅れになりそうだったところを心臓専門医ポール・ダドリー・ホワイト（Paul Dudley White）に救われた。このような経験から、アイゼンハワーは心臓病の治療方法の進歩に大きな関心を寄せていたのである。[4]そして「マラリア」については、多くの発展途上国がマラリアに苦しんでいたことから、この分野でアメリカが貢献することは、これらの国々の国民やリーダーの信頼を勝ち取ることにつながると考えられたからである。その年の五月、アイゼンハワー大統領の弟でカンザス州立大学、ペンシルヴァニア州立大学、ジョンズ・ホプキンズ大学の学長を歴任したミルトン・アイゼンハワー（Milton S. Eisenhower）は、ミネソタ州ミネアポリスで開催された世界保健機関（World Health Organization : WHO）会議の席上、アメリカ政府が癌と心臓病に焦点を当ててＷＨＯに協力すること、また既に実行中のＷＨＯのマラリア撲滅キャンペーンにも全面協力することを発表し、ソ連もこれに協力するよう促した。[5] これは同年一月に大統領が言及した「サイエンス・フォー・ピース」に呼応したものであった。

しかし、アメリカの対外医療援助は冷戦期に始まったわけではなく、第二次世界大戦前からの長い歴史があった。特にマラリア対策の歴史は古く、一九一三年〜三九年にかけて、ロックフェラー財団の国際医療衛生部（International Health Division : IHD）が、特にラテン・アメリカ諸国向けにフックワーム、黄熱病、マラリア対策を行った。その主たる目的は、ユナイテッド・フルーツ社のような中南米で活動するアメリカ企業の権益を守ることであった。ユナイテッド・フルーツ社などのアメリカ企業もまた、病院や衛生施設の建設に貢献した。またキリスト教団体もマラリア対策を含む海外医療援助活動に従事していた。以上は非政府主体によって行われた医療援助であったが、これらに加えてアメリカ陸軍医療部隊も戦前からマラリア対策を行っていた。このように多様に存在した戦前の対外医療援助の中でも、ロックフェラー財団のＩＨＤは国際連盟の保健機構（League of Nations Health Organization : LNHO）のモデルとなり、そのスタッフもＩＨＤ出身者が多く含まれていた。第二次世界大戦中の一九四三年、ＬＮＨＯはアメリカの資金提供で設立された連合国救済復興機関（United Nations Relief and Rehabilitation Administration : UNRRA）に吸収される形で、一四〇〇人の医療スタッフを抱える大規模な戦時救護組織

3……この時期のアメリカ政府は、医療援助のことをしばしば health aid program と表現していたが、これを「健康援助プログラム」と訳してしまうと医療・衛生・看護などを含むニュアンスが損なわれるため、health aid program を本章では「医療保健援助」と訳す。ただし英語からの翻訳ではなく筆者の言葉として用いる場合には、「医療援助」を用いる。

4……Clarence G. Lasby, *Eisenhower's Heart Attack : How Ike Beat Heart Disease and Held on to the Presidency* (Lawrence, Kansas : University Press of Kansas, 1997) ; "About Dr. Paul Dudley White," American Heart Association website, https : //www.heart.org/en/affiliates/paul-dudley-white-about. 二〇二〇年一〇月二九日閲覧。

5……Department of State, for the Press, May 29, 1958, RG306, Entry P243, box 3, NACP.

へと生まれ変わる。そして、このLNHOとUNRRAが、戦後のWHOの前身となったのである。一九四六年七月にWHOの設立会議がニューヨークで開催された時、その出席者の多くはロックフェラー財団の関係者だったという。WHOが積極的に取り組んだマラリア、結核、性病の各分野は、いずれもIHDが過去に取り組み、経験を蓄積してきた分野であった。[6]

一方、第二次世界大戦中には、アメリカ人兵士の健康を守る必要性から、マラリア対策は急速に発展し、『モスキート・ニュース』(*Mosquito News*)、『国立マラリア協会雑誌』(*the Journal of the National Malaria Society*)などの専門雑誌が創刊され、「DDT革命」は、マラリアの罹患率を飛躍的に下げた。[7] 殺虫剤のDDT(Dichlorodiphenyltrichloroethane)は、第二次世界大戦中に連合軍の兵士がマラリアやチフスに感染するのを予防するために大量に使用され、終戦と同時に農業用、家庭用にも広く普及した。レイチェル・カーソンが『沈黙の春』(一九六二年)で指摘した通り、DDTは油に溶け易い性質があるため、人間を含む哺乳類の脂肪分の多い内臓に蓄積されて強い毒性を発揮することが早い時期から分かっていたが、[8] 民間のDDT製造業者とアメリカ政府との協力の下に世界中に輸出され、また援助物資としても用いられたのである。第二次世界大戦中に国務省の下に設立され、ネルソン・ロックフェラーが率いた南北アメリカ関係局(Office of Inter-American Affairs : OIAA 発足当初はOCIAAまたはCIAAと称された。)は、一九五一年に廃止されるまでにDDTの組織的散布を含めて三〇〇〇万ドルをラテン・アメリカ向け医療援助に費やした。[9]

第二次世界大戦後、一九五三年~五九年まで国務長官を務めたジョン・フォスター・ダレスは対外医療援助に関心を示し、国務省の下に国際機関局(Bureau of International Organization Affairs)を設置してWHOとの連携体制を築いた。ソ連の指導者がスターリンの死によってフルシチョフに交代し「平和攻勢」が展開されると、医療援助は東西の援助競争の最前線となった。ケネディ政権の下、ロックフェラー財団の理事長を務めたディーン・ラスク(Dean Rusk)が国務長官に就任し、近代化論の旗手であったウォルト・ロストウ(Walt W. Rostow)が国家安全保障担当大統領次席特別補佐官に任命されるなど、発展途上国の経済発展のために医療援助を積極的に推進する条件が整った。ロックフェラー財団の科学農業部（Division of Natural Sciences and Agriculture）の長であったウォレン・ウィーバー（第一章も参照）らの指導下で、ロックフェラー財団の医療援助はアメリカ政府の外交戦略と密接な関係を持つようになって行く。[10]

アメリカ政府はWHOやユニセフとも協力しながら、マラリア撲滅政策を推進して行ったが、アメリカ政府内でその中心となったのが、国際協力局（ICA）である。一九六一年にケネディ政権が発足すると、ICAはアメリカ国際開発庁（U. S. Agency for International Department : USAID）に改組され、発展途上国向けの医療援助にますます積極的に取り組むようになる。ICAの公衆衛生部長に一九五五年に就任したキャンベル（Eugene P. Campbell）は、第二次世界大戦中には南北アメリカ機構（Institute of Inter-American Affairs 前出OIAAの関連組織で医療・衛生を担当した）に所属しグアテマラで医療援助政策にかかわっていたという経歴もあり、マラリア撲滅政策をICAの最優先課題に据えた。キャンベルの努力の結果、一九五七年にアメリカ議会はマラリア対策費として数百万ドルの予算を充当し、この政策は一九六〇年代半ばまで続けられる。この予算を通過させるための条件は、予算の大部分をアメリカ国内で殺虫剤、スプレー用器具、医薬品を購入する資金に充てるというものであった。そうして調達された品々は、ラテン・アメリカをはじめとする発展途上国に溢れることになる。[11] 冷戦下

6——A. E. Birn, "Backstage: the Relationship between the Rockefeller Foundation and the World Health Organization, Part I: 1940s–1960s," *Public Health*, vol. 128, issue 2 (2014): 129–131.

7——Marcos Cueto, "International Health, the Early Cold War and Latin America," *Canadian Bulletin of Medical History*, vol. 25 : 1 (2008): 20–22.

8——レイチェル・カーソン／青樹簗一訳『沈黙の春』（新潮社、二〇一四年、英語の初版は一九六二年）、三五—三六頁。

9——Cueto, "International Health," 25–26.

10——Cueto, 27, 30–31.

11——Cueto, 34–35

の医療援助は、対象国の国民の心を勝ち取るのみならず、アメリカの市場経済に貢献することも目的となっていたのである。

一九五〇年代を通してロックフェラー財団は少しずつWHOの活動から遠ざかって行くが、財団で培われた医療援助関係の人的資源はWHOに引き継がれて行く。一九五一年、IHDはロックフェラー財団の中に新設された医学・公衆衛生部（Division of Medicine and Public Health : DMPH）に吸収され、DMPHは医療援助よりも教育や政策立案、そして人口政策や農業政策（グリーン・レボリューション）へと関心を移して行った。マラリア対策をはじめとする医療援助はWHOを中心に行われることになるが、WHOのマラリア撲滅キャンペーンを指揮したのが、ロックフェラー財団のIHDで黄熱病とマラリア対策を担当してきたフレッド・ソーパー博士（Fred Soper）であった。ソーパーは一九〇二年に設立されたラテン・アメリカ向け医療援助組織パン・アメリカン衛生局（Pan American Sanitary Bureau 一九五八年に Pan American Health Organization と改称）の会長を一九四七年～一九五八年まで務めており、WHOからは独立した非政府組織に所属しながら、WHOに協力したのであった。ソーパーの他にも、一九五〇年代を通して、多くのIHD出身者がWHOの専門委員会に名を連ねていた。ロックフェラー財団のマラリア専門家ポール・ラッセル（Paul Russell）は、WHOのマラリア・コンサルタントに、ジョン・グラント（John Grant）はWHOの専門教育諮問委員に、またロックフェラー財団副会長のアラン・グレッグ（Alan Gregg）は医療教育専門パネルの委員に任命された。グラントは、ロックフェラー財団が出資した国連インド・セイロン・タイ・フィリピン開発視察団（UN survey mission on community organization and development in India, Ceylon, Thailand, and the Philippines）メンバー三人のうちの一人に選ばれ、「東南アジア再建」プロジェクトに従事する。一九五三年五月には、IHDでソーパーとともにマラリア対策に取り組んだ経験のあるブラジル人のカンダウ博士（Marcolino Candau）がWHO事務総長（Director General）に就任する。このように、ロックフェラー財団自体はWHOとの関係を弱めて行ったものの、財団出身の専門家たちの多くがWHOのマラリア対策を担ったのである。[12]

一方、ＷＨＯはロックフェラー財団からの財政支援が減る中、アメリカ政府からの支援に依存するようになって行く。ＷＨＯ発足当初、アメリカの議会は加盟をめぐって紛糾し、ようやくアメリカが加盟を決めたのはＷＨＯ発足三か月後の一九四八年七月のことであった。しかし、一九五六〜五七年を境に、アメリカ政府によるＷＨＯへの財政支援はロックフェラー財団と入れ替わるように急上昇する。ソ連がＷＨＯに復帰し、新興独立国の加盟が増え、さらにインフルエンザの世界的大流行が起きるのを目の当たりにしたアメリカ政府は、「マラリアとの闘いが、共産主義との闘いとして潜在的価値を持つこと」を認識するに至ったのである。[13]

以上のような経緯からは、マラリア撲滅運動の歴史においてアメリカ政府は、民間財団に比べると「新参者」であったことが分かるが、それでもアメリカ政府がマラリア撲滅に積極的に取り組んだ理由は、それが対外情報プログラムとしての価値を持つと判断した結果であった。マラリアの分布はアジア、アフリカ、ラテン・アメリカの広範囲な新興国に拡がり、マラリア撲滅キャンペーンはそれらの国々で受け入れられ感謝されるテーマだったからである。これが、古くて新しいテーマであるマラリア撲滅が、一九五〇年代後半に再びアメリカ政府の注目を受けることになった理由であった。大統領の年頭教書の直後にＵＳＩＡは、「ソ連および東欧諸国はＷＨＯに所属していながらマラリア対策に資金提供をしていない」が、アメリカはあえてソ連を声高に糾弾することを避け、大統領が年頭教書で語った「国際協調の下にマラリア対策を行う」という態度を維持することが、心理戦上、有効なやり方であると分析した。[14]

アメリカ議会も医療分野でのアメリカの国際貢献を重視したが、そのアプローチは、マラリアなどの特定分野

12……Birn, "Backstage," 132–134.
13……Birn, 136–137.
14……"Eisenhower's Reference to Malaria Eradication," January 9, 1958, RG306, Entry P243, box 3, NACP.

に限定するよりも医療全般における国際協力を推進するという、科学国際主義色の強いものだった。上院は、一九五九年を国際保健医療研究年（International Health and Medical Research Year）と定め、国際的に病気治療法の「発見と回答の交換」（discovery and exchange of answers）を行うことを可決したのである。しかし、これに対してUSIA科学顧問のハロルド・グッドウィンは異議を唱えた。彼は医療援助について「世界的な研究協力を行う」ことは「プロパガンダ価値が比較的少ない」と主張した。なぜなら、世界の学術誌が医学的研究の成果を次々と公表する中、「情報交換」を行うのは無意味であるし、「癌や心臓病のように未だ治療方法が確立していない病気」よりもむしろ、「アメリカでは既に撲滅されているが、我々が最も影響力を及ぼしたい地域において、未だに人々を苦しめている」ような病気に焦点を絞るほうが賢明だからである。さらに、WHOやユネスコのような国際機関を通して援助活動を行うことは、援助国としての「アメリカのアイデンティティを失わせる」結果につながる。「アメリカの関心と援助が受入国に明白に分かるような方法で、アメリカ製の公衆衛生技術を多様な国々に大規模に注入するようなプログラム」こそ、心理戦上の効果を最大限に発揮できるとグッドウィンは主張したのである。[15]

こうしてアメリカの対外医療援助プログラムは、一方では国際協調を謳いWHOに出資しつつも、他方では対象国の二国間関係に重点を置き、アメリカ的な特徴やアメリカ製品を目立たせるような方向へと傾斜して行く。「ホープ計画」もこうした流れの延長上にあったし、また第二次世界大戦中にウォルト・ディズニー社の協力でラテン・アメリカ向けに制作されたマラリア撲滅の啓発アニメーション映画『翼のある病原菌』（*Winged Scourge*）が、USIS映画として復活し世界各国で上映されたのも、こうしたアメリカ的な色彩を強調するという方針と符合している。この映画では、マラリアについての基礎知識が一般市民向けに分かり易く説明され、それが家庭や社会を脅かす恐ろしい病気であることが強調されるとともに、おなじみのディズニーのキャラクターである「七人の小人」たちが、マラリア原虫を媒介する蚊を退治するために奮闘する様子が描かれている。[16] ディズニーのアニメーションとマラリア撲滅という組み合わせは、グッドウィンの言う「アメリカのアイデンティティ」を最大限に生かした対外情報プログラムであったと言えよう。

しかしながら、ＤＤＴを使用したマラリア撲滅キャンペーンは、薬剤に耐性を持つ蚊を生み出し、結局あまり大きな成果を出せなかったことが先行研究で指摘されている。また、マラリア撲滅キャンペーンがアメリカ政府の意図通りに対象国の尊敬と協力を勝ち取っていたかどうかを疑わせるような記述も、ＩＣＡの文書の中には散見される。例えば一九五九年三月六日、ワシントンのＩＣＡ本部はジャカルタ支所に宛てて、「優先順位の高いアクション・プログラム」であるマラリア撲滅キャンペーンが、インドネシアで充分に達成されていないことをとがめる電報を送信している。ＩＣＡ局長代理のサッキオによれば、各国に「国立マラリア撲滅サービス」（National Malaria Eradication Service）を設立することが求められていたが、インドネシアには未だにそうした組織が立ち上げられていない上、ＩＣＡの備品である殺虫剤などの盗難が発生していた。ＩＣＡはジャカルタ支所に対して、再発を防ぐためにどのような対策を取るつもりなのかと問いただしている。[17]

以上のように、アイゼンハワー大統領の「サイエンス・フォー・ピース」の中に癌・心臓病と並んでマラリア撲滅が含まれた経緯を概観すると、一九五〇年代末から六〇年代初めのアメリカの対外医療援助が、戦前からの医療援助の系譜の上に築かれつつも、冷戦期の対外情報プログラムと極めて密接な関係を持っていたこと、また民間企業の利害とも連動していたことが分かる。次節では、アメリカ政府内で医療援助と対外情報プログラムの関係がどのように論じられ、ホープ計画がなぜ政府の支援を受けることになったのかを論じる。

15……From Goodwin to Bradford, September 29, 1958, RG306, Entry P243, box 3, NACP.
16……*Winged Scourge*（翼のある病原菌）, 1943, moving image, RG306, 306.240, NACP.
17……Wolfe, *Competing with the soviets*, 70–72 ; From Saccio, ICA to ICA Djakarta, March 4, 1959, RG306, Entry P243, box 3, NACP.

2　医療援助・対外情報プログラム・民間ボランティア活動をめぐる議論

アイゼンハワー大統領が一九五八年の年頭教書で「サイエンス・フォー・ピース」政策を打ち出した四か月後の同年五月、アメリカはソ連との間で、医療援助に関する相互協力の覚書を交わした。具体的には、医療使節団の相互訪問、医療専門家の相互招聘、医療映画や医療専門誌の交換などが提案された。実はすでに同年一月には、ソ連側からエカテリーナ・ヴァシュコワ（Ekaterina Vasyukova）率いる六人の女性医師団がアメリカを訪問し、全米各地の病院、診療所、研究所などを約一か月かけて視察していた。これを受けて、覚書が交わされた五月には、アメリカ側もヘレン・タウシッグ（Helen B. Taussig）率いる六名の女性医師団をソ連に派遣し、モスクワ、レニングラード、キエフ、ソチ、トゥビルシ、タシュケント、サマルカンドの様々な医療関連施設を視察した。[18] ソ連側が女性医師団を派遣したのは、男女平等な社会主義の下で女性が医療分野で活躍していることを顕示する目的があった。アメリカもこれに対抗する形で女性医師団を派遣したわけだが、実際には前章の終わりで触れた「台所論争」におけるニクソン副大統領の発言にも見られる通り、一九五〇年代のアメリカはジェンダー役割において極めて保守的な「コンセンサス（合意）の時代」であり、女性は家庭の主婦になることが当然視されていた。[19]

アメリカ女性医師団の団長を務めたタウシッグは、戦前に医学教育を受け一九五〇年代には既に名高い小児科医・心臓病医として活躍していた例外的な女性医師であった。一八九八年生れのタウシッグは、ハーバード大学医学部に志願しようとしたが女性の入学が認められず、紆余曲折の末にジョンズ・ホプキンズ大学で一九二七年に医学博士号を取得した。戦前からX線によって心臓や肺の病変を診断する方法を編み出し、一九五〇年代には既に先天性心疾患を抱える子どもたちの治療においてアメリカを代表する医師となっていた。一九六二年には、妊婦にサリドマイドを投与することの危険性に初めて警鐘を発したことでも有名になった。[20] アメリカ政府は文化冷戦でソ連に対抗するために、数少ないリソースの中から選りすぐりの女性医学者を派遣したのである。しかもタウシッグの経歴は、「サイエンス・フォー・ピース」の具体例に挙げられた心臓病の権威であるという点でも、また「アトムズ・フォー・ピース」の一環としてアメリカが力を入れてきたX線の利用という点でも、対外情報プログラム上、申し分のないものであった。

このように医療が文化冷戦の舞台と化す中で、発展途上国への医療チーム派遣を冷戦の「武器」として使うべきだという議論が、アメリカ政府関係者の間で唱えられるようになる。たとえば一九五八年一〇月、海軍医のウィリアム・ヒーリー（William V. Healey）は、国務省の下に医療援助チームを結成し発展途上国に送ることを提案する意見書をUSIAに提出した。ヒーリーは、「多くの若い医師たちが軍医として従軍するが、兵役終了後は冷戦を戦うことに貢献していない」ことを問題視し、ソ連の援助攻勢に対抗して「アメリカを中心とする西側の宣伝」と「健康の増進」という「二重の目的」に資するため、インターンを終えたばかりの若い医師たちを海外に派遣することを提案したのである。USIAのアレン長官からこの意見書への対応を求められたUSIA政策企画部（IOP）のブラッドフォード（Saxton Bradford）は、ヒーリーの提案を前向きに検討し、国務省、国防総省、ICA、作戦調整委員会（OCB）などの政府各部局に意見を求めた。しかしICA保健衛生課長キャンベルは、否定的な回答を返した。その理由は、過去にも民間の医療団体やキリスト教宣教団などから同じような提案があったが、費用対効果が低いことや、政府が外国の医療を「コントロールしようとしている」と見なされアメリカの「自由な事業経営（free enterprise）」という価値を損なう可能性があることから、その都度却下されて

18……Department of State, for the Press, May 29, 1958, RG306, Entry P243, box 3, NACP.
19……May, *Homeward Bound*.
20……"Taussig, Helen, Brooke," in Martha J. Bailey, *American Women in Science* (Santa Babara, CA: ABC–CLIO, 1994), 387.

きたというのである。[21] 第1節で述べた通り、キャンベルは第二次世界大戦中から連邦政府のラテン・アメリカ向け医療援助政策に携わり、戦後はICAでマラリア対策予算の成立に尽力した経歴を持っていた。医療援助の分野で経験豊かなキャンベルの意見に対して、ブラッドフォードは反論しなかったものの、改めて医療援助の「プロパガンダ的価値」に関する調査が必要だと考えた。政府・民間を問わず、多くのグループが海外医療援助を行っているが、「活動の規模やその内容的価値と広報効果との間には、必ずしも相関関係が認められない」とブラッドフォードは指摘した。折しも「保健教育福祉省（Department of Health, Education, and Welfare : HEW）、ICA、国務省、国防総省など、いくつかの政府部局が海外医療援助について見直しを行っている」最中でもあったため、「広報効果」という観点からの調査を提案したのである。[22]

ブラッドフォードが提案した調査は、一九五九年九月にHEW長官を議長としてICA、USIA、国務省、公衆衛生局（Public Health Service : PHS）が参加する「国際医療保健政策に関する部局間委員会」（Interdepartmental Committee on International Health Policy）に結実する。委員会は一九六〇年一二月に「合衆国の国際医療保健政策の目的」という報告書を起草した。それによると、共産主義ブロックは健康に関する世界的な「格差」を利用して医療援助を「他国民への影響力を拡大」するための道具にしており、アメリカは人類の生活向上のための「自らの価値や方法が、共産圏のものよりも好ましいということを証明しなくてはならない」立場に置かれていた。しかしながら、仮に「冷戦の側面」を度外視しても、世界の人々の生活水準を維持することは「アメリカの外交目的」に合致しているので、「人道的・政治的・経済的・医学的」な見地から医療援助を推進することが必要だとされた。アメリカが推進すべき医療援助の具体例として、委員会はマラリア対策や放射線防護などを取り上げているほか、「その他」の項目の中に「ホープ計画」が挙げられている。[23] ピープル・トゥー・ピープル計画の一環として立ち上げられ、民間のボランティア活動とされていたホープ計画が、部局間委員会の報告書の中に唐突に登場する理由は何であったのだろうか。

その理由は、「スプラーグ委員会報告書」（前章参照）の中で、民間活動と対外情報プログラムの関係を論じた部分に見出すことができる。「国際医療保健政策に関する部局間委員会」と「スプラーグ委員会」はまったく別の経緯・目的で設立されたが、両者は同時期に活動し、奇しくも同じ一九六〇年一二月に最終報告書を上程した。両方の委員会に国務省とＵＳＩＡの代表者が出席していたことから、二つの委員会が互いに情報共有していた可能性も考えられる。その「スプラーグ委員会報告書」の第四章（民間人および民間組織、そしてマスメディアの国際活動）は、民間の国際活動がアメリカの国家イメージに与える影響の重要性を指摘し、ソ連の「フロント組織」に対抗するためにも民間活動が有効であるとしている。ただし「政府の関与が強くなり過ぎ」て、「個々のアメリカ人をアマチュア外交官に仕立てるという目標のために潤沢なリソースが割かれる」ことになれば、「その結果は自発的で多元的なアメリカ社会の魅力的なイメージを創出する上で、むしろ有害かも知れない」という警告も発している。要するに、民間の活動を対外情報プログラムの一環として位置づけ、連邦政府が支援することもあり得るが、政府が関与し過ぎるのもいけないと言っているのである。さらに同じ章には、特に「ピープル・トゥー・ピープル計画」について書かれた一節がある。「ＵＳＩＡを通した政府支援によって」ピープル・トゥー・ピープル計画はこれまで成果を上げて来たものの、今後は「政治的に特別な重要性をもつ対象者」または「戦略的に重要な地域」に影響を及ぼし、なおかつ「政府の助力無しには実行不可能」なプログラムに絞って政府支援を行うことが推奨されている。[24] すなわちピープル・トゥー・ピープル計画を、その名にふさわしい純粋な民間ボランティア活動へと転換しつつ、特に重要なものだけに政府支援を続けるというのである。ピープル・

21 William V. Healey, "The Cold War : A Medical Plan," no date ; From Bradford to USIS Morocco, October 6, 1958 ; Office Memorandum from Campbell to Meagher, October 16, 1958, RG306, Entry P 243, box 3, NACP.
22 Saxton Bradford, "Programs of US Medical Aid to Foreign Countries," December 2, 1958, RG306, Entry P 243, box 3, NACP.
23 Interdepartmental Committee on International Health Policy, "Report and Recommendations to the President," December 7, 1960, RG306, Entry P 243, box 3, NACP.

トゥー・ピープル計画の一部として発足したホープ計画が、「国際医療保健政策に関する部局間委員会」報告書の中で、推進すべき活動として挙げられた理由は、それが「政治的に特別な重要性を持つ対象者」や「戦略的に重要な地域」に対して実施され、なおかつ「政府の助力無しには実行不可能」なものと認識されていた故だと考えられる。実際、ホープ計画は次節で見る通り、この報告書が出された後も政府からの支援を受け続けたのである。

このように「国際医療保健政策に関する部局間委員会」と「スプラーグ委員会」の報告書からは、医療援助と対外情報プログラムの密接な関係、そしてホープ計画のような民間のボランティア活動が、両者の結節点に位置づけられていたことが浮かび上がる。ロックフェラー財団の例にも見る通り、アメリカには医療援助を民間団体が担ってきた長い歴史的系譜があった。ピープル・トゥー・ピープル計画のほとんどが政府の庇護下を離れて純粋な民間活動に転換されようとする中でも、民間の医療援助であるホープ計画だけは、政府が推進すべきプログラムとして残されたのである。その理由は、対外情報プログラムとしての有用性、すなわち「政治的に特別な重要性を持つ対象者」や「戦略的に重要な地域」に対して実施されるということであった。アイゼンハワー大統領の心理戦担当特別補佐官であったC・D・ジャクソンが、スプラーグ委員会のメンバーであると同時にホープ計画の実行委員会に名を連ねていたことからも、政府がホープ計画を文化冷戦の武器として重要視していたことが分かる。

3　ホープ計画の実施内容

ホープ計画が、「ピープル・トゥー・ピープル医療保健専門家委員会」の活動の一環であったことは既に述べた。軍人出身のアイゼンハワー大統領は、戦時中の「心理戦」の経験から対外情報プログラムを熱心に推進したことで知られるが、同時に財政面では保守的な倹約家であった彼は、財政支出を抑え「民間」の善意でアメリカの対外イメージを向上させる手段として、ピープル・トゥー・ピープル計画を立ち上げた。一九五六年九月、ホワイトハウスに各界の専門家を招いて開催された発足会議では、俳優、医療、芸術、音楽など、各分野でピープル・トゥー・ピープルのグループを結成し、対応する外国のグループと交流を行うことが合意された。[25] アイゼンハワー政権のプロパガンダ政策について研究したケネス・オズグッドは、ピープル・トゥー・ピープル計画が、対外的にアメリカの善意を喧伝するという目的だけではなく、国内的にもアメリカ人を冷戦の一側面である心理戦・広報戦にコミットさせる効果があったと分析し、その一例としてホープ計画を取り上げている。[26] すなわちピープル・トゥー・ピープル計画とは、対外的にはアメリカ人が国際平和・国際協力を希求する志の高い国民であり、アメリカの民主主義はそのような国民の草の根の活動によって支えられているというイメージを拡散させ、国内的には国民をまさにそのようなイメージに合致する行動へと駆り立てる社会統制装置だったのである。

さらに、そのような国際親善活動はまた、第二次世界大戦後の中産階級のアメリカ人の間に広く共有されるようになった時代の空気にも合致していた。クリスティーナ・クライン（Christina Klein）は、第二次世界大戦の太平洋戦線によって多くのアメリカ人がはじめてアジア・太平洋地域に関心を持ち、戦後はそれらの地域の人々と友好親善を深めつつ、同地域にアメリカの影響力を拡大して行きたいという願望を持ったことを、「冷戦オリエンタリズム」という言葉で表現した。アメリカ人が、文化的・人種的偏見を乗り越えてアジアの人々と友好関係

24……“Conclusions and Recommendation of the President’s Committee on Information Activities Abroad,” 51–52, CIA, Freedom of Information Act Electronic Reading Room, https : //www.cia.gov/library/readingroom/document/cia-rdp86b00269r001400210001-2. 二〇一八年一〇月一六日閲覧。

25……“People to People Program” Dwight E. Eisenhower Library website, https : //www.eisenhower.archives.gov/research/online_documents/people_to_people.html. 二〇一八年一一月五日閲覧。

26……Osgood, *Total Cold War*, 240–242.

を築くというテーマは、様々な映画や小説に表出した。例えば占領軍のアメリカ人兵士と日本人女性の恋愛を描いた『サヨナラ』（一九五七年）や、太平洋戦線を舞台にアメリカ人海兵隊員と現地女性、アメリカ人従軍看護婦と現地のフランス人農園主という二組のカップルの葛藤を描く『南太平洋』（一九五八年）、また時代設定は一九世紀ながら、タイの王子・王女たちの教育係として赴任したイギリス人女性が、次第に国王と友情をはぐくむ様子を描いた『王様と私』（一九五六年）など、一九五〇年代の多くの作品がこの範疇に含まれる。そうした作品では、あくまでもアメリカ人（あるいは欧米人）が、「遅れた」アジア人に近代的な考え方や技術を教えるという構図の中で、相互理解や友情が生まれるのである。[27] アメリカの医療技術を世界の「遅れた」地域に民間の善意で授けることを意図したホープ計画は、フィクションだけではなく現実の援助政策もまた「冷戦オリエンタリズム」に彩られていたことを示している。

ホープ計画は、民間の善意で運営されるという建前であったため、年間の必要経費三五〇万ドルは、ロックフェラー財団からの寄付を含め、すべて民間で賄われることになっていた。船の運航はプレジデント・ライン社、スタッフの派遣にはアメリカ医師会が協力した。有名な心臓内科医ウィリアム・ウォルシュ（William B. Walsh）がホープ計画を推進する「ピープル・トゥー・ピープル医療保健財団ホープ計画委員会」の長を務め、カリフォルニア州の海軍医ポール・スパングラー（Paul E. Spangler）を団長とする一五人の外科医、一二人の歯科医、二〇人の看護師、二〇人の医療実務家、そして三五人の医師が四か月交代で乗船した。スパングラー医師は、日本軍のパールハーバー攻撃時に現地で緊急事態に対応した国民的英雄であった。船は、病院、医療保健訓練センター、医療保健チーム基地、そして援助物資センターを兼ねていたが、何よりも訪問国に医療・衛生・看護などに関する教育を普及させることを主要目標としていた。[28] ＵＳＩＡは「ピープル・トゥー・ピープル・ニュース」というニューズレターを毎月発行していたが、その一九五九年三月号の表紙には、まだ「コンソレーション号」と船体に書かれた病院船の写真が大きく掲載され、この船がホープ号として生まれ変わり、民間の善意で発展途上国に派遣されること、アイゼンハワー大統領がこの計画を賞賛したことが記されている（写真6―1）。

写真 6-1　ホープ号について報じる「ピープル・トゥー・ピープル・ニュース」。RG306, Entry P243, box 3, NACP.

しかし実際には、アメリカ政府がホープ計画に助言指導や資金援助を行い、その見返りとして対外情報プログラム上の成果を上げようとしていた。ホープ計画が立ち上げられた一九五九年一月末、USIAのレイノルズ（Conger Reynolds）は、ウォルシュ医師がロックフェラー財団の医学担当部長に会い、財政支援を取り付けたことをアレン局長に報告している。それによると、ロックフェラー財団はホープ計画に大きな関心を示し、すぐに一万ドルの支援を約束し、より大きな支援額を四月か五月の理事会で検討すると述べた。ロックフェラー財団の医学担当部長は、「これまでピープル・トゥー・ピープルからの支援要請を数多く断ってきた。なぜならこれまでのものは、支援の対象となるような特定のプロジェクト（specific project for support）ではなかったからだ。しかしホープ計画については、財団は支援す

27……Christina Klein, *Cold War Orientalism: Asia in the Middlebrow Imagination, 1945–1961* (Berkeley and Los Angeles: University of California Press, 2003).

28……“For Immediate Release,” February 10, 1959; “Project Hope Selects Chief Medical Officer,” no date; From Reynolds to Allen, January 28, 1959, RG306, Entry P243, box 3, NACP.

ることが出来るし、支援するだろう」とウォルシュに語ったという。USIAのレイノルズはこの報告を受けて、これまでピープル・トゥー・ピープル計画に対して「氷のように冷たかった」ロックフェラー財団の態度が、ホープ計画によって「溶け出す」かも知れないという期待を表明している。そしてアレン局長に対して、「もしホワイトハウス・メモに基づく行動を少しでも加速させたいなら、ピープル・トゥー・ピープル計画の中で最も有望で、重要なプロジェクトであるホープ計画を離陸させることである」として、USIAがホープ計画を支援するよう促している。[29]

ロックフェラー財団からの資金的裏付けが得られたことや、ピープル・トゥー・ピープル計画の中で「最も有望」と見なされたことによって、ホープ計画はUSIAの支援を受けることになったが、USIAはさらに慎重に、ホープ計画が「アメリカの国益に資する」かどうか、「海外に広報する価値がある」かどうかという点について、一九五九年末に調査を行った。この調査結果は、民間活動と対外情報プログラムとの緊張関係を表しているという点で興味深い。調査結果報告書は、ホープ計画が「受入れ国の要望に応じて」、「現地の医師たちの積極的参加を得て」行う双方向的なプロジェクトであるという点、また「政府主導ではなく、アメリカ人のみによって運営されている」点、さらに計画の主導者たちが「政府から適切なブリーフィングやオリエンテーション等を受けられる」ことを十分理解しており、「政府が要請すれば人選リストを提出する」用意があるなど政府に協力的な姿勢を示している点を挙げて、この計画がアメリカ政府にとっても有用なものだと結論付けている。[30] すなわちホープ計画の有用性は、何よりもまず民間のボランティア活動であるという点にあるのだが、同時にその運営母体が政府に協力的であるという点も重視されているのである。前節で見た通り、スプラーグ委員会報告書においても、民間活動を対外情報プログラムの一環として政府が支援することを是認しつつ、「政府の関与が強くなり過ぎる」ことへの懸念が表明されていた。USIAがホープ計画を支援するにあたって行った調査結果にも、民間団体の自主性と政府による制御との緊張関係が表出していた。

実際、USIAはウォルシュ医師と緊密に連絡を取り合い、最初の訪問地であるインドネシア情勢などについて情報提供を行っていた。ＵＳＩＡは、「今後起こり得るいかなる政治上・広報上の問題についても、きっとウォルシュ医師はこちらの指導に従うだろう」と述べて、ウォルシュが政府に忠実であることを強調している。[31]また、アイゼンハワー大統領の心理戦担当特別補佐官Ｃ・Ｄ・ジャクソンは、ホープ計画の幹部に名を連ね、ＯＣＢに進捗状況を報告していた。ＵＳＩＡのアレン長官はジャクソンへの書簡で、「貴殿がホープ計画の実行委員に入っていることは良いことだ」と伝えている。[32]さらに、ホープ計画は表向きは民間の資金で運営されることになっていたにもかかわらず、実際にはかなりの部分を政府の資金援助に依存していた。最初の訪問国インドネシアと二番目の南ヴェトナムへの航行を終えた一九六一年七月の時点で、ＩＣＡは政府による財政援助について以下のように総括している。

一九五九年の春から現在までにアメリカ政府は、ＩＣＡを通して総額四〇〇〇万ドルの財政援助をホープ計画に提供した（内訳は、船の改装費二七〇万ドル、運航費用として一〇〇〇万ドルの無利子ローン、サイゴンでの滞在費二六万ドル）。資金援助に加えてＵＳＩＡは連絡要員を配置し、ＩＣＡと農務省はそれぞれ、管理運営上の支援と余剰ミルクを提供している。（中略）ホープ計画が非政府事業と見なされ続けることによって、最大限の政治的効果を引き出すことができるとアメリカ政府は考えるため、アメリカ政府による

29……From Reynolds to Allen, January 28, 1959, RG306, Entry P243, box 3, NACP.「ホワイトハウス・メモ」が何を指すのか明確ではないが、前述のホワイトハウスでのピープル・トゥー・ピープル発足会議に関連するものかも知れない。
30……From Thoman to Reynolds, November 4, 1959, RG306, Entry P243, box 3, NACP.
31……Office Memorandum from Reynolds to Halsema, November 10, 1959, RG306, Entry P243, box 3, NACP.
32……From Allen to C. D. Jackson, October 13, 1959 ; "Follow Up On our Memorandum of August 25 Re USIA Media Coverage of Project Hope," September 2, 1960, RG306, Entry P243, box 3, NACP.

財政支援は機密事項としなくてはならない[33]（下線は筆者による）。

このように、四〇〇万ドルもの政府援助を受けながら、ホープ計画はあくまでも民間ボランティア活動という体裁をとり続けた。「政府が事実上のスポンサーである」という印象を避けるためにアメリカ政府は、ホープ計画が開始される前に「年間運営費用として必要な三〇〇〜四〇〇万ドルをまず民間で調達するよう」ウォルシュら関係者に言い渡した[34]。これを受け、ホープ計画のパンフレット（写真6—2）には、わざわざ「ホープ計画は政府のプログラムではありません」という見出しとともに、これが民間の善意による活動であることが説明されている。このパンフレットがアメリカ国民を対象としたものであったことを考えると、民間活動であるということがアメリカ国内向けのアピールとして重要であったことが看取できる。それだけ政府のプロパガンダ活動に対するアメリカ国民の不信には根深いものがあった。この点について河炅珍（ハ・キョンジン）は、アメリカにおける「パブリック・リレーションズ」概念の発展史に関する研究の中で、アメリカ人が第一次世界大戦を機に「プロパガンダ」をその他の広報活動から区別し警戒するようになって

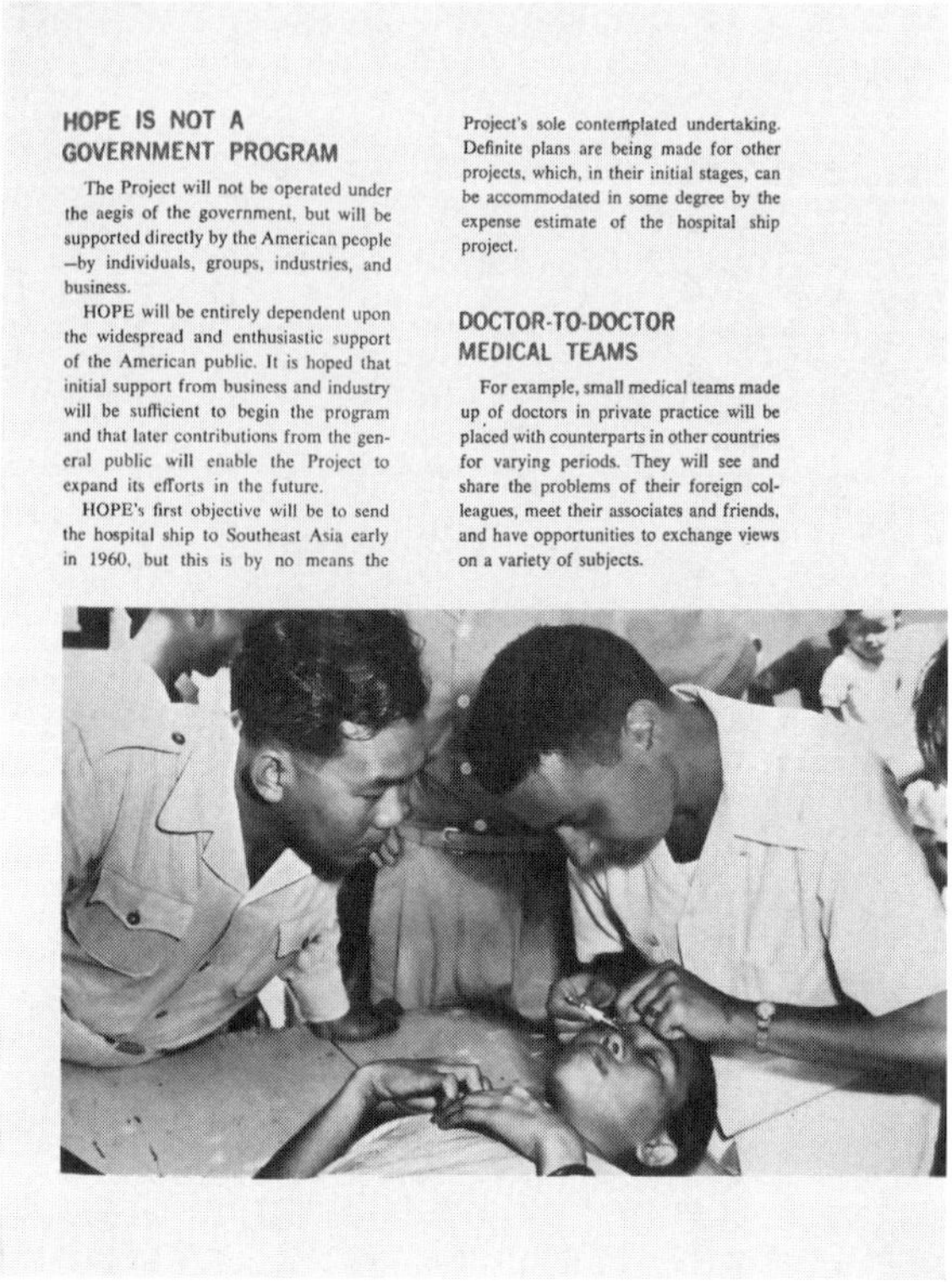

HOPE IS NOT A GOVERNMENT PROGRAM

The Project will not be operated under the aegis of the government, but will be supported directly by the American people —by individuals, groups, industries, and business.

HOPE will be entirely dependent upon the widespread and enthusiastic support of the American public. It is hoped that initial support from business and industry will be sufficient to begin the program and that later contributions from the general public will enable the Project to expand its efforts in the future.

HOPE's first objective will be to send the hospital ship to Southeast Asia early in 1960, but this is by no means the Project's sole contemplated undertaking. Definite plans are being made for other projects, which, in their initial stages, can be accommodated in some degree by the expense estimate of the hospital ship project.

DOCTOR-TO-DOCTOR MEDICAL TEAMS

For example, small medical teams made up of doctors in private practice will be placed with counterparts in other countries for varying periods. They will see and share the problems of their foreign colleagues, meet their associates and friends, and have opportunities to exchange views on a variety of subjects.

写真6–2　ホープ計画が政府のプロジェクトではないことを強調するパンフレット。RG306, Entry P243, box 3, NACP.

行った過程を論じている。アメリカ国民にとってプロパガンダとは、ナチスドイツやソ連のような全体主義国が行うものであって、自由主義国たるアメリカの政府が行ってはならないものであったのだ。[35]

以上のようにアメリカ政府はホープ計画を監視し、助言指導し、財政支援を行っていたが、表向きはあくまでも民間の国際親善事業という建前が貫かれた。その理由は、対外的に政府のプロパガンダだと思われれば対外情報プログラムとしての効果が薄れるのみならず、国内的にも国民の支持を得られないからであった。国務省極東局が作成した「ホープ計画に関する極東局の立場について」という文書によれば、ホープ計画はアメリカ人の「真摯な人道主義的関心」を証明すると同時に「アメリカの外交目的を達成する上でも有利な状況」を作ることが期待された。しかし、国務省は「公式には関与せず」、あくまでも「インフォーマルな連携を保ち、要請があれば支援する」という立場をとることを良しとした。[36]アレンUSIA長官も各国のUSISへの電文で、ホープ計画に関する広報上の「扱い」については、「ホープ計画の活動が実際に始まってから自然な形で広報を行うこと」、「過度な期待をかき立てないこと」、「USISの名前を表示した広報活動を過剰に行うことでホープ計画が政府のプロパガンダと見なされるような事態を招かないこと」と指示した。[37]

アメリカ議会もまた、ホープ計画を民間の注目すべき国際親善活動として褒めたたえた。例えば後にジョンソ

33……From ICA Washington to ICA Saigon, July 17, 1961, RG469, Entry P89, box 7, NACP.

34……To Bell and Wilcox, November 17, 1959, RG306, Entry P243, box 3, NACP ; Memorandum for Merriam from Saccio, November 27, 1959, White House Central Files, Dwight D. Eisenhower Presidential Library, http : //catalog.archives.gov/id/16384736. 二〇一八年六月一五日閲覧。

35……河炅珍『パブリック・リレーションズの歴史社会学——アメリカと日本における〈企業自我〉の構築』（岩波書店、二〇一七年）。

36……"FE's position regarding Project HOPE," October 23, 1959, RG306, Entry P243, box 3, NACP.

37……Air Pouch, February 12, 1959, RG306, Entry P243, box 3, NACP.

ン政権の副大統領となるヒューバート・ハンフリー（Hubert H. Humphrey）上院議員は、ホープ計画が「世界に善意を拡げ、あらゆる国々の人々を相互信頼・友情・協力で結ぶためのステップ」であるとして、これを上院が公式に賞賛する（commend）することを議会に提案した。ＵＳＩＡは、このようにホープ計画に対して友好的な議員のリストを作成して、支持や資金を集めるために活用した。[38]

4　ホープ号のインドネシア訪問

ＵＳＩＡは、ホープ計画を支援することを決定した後も、それが民間のボランティアによる海外援助活動であるということを盛んに宣伝した。一九五九年二月一〇日のＵＳＩＡプレス・リリースは、「非営利の市民団体であるピープル・トゥー・ピープル医療保健財団」が、「本日、浮かぶ医療保健センターを善意の使節として東南アジアに派遣する計画を明らかにした」と伝え、アイゼンハワー大統領がこの計画に「個人的に関心を持っており、「すばらしいことだ」「海軍が船を提供するだろう」と述べたと伝えている。[39] 九月八日には、ＵＳＩＡの一部門であるヴォイス・オブ・アメリカ（ＶＯＡ）の極東ラジオ放送が、ホープ計画についての番組を流した。「健康は、国の強化・発展に欠かせないものです。これを認識しているアメリカの人々は、友情と相互理解の印として『ホープ計画』を実行に移したのです」とＶＯＡはアメリカの「人々」が東南アジアの「人々」の健康を守るためにこの計画を立ち上げたことを強調した。[40]

一九六〇年九月一三日、サンフランシスコのハンターズ・ポイント海軍基地（Hunter's Point Naval Shipyard）でホープ号の進水式が行われた。ニクソン副大統領を主賓として、産業界、連邦政府、州政府、議会などから、多くの賓客が出席した。このイベントの広報を担当したのは、サンフランシスコの民間広告会社ウィテイカー・アンド・バクスター（Whitaker and Baxter）であったが、ＵＳＩＡの内部文書では「ホープ計画担当連絡オフィサー」という肩書を持つジョセフ・トーマン（Joseph W. Thoman）が、進水式の広報担当について「民間企業やフリーランスの名前を挙げるほうが良い」と語っていることから、これも民間による運営を強調するためのパフォーマンスであったことが窺える。[41]

ホープ号は九月二二日に最初の訪問地であるインドネシアに向けて出港した。インドネシアは、まさにスプラーグ委員会が述べた「戦略的に重要な地域」に該当していた。[42] スカルノ大統領は、一九五五年にインドネシアのバンドンで開催されたアジア・アフリカ会議において、非同盟諸国の連帯によって冷戦を乗り越えることを訴えたが、アメリカは次第にスカルノの「中立主義というブランド」を容認できなくなった。[43] スカルノは逆に経済ナショナリズムを強め、三〇〇万人の党員を擁するインドネシア共産党（ＰＫＩ）と協調関係を保つとともに、ソ連や中華人民共和国との関係を強化して行った。アイゼンハワー政権は共産主義勢力の影響力を削ぐため、アメリカ中央情報局（ＣＩＡ）による秘密軍事作戦によって反政府反乱軍を支援した。一九五八年五月、反乱軍の

38……From IOC Conger Reynolds to Mr. Allen, December 8, 1959 ; Congressional Record, Proceedings and Debates of the 86th Congress, First Session, September 14, 1959, RG306, Entry P243, box 3, NACP.

39……"For Immediate Release," February 10, 1959, RG306, Entry P243, box 4, NACP.

40……"Magazine of the Air #100, Project HOPE," September 8, 1959, RG306, Entry P243, box 3, NACP.

41……"Follow Up On our Memorandum of August 25 Re USIA Media Coverage of Project Hope," September 2, 1960, RG306, Entry P243, box 3, NACP.

42……スカルノ政権〜スハルト政権に至るインドネシアの歴史については、倉沢愛子『九・三〇　世界を震撼させた日』（岩波書店、二〇一四年）、宮城大蔵『戦後アジア秩序の模索と日本——「海のアジア」の戦後史一九五七〜一九六六』（創文社、二〇〇四年）、ウェスタッド前掲書、木畑洋一「第六章　援助の墓場?——一九六〇年代オーストラリアのインドネシア援助政策」渡辺昭一編著『冷戦変容期の国際開発援助とアジア——一九六〇年代を問う』（ミネルヴァ書房、二〇一七年）、Bradley R. Simpson, *Economists with Guns : Authoritarian Development and U.S.-Indonesian Relations, 1960–1968* (Stanford : Stanford University Press, 2008) を参照した。

43……ウェスタッド前掲書、一三五—一三七頁。

戦闘機が撃墜され操縦していたアメリカ人パイロットが捕虜になると、スカルノ政権はこれをCIAによる介入の証拠と判断しアメリカに対する不信感を深めた。彼は「指導された民主主義」と呼ばれる独裁政治を推進し、「民族主義」「宗教」「共産主義」の三要素のバランスを重視する「ナサコム」体制を築いたが、その中でPKIは勢力を拡大して行った。[44]

しかし、このような相互不信の中にあっても、アメリカとインドネシアには互いの協力を必要とする事情があった。オランダが領有権を主張する西イリアン（ニューギニア島の西半分）の帰属問題で闘争を続けていたスカルノは、ケネディ政権が発足すると訪米して仲介を求めた。ヴェトナムへの軍事介入を深め、周辺地域の安定を必要としていたケネディ政権は、地政学的に重要な位置を占めるインドネシアの安定を望み、これに応じた。[45]ホープ号の訪問は、このように両国が必ずしも安定した友好関係を築けてはいないものの、政治外交面で互いを必要としていた時期に当たっていた。

ただ、ホープ号が去った後のアメリカとインドネシアの関係について少し先回りして述べるならば、ケネディ政権下でいったん好転した両国の関係は、マレーシア独立問題をめぐってふたたび悪化する。「マレーシア構想」[46]を推進するイギリスをスカルノは「新植民地主義」と批判し、反乱軍に支援を行う。この問題は紆余曲折を経てついにジャカルタのイギリス大使館焼き討ち事件にまで発展する。[47]欧米諸国から離反して行くスカルノをアメリカ政府はついに見限り、一九六四年には「インドネシア国内で潜在的な指導者たちを見つけ、関係を深める」ことを目指すようになる。[48]一九六五年九月三〇日、PKIの一部と陸軍の親共産党将校が起こしたクーデター未遂事件を契機に、スハルト将軍の指揮下の国軍によって少なくとも五〇万人の共産主義者や左翼活動家が虐殺され、スカルノもその後、徐々に実権を奪われて三年後には完全に失脚する。[49]この事件にCIAがどの程度関与していたのか現在も明らかではないが、以後、インドネシアは親米的なスハルト政権の下で開発独裁の道を歩むことになる。

話を一九六〇年に戻すと、ケネディが大統領に就任したのは、ちょうどホープ号がインドネシアに停泊している最中であった。したがって彼はホープ計画の立案には何の影響も及ぼしていなかったのだが、ＵＳＩＡはホープ計画がケネディ大統領の第三世界に対する関心の顕れであるという演出を行った。というのも、ホープ号のインドネシアでの活動の様子は、ＵＳＩＳ映画『ホープ計画』として世界中で上映され、そのエンディングではケネディ大統領の就任演説の音声が流されて、演説の内容は「ホープ計画の精神」そのものであると説明されたのだ。

地球の半ばにわたり、茅屋、村落に住み、集団的な貧窮の絆を断とうと苦闘している人々に対しては、彼らの自助の営為を支援するため、必要な期間、いつまでも最善の努力をすることを誓う。これを行うのは、共産主義者がそれをするかもしれぬとか、われわれが彼らの票を求めるとかいう理由によるのではなく、それが正しいことだからである。[50]

ケネディ就任演説のこの有名な一節を映画の中に挿入することによって、ホープ計画にかかわる「民間の」医師や看護師らが、ケネディ大統領と同じ信念に基づいて第三世界の国々への支援を行っているというナラティブ

44……宮城前掲書、三三頁、四六頁、倉沢前掲書、二五、三四頁。

45……宮城、四六頁、倉沢、九頁。

46……一九五七年にイギリスから独立したマラヤ連邦にイギリス保護下のシンガポールとボルネオ島北部を統合して「マレー連邦」として独立させる構想。

47……宮城前掲書、三九―五四頁、倉沢前掲書、一五頁。

48……ウェスタッド前掲書、一九一―一九四頁。

49……倉沢前掲書、vi頁。

50……日本語訳は、アメリカ学会訳編『原典アメリカ史』第七巻（岩波書店、一九八二年）、五九頁による。

が流布されたのである。[51] ＵＳＩＳ映画『ホープ計画』の出自は複雑である。それは元々、タービン・エンジンの部品などを製造するエクセロ社（Ex-Cell-O Corporation）の出資により、フランク・ビバス（Frank P. Bibas）監督がホープ号に乗船して撮影したもので、一九六一年度アカデミー賞・短篇記録映画部門を受賞した。ＵＳＩＡはこの映画をＵＳＩＳ映画として調達し、日本、韓国、ヴェトナム、インド、イラク、ザンビア等、世界中のさまざまな国で上映した。しかしＵＳＩＡの内部文書は、この映画がインドネシアの次の訪問地、南ヴェトナムへの渡航資金を調達するために、アメリカ国内のプロモーション用に制作されたものであったことを示唆している。すなわち一九六一年五月一〇日、ワシントンのＩＣＡ本部で、ウォルシュ、ピープル・トゥー・ピープル保健財団のエドワード・テラー（Edward F. Terrar）、ＩＣＡ長官特別補佐のハーバート・ウォーターズ（Herbert J. Waters）らがホープ計画について話し合った会議の議事録がそれを示している。この時すでに、南ヴェトナム政府からホープ号の派遣が要請されていたが、未だ十分な募金が集まっておらず、ウォルシュは「エクセロ社が制作したホープ号の映画を一五〇部プリントして配給しており、資金調達に役立っている」と語っている。[52] 実際、映画の終盤でウォルシュとナレーションを担当したジャーナリストのボブ・コンシダイン（Robert Bernard Considine）が登場し、ホープ計画が民間の寄付に頼っていることを説明して視聴者に募金を求める場面がある。しかしそもそも、なぜビバス監督が船に乗り込み、エクセロ社が映画に出資したのかという点も謎に包まれており、映画制作自体が「民間」を強調し資金調達を行うためのＵＳＩＡによる演出であった可能性も否定しきれない。

映画の詳しい内容や制作過程については、すでに別稿[53]で論じたので省略し、ここでは映画に描かれたインドネシアでの実際の活動内容について概説する。ホープ号は、スマトラ島、ボルネオ島、ジャワ島、バリ島を巡り、特に首都ジャカルタでは、現地の医師とアメリカ人医師とがペアになって船を訪れる病人の治療に当たることで、アメリカの医療技術を現地人医師に伝授するという方法が採られた。船には限られた病床数ながら入院設備もあり、手術を受ける必要のある患者などは、しばらく船に「入院」した。映画では、両親に見捨てられた小さな子どもが顔面にできた腫瘍の摘出手術を受け、船上で乗組員に見守られながら元気を回復して行く様子が描かれている。[54]

また船には、インドネシア人の医師や政治家のほか、スカルノ大統領自らも表敬訪問する。実はちょうど同時期にジャカルタでソ連の工業博覧会が開催されており、現地メディアの注目がそちらに集まらないようにするために、ＵＳＩＡはスカルノがソ連の博覧会を訪問する前に、あえてホープ号への招聘を計画したのであった。スカルノのホープ号訪問について報告したＵＳＩＡの文書は、「スカルノのホープ号訪問は、効果的にソ連の博覧会に関する記事に先手を打った」と表現している。またＵＳＩＡは、インドネシア政府がバンドン看護学校を二週間休校にして生徒たちをホープ号に通わせたことや、スカルノ政権寄りの新聞がホープ計画について好意的な報道をしたことなどに注目し、ホープ計画が「永続する好感情」を醸成するだろうと期待した。[55]

しかしながら、一九六一年一月三一日付のＵＳＩＳジャカルタからＵＳＩＡ本庁宛の機密電報は、ホープ号が対外情報プログラムとしての成果を十分に上げていないことを指摘し、是正策としてＵＳＩＡ職員をホープ号に常駐させることを提案している。「ＵＳＩＳの関与はなるべく見えないほうが良い。なぜなら、ホープ号は結局

51……ケネディ政権のアジア開発援助については、渡辺（二〇一七年）、とくに渡辺「欧米の対アジア開発援助の展開」（序章、一一頁）を参照した。

52……Memorandum of Conversation, May 10, 1961, RG469, Entry P89, box 7, NACP. ウォーターズはこの時、人件費を抑えるために乗員の一部に「平和部隊」の若者を充ててはどうかと提案した。

53……土屋由香「第九章　アメリカの政府広報映画（ＵＳＩＳ映画）が描いた冷戦世界——医療保健援助船「ホープ号」をめぐる国際政治」『ＭＩＮＥＲＶＡ世界史叢書』第六巻（ミネルヴァ書房、二〇一九年）。

54……Frank P. Bibas, Director, *Project Hope*, 1961. アメリカ国内版の映像は、少なくとも二〇一七年末ごろまでは監督の娘であるBarbara Bibas Monteroの厚意によってＮＰＯ「ホープ計画」のウェブサイト上で公開されていたが、現在は削除されYouTube等でのみ視聴可能となっている。『ＵＳＩＳ映画目録一九六六年版』、一二四頁。

55……"Project Hope in Indonesia," November 10, 1960, RG306, Entry P243, box 3, NACP.

プロパガンダの道具に過ぎず、アメリカ政府が背後で操っているというインドネシア人の考えを、よりいっそう強めることになるからだ」と、USISジャカルタは政府関与の否定的側面を認めながらも、このまま対外情報プログラムの機能不全を放置するわけには行かないと考え、ウォルシュ医師の了承を得てUSIAの係官をジャカルタに派遣することを要請したのである。[56] 実際にUSIAから人が派遣されたのかどうかは、史料からは確認できない。しかしこの出来事は、「民間」の活動を利用した対外情報プログラムの限界を露呈していたと言えよう。広報効果が十分に上がらない場合には露骨な政府介入も辞さないという姿勢からは、ホープ計画が「民間」のボランティア活動であるという建前がいかに脆いものであったか、またスプラーグ委員会が述べたように「ソ連のフロント組織」に対抗するために民間活動を利用するという方針がいかに困難を伴ったかということが示唆されるのである。

5　ホープ号の南ヴェトナム訪問

映画『ホープ計画』の上映による資金集めも功を奏して、南ヴェトナムへの渡航資金にある程度の目途がついたウォルシュは、一九六一年五月二三日、ホワイトハウスでケネディ大統領の側近と面会し、南ヴェトナムへの渡航許可を求めた。そこにはUSIAのドン・ウィルソン（Don Wilson）も同席していた。ホワイトハウスのスタッフは、ウォルシュが追加的資金援助を求めてくるのではないかと懸念していたが、ウォルシュは「資金を求めているのではなく、ヴェトナムへの航行制限を解除してもらいたいのだ」と話した。ウォルシュの退室後、ケネディの補佐官たちは「ホープ号がサイゴンを訪問すべきかどうか」を話し合い、「それはアメリカの国益に資するだろう」という合意に達した。ただし最終的な決定は、五月三一日に公表されるホープ計画の予算表を精査してから下されることになった。[57]

結局、南ヴェトナム行きは許可され、ホープ号は一九六一年七月初めにサイゴンに入港した。表向きには

「チュオン博士（Dr. Churong）が率いる非政府組織であるヴェトナム医師会がホープ号を招いた」ことになっていた。[58] 入港前からすでに、USIAおよびウォルシュによる広報活動によって、現地の人々の期待感は必要以上に高まっていた。駐サイゴンアメリカ大使館のノルティング（Frederick Nolting）大使――第2章で登場したダーブラウ大使の後任として一九六一年に着任し、ゴ・ディン・ジエム政権に対してダーブラウよりも融和的であった――は国務長官に対して、ホープ計画は現地で「良い印象を与えている」ものの、医師数人と看護師一〇人を追加した上で九月一日まで滞在を延長してほしいと申し出た。事前の評判に比して十分な医療を行えないことを危惧したからである。これに対してラスク国務長官は、九月一日までの滞在は許したものの、スタッフ増員については「ウォルシュ医師も賛成していない」として許可しなかった。[59]

アメリカ大使館の観察したところによれば、ヴェトナム人医師たちはホープ号に「心臓手術などの高度な医療技術を教えられる有能な医師が居ないことに不満を抱いて」おり、これに事前の期待感とのギャップも加わって、対外情報プログラムの効果が損なわれていた。しかしウォルシュは医師の増員は必要無いとして拒否したため、増員を求める大使館との間で摩擦が生じた。アメリカ本土で資金集めなどに奔走するウォルシュにかわって、サイゴンではリチャード・O・エリオット（Richard O. Elliott）がホープ号の首席医師として指揮を執っていた。ウォルシュは自分の不在中の運営について「エリオットに細かく指示を出していた」が、ホープ計画がICAの資金援助を受けていることについては知らせていなかった。つまりエリオットは、自分が現地で指揮している

56……Incoming Telegram from USIS Djakarta to USIA, January 31, 1961, RG306, Entry P243, box 3, NACP.
57……Memorandum for the Files, May 23, 1961, RG469, Entry P89, box 7, NACP.
58……From Nolting to Sterling J. Cottrell, Task Force Vietnam, Department of State, July 27, 1961, RG469, Entry P89, box 7, NACP.
59……From Nolting to Secretary of State, June 27, 1961 ; From Rusk to Embassy Saigon, July 3, 1961, RG469, Entry P89, box 7, NACP.

ホープ計画が政府資金による対外情報プログラムであるということを認識しておらず、したがって大使館が医師の増員を主張する理由もよく理解できなかったのである。このためエリオットは現地大使館がいくら医師の増員が必要であると力説しても、ウォルシュからの指令をかたくなに守り、「増員についてはウォルシュを通さなくてはならない」と言い続けて大使館を悩ませた。しかし、ホープ号の医療体制は明らかに不十分であった。一九六一年七月五日、エリオットと南ヴェトナム保健省長官のトラン・ディン・ディー（Trần Đinh Đệ）、そして現地USOM（U. S. Operation Mission：ICA の現地支部と同一の組織で、アメリカ大使館内に置かれた。詳しくは第2章参照）公衆衛生課長のウィラード・H・ボイントン（Willard H. Boynton）が懇談し、「軽症患者についてはホープ号ではなく現地医師の治療を受けるよう勧める」ことを合意した。治療を希望する患者はすでにキャパシティを越えているにもかかわらず、当初「二三〇床」と宣伝されていた船の病床数は、実際には看護師不足により八〇床しか使用できなかったのである。[60]

ホープ号の入港から一〇日目、ICAサイゴン支部からワシントンのICA本部に送られた機密電報には、ホープ計画が最初から大きな問題に直面していることが記されていた。

我々にとってホープ号は本当に問題である。ウォルシュは能力以上のことを約束し、最初からヴェトナム人との関係を非常に悪化させてしまった。サイゴンに到着して一〇日間で彼は、ヴェトナム保健省長官、官房長官、ヴェトナム空軍の軍医総監（Surgeon General）、そして医師会会長を敵に回した。主たる問題は、「ウォルシュが宣伝過剰で実行が伴わないこと」「プロジェクトの管理運営がきちんとできていないこと」「船の到着日時や乗員などについて誰も責任を持って答えられないこと」である。現在までのところ、ヴェトナム人医師たちはホープ号が支援よりも多くのトラブルを持ち込んだと感じている。そして私も彼らに同意せざるを得ない。[61]

支部から本部への公式電報にしては異様にも見えるほど強い調子の批判に、ＩＣＡは危機感を抱いた。さらに追い打ちをかけるようにその一〇日後、南ヴェトナムを視察したウォルシュから、「多くの病院において、アメリカ政府の資金で購入された大量の医療機器がメンテナンス不足のために使用されずに放置されている」という報告がＩＣＡ本部に届いた。ＩＣＡはサイゴンのＵＳＯＭに真相を確かめるよう命じた。サイゴンのＵＳＯＭにとっては、ウォルシュの本部への報告は、まるでＵＳＯＭが医療機器をずさんに管理しているという批判にも聞こえかねないものであったため、ますますウォルシュへの不信感が高まった。「ウォルシュが何を根拠にそのようなことを言っているのか理解できない」と、ＵＳＯＭはＩＣＡ本部に打電した。ウォルシュは「たった一度しか地方の病院を視察して」おらず、その視察の直前にある病院から「麻酔設備のガスが切れた」と連絡があったことが、上記のような報告に結びついたのかも知れない。しかし、麻酔ガスの供給は南ヴェトナム政府の役割であった。「ウォルシュはＵＳＯＭ、ＷＨＯ、ユニセフ、ヴェトナム政府の役割分担を理解していないのではないか」とＵＳＯＭは疑問を呈した。[62]

ヴェトナムの現地事情を深く理解せずに自らのやり方を押し通そうとするウォルシュと、現地アメリカ大使館（ＵＳＯＭ／ＩＣＡやＵＳＩＳの現地スタッフを含めて）との関係は、決定的に悪化して行った。ホープ号が来る前から地道な医療支援活動を行っていたＵＳＯＭには、自分たちの粘り強い仕事のほうがホープ号の短期的で人目を引く活動よりも意味があるという自負があった。「ＵＳＯＭの医師・看護師はアメリカ政府関係者の中でも最もヴェトナムの奥地まで出かけて行っている。ＵＳＯＭ公衆衛生課長のボイントン医師は、四年半にわたって素

60——From Nolting to Secretary of State, July 5, 1961, RG469, Entry P89, box 7, NACP.
61——From Clifford A. Pease to Edward Rawsen, July 10, 1961, RG469, Entry P89, box 7, NACP.
62——From Labouisse to ICA Saigon, July 17, 1961 ; From Gardiner to ICA Washington, July 20, RG469, Entry P89, box 7, NACP.

晴らしい仕事をしてきており、ヴェトナム人医療関係者の中に多くの友人を得ている。彼の影響はホープ計画にとっても大きな助けになっている」とノルティング大使は国務省に伝えた。[63]

一九六一年八月、サイゴンのアメリカ大使館はホープ号到着からの一か月余りを総括し、(一)一般市民、(二)ホープ号の船上で、あるいはホープ号のスタッフによって治療を受けた(またはこれから受けようとしている)患者、(三)ヴェトナム人医療関係者、(四)ヴェトナム保健省(特に直接ホープ計画に関わった者)、の四グループに分けて、ホープ計画の成果について評価を行った。その評価報告書によれば、一般市民の反応はおおむね良好であった。彼らは「迫力のある白い大きな船」と人道的な目的に感銘を受けていた。ホープ計画が個々人の善意に基づく活動であるという解釈も、概ね一般市民には受け入れられており、アメリカ政府のプロパガンダだと思う者はほとんど居なかった。一方治療を受けた人や申し込んだ人の間での評価は、まちまちであった。一万人の希望者のうち一〇〇人弱しか治療を受けられなかったが、治療を受けた人たちはホープ計画を手放しに礼賛した。ホープ号で治療を受ける患者を選ぶスクリーニングの過程で病院で治療を受けることができた者や、ホープ号のスタッフが病院に出向いて治療を支援したケースもあった。

しかし、ヴェトナム人医療関係者の間では批判的な意見が強かった。地元の受入れ組織である「ホープ委員会」に対して二月に行われた事前説明では、ホープ号は「二五〇の病床数のある完全に設備の整った病院船である」と聞かされていたにもかかわらず、実際には一〇〇〜一二〇床しか使われていないことや、期待していた医療機器が備えつけられていないこと、また事前説明ではアメリカ人専門医から成る「特別医師団」が派遣されると言われていたのに実現しなかったこと等に、医療関係者たちは不満をつのらせていた。ただし、ホープ号の医療スタッフとヴェトナム人医療関係者との間には、温かい友情が築かれていた。特に、アメリカ人医師とヴェトナム人医師がペアを組んで患者を治療する方法は、成功したと評価された。また整形外科医のフーヴァー医師のように、軍用リハビリテーション・センターに一般市民も通えるように尽力した例もあった。さらにヴェトナム保健省とホープ号乗組員との間には、初期には誤解による摩擦があったものの、日が経つにつれて解消した。

ここまで評価報告書の書きぶりは比較的穏やかであったが、最後の数段落にはホープ計画とウォルシュに対する批判が厳しい言葉で綴られていた。第一に、ホープ号のスタッフが南ヴェトナム国内を自由に移動して医療を届けられなかった背景には、治安事情もあったものの、国内交通費を誰が払うべきかについて混乱があったことも一因であった。ウォルシュは地元の委員会が交通費を支払うものと理解し、地元委員会はホープ計画側が払うと考えていたのだ。二点目として、経験豊かな管理運営者や広報担当官が不在であったことが様々な混乱や誤解を生んだ。第三に、何人かの乗組員の「無礼で規律を欠いた行動」によって、「地元警察が出動する事態が何度も」起きた。そして第四に、ウォルシュが「直接的・間接的にＵＳＯＭの公衆衛生課スタッフを批判したこと」が、彼らの士気を下げる結果となった。指導的立場にあるヴェトナム人医師がＵＳＯＭに語ったところによれば、長期的に見れば「ＵＳＯＭの医療教育プロジェクトのほうがホープ計画よりも、ヴェトナムにおける医療教育の水準を引き上げるのに役立つ」とのことであった。また南ヴェトナムの知識人たちは、「南ヴェトナムの病院には既に二万床が確保されている」ものの、今後さらに病床数・設備・医師を増やす必要があることを指摘し、一〇〇床ほどしかない船の上で治療を行うのではなく、もっと実情に合った活動は出来なかったのかと疑問を呈していた。[64]

この報告書が出された数日後、ノルティング大使がサイゴンの自宅でスタンダード石油のサミュエル・ストラスバーガー（Samuel Strasburger）から聞き取った内容も、ホープ計画とウォルシュに対するそれまで聞かれた批判を裏付けるものだった。ストラスバーガーは、ホープ号のインドネシアおよび南ヴェトナムでの活動を総括して次のように述べた。エッソ石油が二五万ドルをホープ計画に寄付し、テキサコ石油、カルテックス社、デュポ

63……From Nolting to Sterling J. Cottrell, Task Force Vietnam, Department of State, July 27, 1961, RG469, Entry P89, box 7, NACP.
64……From Frederick Nolting, Embassy Saigon to Secretary of State, August 22, 1961, RG469, Entry P89, box 7, NACP.

ン社も合計一〇〇万ドルを寄付したが、ホープ号のインドネシア訪問は「がっかりする結果」であった。治療を受けることのできたインドネシア人はもちろん喜んだが、それよりも多数の人々が期待に反して治療を受けることが出来ず、「彼らの失望感は治療を受けた少数者の満足感を上回る」ものであった。またホープ号関係者は、「資金不足のためにインドネシアで十分なことができなかった」と主張していたが、南ヴェトナムでもまた同じようなことを言っている。「ウォルシュは大金を集めたのに、なぜ慢性的な資金不足なのか」と、ストラスバーガーは疑問を呈した。またストラスバーガーは、ホープ号の「個人間の（person-to-person）援助アプローチ」にも懐疑的で、USOMの医療プログラムのほうが、より長期的で費用対効果の高い実績を生むのではないかと述べた[65]。

このようにホープ号の南ヴェトナム派遣は、現地USOMとウォルシュ医師との対立を際立たせる形になった。対立の一因は、戦闘の続くヴェトナムで献身的に医療活動を続けてきたという自負のあるUSOMの立場から見れば、ホープ計画はあまりにも短期的で医療援助としての効果が薄く感じられたことであった。またウォルシュが、南ヴェトナムの現地事情やUSOMのこれまでの功績を十分理解しないままホープ計画を推進しようとしたことも、益々現地の大使館関係者との軋轢を深める結果となった。

もう一つの原因として、民間人であるウォルシュがワシントンでUSIAやホワイトハウスとの打合せを重ねた上、政府の関与を秘匿したままホープ計画を実行するという方法に無理があったと考えられる。サイゴンのUSOMはワシントンのICAの支部であり、ICAは国務省の付属機関であったから、USOMが元々行っていた医療援助活動は、アメリカの外交政策の一環であった。彼らにとってホープ計画への支援は、いわば通常業務以外の仕事を、ホワイトハウスとUSIAからの依頼で行っているようなものであった。ところがウォルシュは、ホープ計画が民間活動であるというパフォーマンスを続けながらUSOMの支援を受け、しかもUSOMに対して色々な注文をつけた。「民間」の仕事を手伝わされ、しかも民間人であるウォルシュがまるで上官であるかのようにワシントンに報告を行うという構図は、USOMにとって面白くないものであったことは想像に難くない。

このように民間活動を対外情報プログラムに利用し、しかも政府の関与を秘匿するというやり方は、文化冷戦の舞台であった医療援助活動の中に、アメリカ人どうしの対立や軋轢を生むことになった。

アメリカのヴェトナムへの軍事介入は、しばしば「米ソ代理戦争」の文脈で語られてきた。しかし、ジェシカ・エルキンド（Jessica Elkind）が指摘する通り、アメリカの主たる動機はむしろ「近代化」理論に基づいたヴェトナム国家建設であった。アメリカ・モデルの近代国家を建設することが、共産主義の拡大を封じ込めることにつながると考えられたのである。この文脈において、援助従事者たちの役割は非常に重要なものとなった。彼らが命がけで近代化への援助を続けることが、アメリカの政治目的そのものに直結していたのである。同時に、援助従事者たちもまた腐敗したゴ・ディン・ジエム政権を支えるアメリカの一部と見なされ、PLAF（ヴェトコン）の攻撃対象となることもあった。ホープ計画とUSOMによるアメリカの対外医療援助プログラムは、南ヴェトナムが医療を通した文化冷戦の舞台でもあったことを示しているが、この文化冷戦は現実の暴力を伴う極めて危険なものであった。

ホープ計画はまた、政府と民間の境界線の曖昧さ、そして両者の協力関係と緊張関係の双方を浮き彫りにしている。「国際医療保健政策に関する省庁間委員会」が指摘したように、医療援助はソ連との競争の最前線に位置していたために、ホープ計画は対外情報プログラムとして重要な地位を与えられた。しかし、医療援助に欠くことのできない医師、看護師、医療技術者らのほとんどは民間人であり、医療援助はそもそも民間の協力なしには成立し得ない要素を内包していた。さらに、スプラーグ委員会が分析したように、民間人を対外情報プログラム

65……Memorandum of Conversation, August 25, 1961, RG469, Entry P89, box 7, NACP.
66……Jessica Elkind, *Aid Under Fire: Nation Building and the Vietnam War* (Lexington: University Press of Kentucky, 2016), 1–24.

に動員するために「個々のアメリカ人をアマチュア外交官に仕立てる」ことは、「自発的で多元的なアメリカ社会」というイメージを損なうことになりかねないため、連邦政府は秘密資金援助を行いながらも、表立った干渉は避ける必要があった。このような、対外情報プログラムにおける政府と民間のいびつな関係は、政府のコントロールが及ばない領域を増やすことにつながった。すなわち、政府機関による支援の全貌を知り得たのは、ウォルシュのような少数のトップに限られ、実際のボランティア活動に従事する専門家たちは、そのような事情を預かり知らず、政府の意図を忖度することも無かったのである。ここに、専門家の協力を必要とする科学技術分野での対外情報プログラムの特徴と、その限界が表出していたと言えよう。アメリカの科学技術が、ソ連のものとは異なり一般市民の生活向上に資するのだという、「サイエンス・フォー・ピース」のメッセージは、インドネシアや南ヴェトナムの一部の幸運な患者や医師には伝わったかも知れないが、その影響力は限定的であったと結論づけることができよう。

一方、医療援助と同じ時期に対外情報プログラムとしての重要性を増して行ったのが、宇宙開発であった。しかし宇宙開発は、外国の人々にとって直接的な恩恵を期待できるような科学技術ではなく、また「民間」活動を装うことが可能でも必要でもなかったという点で、医療援助とは対照的であった。次章では、この極めて非日常的で国家的なプロジェクトが、なぜ対外情報プログラムとして重要な位置づけを得たのかを検討する。

第7章

新たな対外情報プログラムとしての宇宙開発

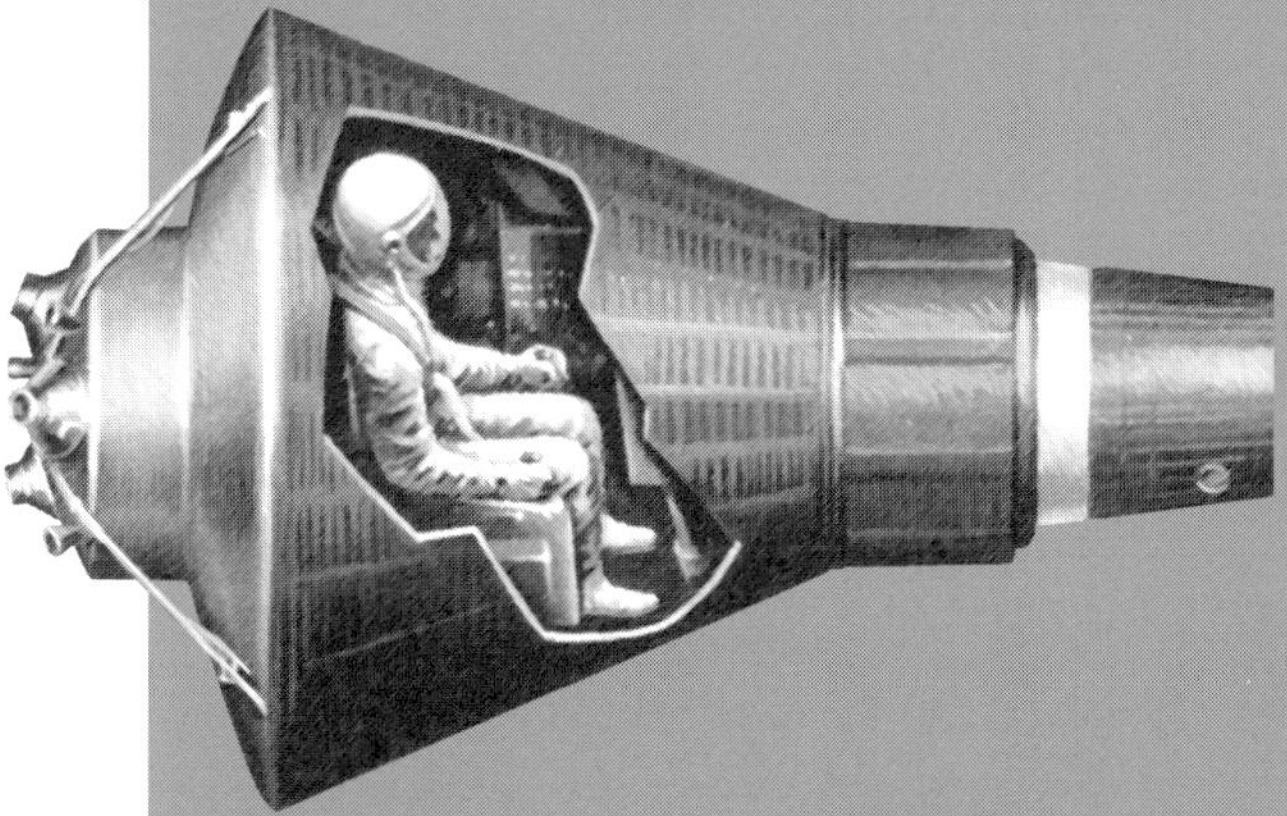

二〇一九年、アメリカ航空宇宙局（NASA）はアポロ月面着陸五〇周年を祝った。アポロ計画に関するTVドキュメンタリー番組が放映され、関係者へのインタビューや回想録からアポロ計画五〇周年のロゴや写真の入ったTシャツや文具まで、市中にもアポロ計画のイメージがあふれた。アメリカ航空宇宙博物館は、全米五箇所のミュージアムで「デスティネーション・ムーン」（Destination Moon）と銘打った展示を華々しく展開した。[1] 偶然ワシントンDCに出張していた筆者は、アポロ計画が、今も国家の栄光と科学技術の勝利を想起させる重要な歴史的アイコンであり続けていることを実感した。

これほどまでにアメリカの、そして世界の人々の記憶にNASAの宇宙開発が強く刻まれた背景には、NASAの中心的活動が研究開発と同時に広報でもあったという点が関係していた。「スプートニク・ショック」のちょうど一年後の一九五八年一〇月一日アメリカ政府は、一九一五年に設立された国家航空諮問委員会（National Advisory Committee for Aeronautics : NACA）を改組してNASAを創設した。それまで陸・海・空軍がそれぞれ別々に行っていた宇宙開発事業を統合し、省庁間の利害を調整できるように大統領直属の独立組織としたのである。[2] NASAは「軍事関係を除く」宇宙開発計画を担うことになっていたが、実際にはその活動の八割程度は軍事に関連するものであったと言われている。[3] 宇宙開発において軍事と非軍事を明確に切り分けることは困難だが（例えば人工衛星の技術は軍事探査衛星にも気象衛星にも使えるし、ロケットは宇宙飛行士も核弾頭も打ち上げることができる）、非軍事とラベリングされた活動のほとんどが、国内および海外向けの情報プログラムに直結していたと言っても過言ではない。NASAの宇宙飛行士たちは雑誌の表紙を飾り、ラジオやテレビに出演する「スター」であり、NASAの活動は世界中でUSIAが主催あるいは後援した博覧会やUSIS映画を通して、外国の人々を魅了したのである。

第5章で見た通り、スプートニク・ショックの後、USIAの科学顧問ハロルド・グッドウィンを中心に起草された「科学技術に関する基本ガイダンス文書」では、医療や農業のような「実用的な科学技術は対外情報プログラムの重要テーマだが、宇宙飛行のように人のイマジネーションを掻き立てるテーマも、同じ程度かそれ以上に有用である」とされていた。最終章となる本章では、人々の日常生活に直接的な恩恵をもたらすものではなく、それどころか一般市民にはアクセスできない非日常の技術である宇宙開発が、アメリカの対外情報プログラムとして位置づけられて行く過程を追う。具体的には、アポロ月面着陸計画が始動するより前の初期の宇宙計画、すなわちNASA設立前後からアメリカ初の有人宇宙飛行計画「マーキュリー計画」の初期まで（概ね一九五八年から六一年まで）の時期に焦点を当て、USIAとNASAの連携関係を精査することによって、文化冷戦の中で宇宙開発が果たした役割について検討する。

NASAおよびアメリカの宇宙開発に関する先行研究としては、まずNASAの歴史編纂室が歴史学、政治学、社会学などの研究者を集めて編纂した、*Social Impact of Spaceflight*（宇宙飛行の社会的インパクト、二〇〇七年）および*Critical Issues in History of Spaceflight*（宇宙飛行の歴史における重要問題、二〇〇六年）が挙げられる。これらの二冊にはそれぞれ、科学史家ジョン・クリーグが外交と宇宙開発の関係について論じた章が収められており、

1……Smithsonian National Air and Space Museum website, https://airandspace.si.edu/exhibitions/destination-moon. 二〇一九年一一月一日閲覧。

2……NASA website, https://www.nasa.gov/content/nasa-history-overview. 二〇一九年一一月一日閲覧。

3……米本昌平「自然科学」小田隆裕ほか編『事典　現代のアメリカ』（大修館書店、二〇〇四年）、四一五頁。

本書との関係では特に重要である。[4] そのほかスプートニク以前からアイゼンハワー政権が着手していた探査衛星の開発および空軍と大統領との対立について安全保障史の観点から論じたニコラス・サンバルク（Nicholas Michael Sambaluk）、スプートニク・ショックへのアイゼンハワー大統領の冷静な対応を再評価したヤニク・ミズコフスキー（Yanek Mieczkowski）、アイゼンハワー大統領と側近たちの科学と安全保障の両面における宇宙開発を高く評価したマーク・シャナハン（Mark Shanahan）、宇宙開発だけに限らず科学と国家戦略を架橋する上で重要な役割を果たしたロイド・バークナーに関する伝記的研究を著したアラン・ニーデル（Allan A. Needell）など、ここ二〇年の間にいくつかの重要な実証研究が出ている。[5] 日本においても佐藤靖『NASAを築いた人と技術――巨大システム開発の技術文化』（二〇一四年）、同『NASA――宇宙開発の六〇年』（二〇〇七年）、鈴木一人『宇宙開発と国際政治』（二〇一一年）、またケネディ政権の宇宙政策に関して一九九九年までの国内外の研究を網羅した山本和隆の論考（二〇〇〇年）などがある。[6]

前述のクリーグ（二〇〇六年）は、NASAが発足から二〇年間にわたり国際協力を積極的に行った理由として、後発諸国がソ連の宇宙開発技術と提携することを防止するという現実政治上の要請や、宇宙ロケット開発に関する国際協力の枠組みに諸外国を引き入れることによって、核ミサイル開発から手を引かせるという安全保障上のねらいがあったことを指摘している。[7] 国際協力だけではなくNASAの対外情報プログラムに関しても、長期的に見れば同じようなことが言えるかも知れない。しかしながら、本章が扱うNASA発足から三～四年の時期には、米ソと連携するほどの技術を備えた国はイギリス・フランスなどごく少数であり、まして有人宇宙飛行に着手する国など皆無であった。したがって有人宇宙飛行に関する対外情報プログラムを多くの国に向けて発信した理由を、技術連携やミサイル開発防止だけに求めるのは難しい。クリーグはもう一つの論文（二〇〇七年）において、NASA発足初期にケネディ政権が行ったイギリス、フランス、カナダとの人工衛星に関する技術協力の背景に、「文化的レベルでの」外交目的があったことを指摘している。アメリカの「オープンで民主的な」価値観を宇宙開発で披露することが外交目的に資するからこそ、これらの国々と協力したというのである。[8] 鈴木も前掲書の中で、有人宇宙飛行が「世界にメッセージを発信し、自国のプライドを満足させ、国内のナショナリズムを喚起し、国内社会の統合や政権の正統性を強化する」ソフトパワーの手段であることを指摘している。[9] 初期のNASAが、ほとんどの国にとって未だ現実的ではなかった有人宇宙飛行について盛んに情報発信した理由は、アメリカを中心とする科学技術ネットワークの中に諸外国を留め置くという目的もさることながら、アメリカの威信を高め、その価値観への共感を勝ち取るという「文化的」側面が強かったのではないかと考えられる。そうした意味で、NASAとUSIAによる海外情報プログラムは、一九五〇年代から続く「文化冷戦」の一局面——そしておそらく最終局面——として位置づけられよう。

4……John Krige, "NASA as an Instrument of U. S. Foreign Policy," in *Social Impact of Spaceflight*, eds. Steven J. Dick and Roger D. Launius（Washington D. C.：NASA SP–2007–4801, 2007）, 207–218；John Krige, "Technology, Foreign Policy and International Collaboration in Space," in *Critical Issues in History of Spaceflight*, eds. Steven Dick and Roger Launius（Washington DC：NASA–2006–4702, 2006）, 239–260.

5……Nicholas Michael Sambaluk, *The Other Space Race：Eisenhower and the Quest for Aerospace Security*（Annapolis：Naval Institute Press, 2015）；Yanek Mieczkowski, *Eisenhower's Sputnik Moment：The Race for Space and World Prestige*（Ithaca：Cornell University Press, 2013）；Mark Shanahan, *Eisenhower at the Dawn of the Space Age：Sputnik, Rockets, and Helping Hands*（Lanham, Maryland：Lexington Books, 2017）；Allan A. Needell, *Science, Cold War and the American State：Lloyd V. Berkner and the Balance of Professional Ideals*（New York & London：Routledge, 2001）.

6……佐藤靖『NASA——宇宙開発の六〇年』（中央公論新社、二〇一四年）、同『NASAを築いた人と技術——巨大システム開発の技術文化』（東京大学出版会、二〇〇七年）、鈴木一人『宇宙開発と国際政治』（岩波書店、二〇一一年）、山本和隆「ケネディと『宇宙開発』政策」、藤本一美編著『ケネディとアメリカ政治』（つなん出版、二〇〇四年、初版は二〇〇〇年）、一五一—一八六頁。

7……Krige, "Technology, Foreign Policy and International Collaboration in Space," 241, 249.

8……Krige, "NASA as an Instrument of U.S. Foreign Policy," 212.

9……鈴木前掲書、一一一—一一三頁。

1　宇宙開発と情報政策

アメリカの対外情報プログラムの中で、宇宙開発はスプートニク・ショック以後に浮上した新しいテーマであった。モスクワの新聞は人工衛星スプートニクの打ち上げ成功について、「人工衛星は宇宙旅行時代を切り拓くだろう。我々の世代は、新しい社会主義国の、解放された意識の高い労働者たちが、最も大胆な人類の夢さえも実現させるのを目の当たりにするだろう」と誇らしげに報じた。またソ連の著名な宇宙科学者レオニド・シードフ（Leonid Sedov）は、ドイツからアメリカに亡命した後にアポロ計画の中枢を担った工学者ヴェルナー・フォン・ブラウン（Wernher von Braun）の共同研究者であったエルンスト・ストゥーリンガー（Ernst Stuhlinger）に対して、「アメリカは美しいし、生活水準は非常に高い。しかし、平均的なアメリカ人は車や家や冷蔵庫のことばかり気にかけているのは明白だ。彼は国に対する意識が欠如している」と語ったという。[10]確かに「車や家や冷蔵庫」はアメリカの対外情報プログラムの中でも重要なテーマであったが、アメリカはそのような実用品しか作れない国であるというイメージが世界に流布するのは、アメリカ政府にとって都合が悪かった。

第5章でも触れた通り、アメリカはスプートニク・ショックと同じ年の一二月に実施した人工衛星ヴァンガードの打ち上げに失敗し、世界のメディアで嘲笑された。イギリスの新聞は「ああ、何たる失敗（Flopnik）！」（「ばったり倒れる」の意味がある Flop とスプートニクの合成語）、「アメリカ人はそれを大失態（Kaputnik）と呼ぶ」（「壊れている」の意味がある Kaput とスプートニクの合成語）などとアメリカの失敗を面白おかしく書き立て、パリの雑誌は「グレープフルーツ（人工衛星の大きさがグレープフルーツ大であったことを指して）の中に虫が居たようだ」と揶揄した。国連のソ連代表はアメリカ代表に対して、「モスクワ発の後進国向け技術援助プログラムを受けるつもりはないか？」と皮肉った。[11]このような屈辱の中、アメリカ政府は威信をかけてヴェルナー・フォン・ブラウンにロケット開発を託し、一九五八年一月に初の人工衛星エクスプローラー一号の打ち上げに成功した。

同年一〇月、航空宇宙法によってNASAが設立された。一九五九年四月にはアメリカ初の有人宇宙飛行計画「マーキュリー計画」が公表され、それは一九六一年一月に発足したケネディ政権に引き継がれた。

従来の通説においては、アイゼンハワー政権は宇宙開発にあまり熱意が無く、スプートニク打ち上げ成功に衝撃を受けてNASAを設立したものの、財政バランスを考慮して比較的小規模なものにとどめようとしたとされていた。[12] しかしここ一〇年以内に刊行された最新の研究では、アイゼンハワー大統領が宇宙を早くからインテリジェンス（情報収集活動）の場として認識し、あえて目立たない形で探査衛星の研究に着手していたこと、このためスプートニク打上げ成功にも大して衝撃を受けず、冷戦沈着に対応したこと等が明らかにされている。[13] しかしながら、このいずれのアイゼンハワー大統領像とも異なる動きが、すでに同政権の内部で始動していた。それが、先に述べた通り宇宙飛行を対外情報プログラムに利用するというUSIAの提案であった。

アイゼンハワー政権から宇宙飛行に関する対外情報プログラムを引き継いだケネディ大統領は、前政権以上に国際世論の動向に気を遣っていたことが指摘されている。USIAが各国の世論調査機関を通して行った調査によれば、アメリカは日常生活に直結するような「ソフトな」分野ではソ連を凌駕していたが、宇宙や核兵器などのハードな分野においては、ソ連のほうが進んでいるという見方が根強かった。[14] これはアイゼンハワー政権時代の「サイエンス・フォー・ピース」で打ち出された方針、すなわちアメリカの科学技術は人々の日常生活に資するというメッセージが国際世論に受け入れられた結果と見ることもできるが、裏を返せば、アメリカは「ソフト

10……T. A. Heppenheimer, *Countdown: A History of Space Flight*（New York: John Wiley & Sons, 1997）, 125.
11……Heppenheimer, 127–128.
12……例えば山本前掲論文、一六三―一六五頁にもこうした通説が紹介されている。
13……例えば前出の、Sambaluk, *The Other Space Race*; Mieczkowski, *Eisenhower's Sputnik Moment*.
14……Mark Haefele, "John F. Kennedy, USIA, and World Public Opinion," *Diplomatic History*, vol. 25, issue 1（Winter 2001）: 63–84.

な」領域でしか実力を発揮できないというイメージにつながりかねなかった。ケネディ政権にとって有人宇宙飛行計画は、こうしたイメージを覆すためにも重要な対外情報プログラムになったのである。

一九六一年四月一二日、ソ連のほうが先にユーリ・ガガーリン（Yurii Alekseyevich Gagarin）による有人宇宙飛行を成功させた。アメリカは約一か月後の五月五日に、アラン・シェパード（Alan B. Shepard, Jr.）を乗せたフリーダム・セブン号で約一五分間の弾道飛行に成功した。距離は四八六キロメートルでソ連の四万キロにはるかに及ばなかったが、後に述べるようにNASAとUSIAは華々しくこの成功を国内外に宣伝し、アメリカ国民は熱狂した。その約三週間後の五月二五日、ケネディ大統領は上下両院合同会議で「私は向こう一〇年以内に、わが国が人間を月面に上陸させ、無事に地球に帰還させることができると信じます」と有名なスピーチを行った。ケネディの月面着陸計画は、ガガーリンの有人宇宙飛行と、同じ月に起きたピッグズ湾事件（CIAの支援を受けた亡命キューバ人たちがカストロ政権転覆を企図して上陸作戦を行ったが大失敗に終わった事件）が引き金になったとの通説は、その直後にケネディ大統領がジョンソン副大統領に月面着陸の可能性について相談していることからも信ぴょう性が高い。[15] しかしながら有人宇宙飛行計画自体はこの時に始まったのではなく、前政権から「マーキュリー計画」として引き継がれたものであった、その「マーキュリー計画」の下、一九六二年二月には、宇宙飛行士ジョン・グレン（John H. Glenn, Jr.）を乗せたフレンドシップ・セブン号が初の軌道周回飛行に成功した。最終的に「マーキュリー計画」は、一九六一年～六三年にかけて六回の有人宇宙飛行、続いて六四年～六六年までに一〇回の軌道飛行を実施した。[16] これらの打上げが行われるたびに、NASAとUSIAの協力による派手な広報活動が行われたのである。

NASAの広報活動は「宇宙飛行士」という新しいヒーローを誕生させ、「真実、正義、そしてアメリカン・ウェイのシンボル」として祭り上げた。[17] NASAは、ショー・ビジネスを専門分野とするワシントンの弁護士レオ・ディオーシー（Leo DeOrsey）と契約を結び、彼を通して『ライフ』誌との間で、宇宙飛行士たちの「パーソナル・ストーリー」を掲載する独占契約を五〇万ドルで結んだ。『ライフ』誌の一九五九年九月一四日号は、マーキュリー計画のために選ばれた七人の宇宙飛行士が表紙を飾り、「宇宙飛行士たち：歴史を創る準備は整った」（The Astronauts : Ready To Make History）と題する一八頁の特集が掲載された（写真7―1）。表紙の写真は、中

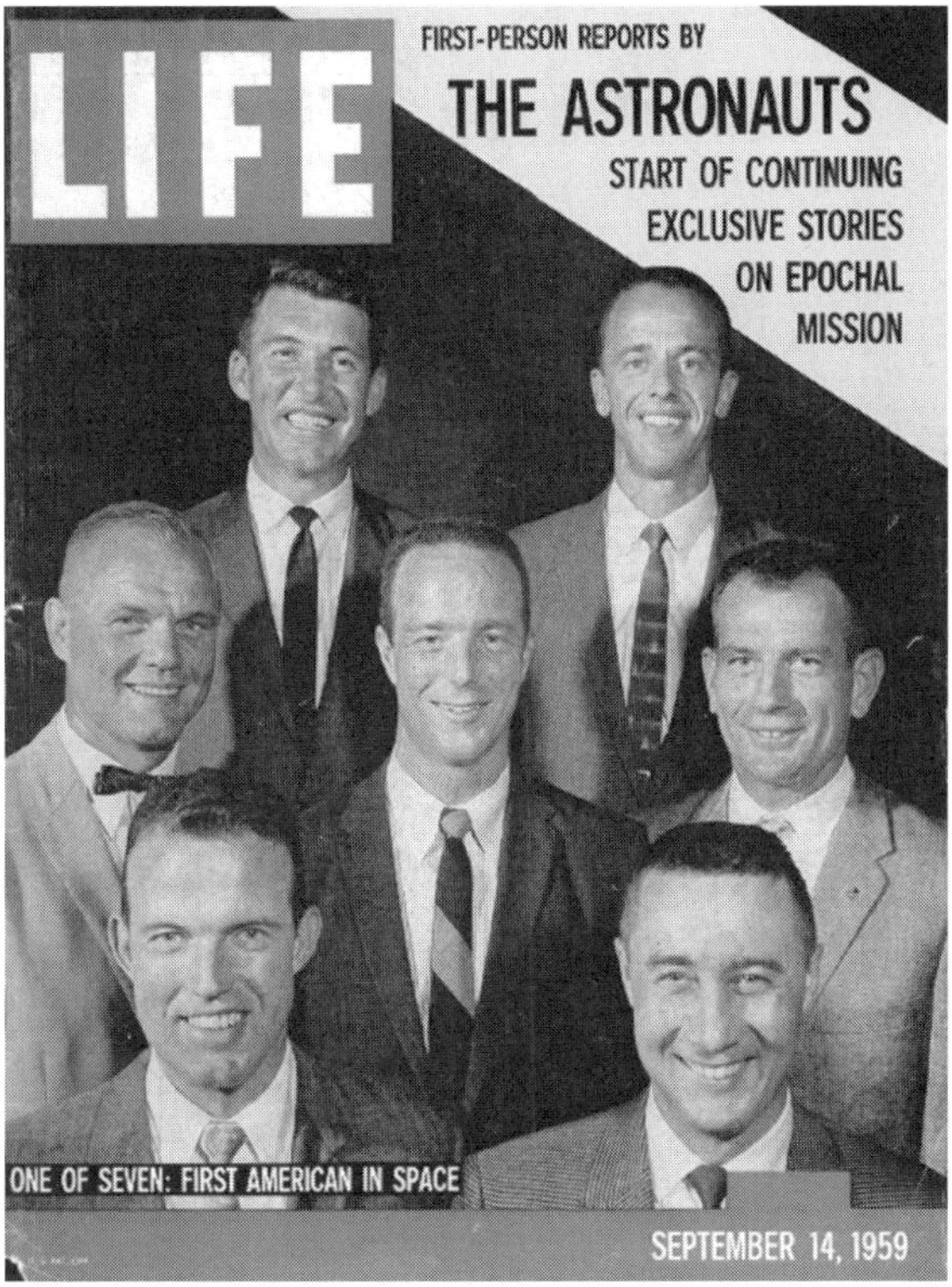

写真 7–1　7 人の宇宙飛行士の写真が表紙を飾る『ライフ』誌。1959 年 9 月 14 日号

央がスコット・カーペンター（M. Scott Carpenter）、右上がアメリカ初の有人宇宙飛行を行ったアラン・シェパード、そこから下方向へ時計回りに、ドナルド・スレイトン（Donald K. Slayton）、ビジル・グリッソム（Virgil I. Grissom）、ゴードン・クーパー（L. Gordon Cooper, Jr.）、ジョン・グレン、ウォルター・シラー（Walter M. Schirra, Jr.）である。自信に満ちた明るい笑みは七人に共通しているが、服装や表情などは個性的に撮影されている。

15……例えば山本前掲論文、一六六―一六九頁にもこの通説が紹介されている。

16……金子隆一「宇宙開発」、鍛治壮一「航空宇宙産業」、小田隆裕ほか編『事典　現代のアメリカ』（大修館書店、二〇〇四年）、六七四―六七五、七七六頁、山本前掲書、一六六―一六七頁。

17……Heppenheimer, *Countdown*, 159–60.

写真 7–2　宇宙飛行士の妻たちの写真が表紙を飾る『ライフ』誌。1959 年 9 月 21 日号

記事は七人の宇宙飛行士が、厳しいスクリーニングの末に選ばれた精鋭であると同時に、それぞれ個性豊かなアメリカ市民であり、良き夫・父親でもあることを強調していた。宇宙飛行士の一人一人が、宇宙への思いや訓練の日常を綴ったエッセーが掲載されたページには、彼らの年齢・身長・体重・髪の色・眼の色・出身地・家族構成・趣味までもが記され、まるで俳優かタレントのような扱いであった。また別のページには、地球帰還用のカプセルを開発するNASAの技術者や、訓練用の様々な設備や器具も写真入りで紹介され、宇宙飛行士のみならずNASAの広報にもなっていた。[18]

『ライフ』誌の次号（九月二一日号）の表紙には、七人の宇宙飛行士の妻の写真が前号と同じレイアウトで掲載され、「宇宙飛行士の背後にいる七人の勇敢な女性たち：妻たちが自らの言葉で語る心中と心配」と題する特集が組まれた（写真7—2）。特集記事では、例えば夫婦ともに信心深いキリスト教徒であるジョン・グレンの妻アナ（Anna Glenn、写真の中列左）は、夫が宇宙飛行士の候補者に選ばれた時、その任務を受け入れるべきかどうかを牧師に相談したというエピソードを披露している。牧師は、「人間が宇宙を調査するのに、宗教的な面から反対する理由は無い」こと、また「NASAは成功する自信が無ければマーキュリー計画のようなプログラムを実行するはずがない」ことをアナに伝えた。宇宙開発がキリスト教の教えに反しないという保証と、連邦政府を信頼できるという確証を得たアナは、夫の宇宙飛行を応援することにしたという。またアナは、夫が訓練の内容などについてオープンに家族に話してくれるのでNASAへの信頼感が一層深まり、宇宙飛行はいまや「家族のプロジェクト」になっているとも語った。[19] 特集記事には、宇宙開発がキリスト教の教義や家族の一体感などの「アメリカ的価値観」と矛盾しないことや、NASAがオープンで信頼のおける機関であることなど、連邦政府が読者に伝えたいことが妻の言葉で表現されていた。一九五〇年代のアメリカは「コンセンサス（合意）の時代」とも呼ばれ、キリスト教道徳に戻づいた保守的な家族観や政府への忠誠が重んじられた時期であったから、宇宙飛行という新しい概念を既存の常識や価値観と整合させることが重要であったと考えられる。同時に一九五〇年代は、消費を通して個性を表現することが、資本主義国アメリカにふさわしい良いことだと見なされた時代でもあった。宇宙飛行士の妻たちの使う化粧品や、運転する自動車が話題となり、アメリカの消費者はこぞってこれらを買い求めた。二〇一〇年代になって出版された『宇宙飛行士の妻クラブ』（Lily Koppel, *The Astronaut Wives Club : A True Story*）には、こうした彼女たちのインフルエンサーとしての側面が描かれている。[20]『ライフ』誌は一九六二年に、これらの特集をさらに拡充した単行本『我々7人：宇宙飛行士自らによる証言』

18……"The Astronauts : Ready To Make History," *Life*, vol. 47, no. 11 (September 14, 1959) : 26–43.

19……"Seven Brave Women behind the Astronauts : Spacemen's Wives Tell, in Their Own Words, Their Inner Thoughts and Worries," *Life*, vol. 47, no. 12 (September 21, 1959) : 142–163.

20……Lily Koppel, *The Astronaut Wives Club : A True Story* (New York : Grand Central Publishing, 2013). この本には『ライフ』誌の表紙撮影の経緯が詳しく記されている。七人の妻たちは地味なピンクの口紅をつけていたが、編集者が「宇宙時代にふさわしい」真っ赤な口紅に印刷過程で着色した。これを受けて化粧品会社のレブロンが「ムーン・ドロップ」と銘打った赤い口紅を売り出し大ヒットしたという。

写真 7–3　南ヴェトナム・サイゴンのUSIS図書館，1956年。RG306, No. 56–13521, NACP.

(*We Seven : By the Astronauts Themselves*) を刊行した。『ライフ』誌のベテラン記者・編集者であったジョン・ディリー（John Dille）の「まえがき」によると、七人の宇宙飛行士は全員、「小さな町の出身」で「妻子の居る」善良なアメリカ市民でありながら、勇敢で冷静沈着なパイロットでもあり、うち三人は第二次世界大戦や朝鮮戦争の英雄であるという「共通点」があった。また、こうした共通点にもかかわらず彼らは「非常に異なる個性」の持ち主であり、その多様性こそが相互補完的で理想的な宇宙飛行士のチームを形成しているのだとも説明していた。こうした記述からも『ライフ』誌が、「マーキュリー計画」の七人の宇宙飛行士たちを、素朴で個性を大切にする「典型的な」アメリカ人として描いていた様子が窺われる。[21]

　こうしたイメージは、国内的にもアメリカ人としての誇りと「マーキュリー計画」への好感度を高めたが、対外情報プログラムとしても活用された。『ライフ』誌は主として国内向けの写真週刊誌であるから、読者の大半はアメリカ人であった。しかし『ライフ』誌を手に取ったのは、アメリカ国民だけではなかった。世界約八〇箇所のアメリカ広報文化交流局（USIS）には図書室が設けられ、そこにはアメリカの雑誌や新聞、小説や音楽レコード、そしてUSIS映画が常備されていた。（写真7—3、7—4）また第2章のビルマの例で

写真 7-4　台湾・台北の USIS 図書館，1959 年。RG306, No. 59-13525, NACP.

見た通り、交通手段の未整備等により市民が図書室に通うことができない発展途上国においては、本や雑誌を積んだＵＳＩＳの「移動図書館」が巡回した。『ライフ』誌のような写真雑誌は、英語が読めない国民に対してもアメリカの文化や社会について伝えることが出来たため、ＵＳＩＳにとって魅力な教材であった。したがって宇宙飛行士とその家族に関する記事は、国内向けの広報政策であっただけではなく、対外情報プログラムにも利用されたのである。

さらに、マーキュリー計画に関するノン・フィクション本 *The Astronauts*（宇宙飛行士たち）は、一九六〇年にアメリカで出版されたのと同時に外国でも翻訳出版された。日本語版は、朝日新聞社によって一九六〇年一二月に刊行されている（日本語版の書名は『マーキュリー計画』）。ＮＡＳＡの紹介から始まり、マーキュリー計画の経緯、そして「七人の宇宙飛行士」と題された章では、『ライフ』誌の場合と同じように一

21……Scott Carpemter, et al., *We Seven : By the Astronauts Themselves* (New York, London, Sydney, Toronto : Simon and Schuster Paperbacks, 1990. First published 1962).

人一人の宇宙飛行士が紹介されている。著者のマーティン・ケイディン（Martin Caidin）は、『宇宙からの脱出』など数多くの宇宙小説を書いた有名な作家で、自身もパイロットであり空軍の顧問も務めていた。この本が、アメリカでの刊行とほぼ同時に翻訳出版されたスピードから考えても、またNASA提供の写真や情報が豊富に含まれていることから見ても、おそらくNASAの広報活動の一環として海外での翻訳出版が支援されていたことは間違いないだろう。[22]

こうした情報発信活動の多くが、ケネディの月面着陸計画よりもずっと以前の、アイゼンハワー政権期から行われていたことは注目に値する。宇宙飛行士とその妻たちを特集した『ライフ』誌が刊行されたのは一九五九年九月であり、未だ大統領選挙でケネディが選出されてもいない時期であった。日本で『マーキュリー計画』が刊行されたのも、ケネディ政権発足前である。つまり月面着陸計画が構想されるずいぶん前、アイゼンハワー政権がひっそりと探査衛星の開発を進めていた頃から、NASAとUSIAは有人宇宙飛行に関する大規模な広報活動を行い、アメリカ国民は宇宙飛行士たち（およびその妻たち）に熱狂していたのである。宇宙に関する対外情報プログラムが、実際の宇宙開発よりも前のめり気味に展開していたことは、宇宙が軍事利用・平和利用という区分とは別に、対外情報プログラム上の利用価値を有していたことを示している。後に詳しく述べる通り、宇宙飛行のテーマはUSIS映画や博覧会・展示会などのUSIAによる「定番」の対外情報プログラムの中でも大いに取り上げられた。しかしその詳細を説明する前に、次節ではまずUSIAとNASAがいかに連携関係を築き、宇宙をテーマとする対外情報プログラムを構築していったのかを考察したい。

2　NASAとUSIAの協力

USIAの司令塔にあたる企画部（IOP）のローレンス・ダルチャー（Laurence P. Dalcher）部長は一九六一年五月一日、USIA放送部（IBS）・出版部（IPS）・映画部（IMS）・テレビ部（ITV）に対して、宇宙開発に関する対外情報プログラムの基本方針を示す文書を送付した。そこには「マーキュリー計画を全力で押せ。」（Give Mercury full play.）と記されていた。しかしそれと同時に、マーキュリー計画を際立った成果として特別扱いするのではなく、「他の科学プログラムの延長線上にある」ものとして「当たり前のトーン」（a-matter-of-fact tone）で報じることが大切だとも述べられていた。[23] その一か月前に、ソ連はすでに世界初の有人宇宙飛行を成功させていた。後れを取ったアメリカは、「世界で二番目」の有人宇宙飛行を特別なものとして大袈裟に祝うわけには行かなかった。その代わりに、アメリカも着々と宇宙計画を進めており「当たり前」のステップとして有人宇宙飛行を行うのだというポーズを取る必要があったのだ。

しかし、「世界で二番目」の有人宇宙飛行を最大限に対外情報プログラムに活用するための体制作りは、すでにＮＡＳＡとＵＳＩＡの緊密な協力の下に築かれつつあった。ＮＡＳＡの設立後間もなく広報室（Office of Public Information : OPI）が置かれ、首都ワシントンの本部と全米一一箇所の「フィールド・センター」に総勢三〇～四〇人のスタッフが配置されていた。このような組織体制からも、ＮＡＳＡが普通の科学研究機関とは異なり広報を重んじていたことが分かる。このＮＡＳＡ広報室のワシントン本部に一九五八年一二月一五日、「ＵＳＩＡ連絡担当官」が配置された。その任務に就いたのはＮＡＳＡ職員ではなくＵＳＩＡ国際出版サービス（International Press and Publication Service）のクレストン・マリンズ（Creston B. Mullins）であった。[24] マリンズは『ワシントン・

22……マーチン・カイダン／朝日新聞社訳『マーキュリー計画――パイロット宇宙に飛び立つ時』（朝日新聞社、一九六〇年）、Martin Caidin, Obituaries, *The New York Times*, March 28, 1997.

23……From IOP Laurence P. Dalcher to IBS Siemer, IPS Mann, IMS Fisher, ITV Stephens, May 1, 1961, RG306, Entry P243, box 4, NACP.

24……"Mr. Mullins' Assignment at the National Aeronautics and Space Administration," December 19, 1958, RG306, Entry P243, box 3, NACP.

スター』紙の外信部長を経て一九五一年に国務省に入り、在独アメリカ高等弁務官室（Office of the U.S. High Commissioner for Germany）の情報編集専門官（Information and Editorial Specialist）としてボンに赴任、その後パリでも国務省の広報担当官を務めた。一九五三年にＵＳＩＡが独立すると国務省から異動し、数か国のＵＳＩＳ勤務を経てＵＳＩＡ国際出版サービスに配属された。[25] つまりマリンズは、元々国際報道を専門とし、一九五一年からはその経験を対外情報プログラムに生かしてきた人物であった。

ＵＳＩＡ連絡担当官の役割は、「ＮＡＳＡの情報資料をＵＳＩＡの各メディア担当部局（筆者註：ラジオ・映画・ＴＶ・出版などの各担当部局を指す）に送ること」「ＮＡＳＡの活動についてＵＳＩＡの各メディア担当部局に情報提供すること」「ＮＡＳＡとＵＳＩＡとの連絡窓口となること」「ＮＡＳＡのＯＰＩにおいて、対外情報プログラムおよびその役割、すなわち世界にアメリカの宇宙開発について知らせる任務を代表する（represent）こと」とされた。一九五九年七月、マリンズはＵＳＩＡ連絡担当官としての最初の半年間の活動報告書をＵＳＩＡに提出した。それによると、ＮＡＳＡ内部でのＵＳＩＡの認知度は上がり、海外情報プログラムの「パートナーとして完全に受け入れられ」、ＮＡＳＡおよびアメリカの宇宙開発のために「欠くことの出来ない役割を果たしている」ことが認識されるようになったとされている。連絡担当官はＮＡＳＡ内でかなりの自由裁量権を与えられ、広報室長や国際プログラム室長にいつでも面会出来たほか、ＯＰＩのミーティングにも出席していた。またＮＡＳＡの会議でレクチャーしたり、ＮＡＳＡ広報誌に記事を掲載したり、ＮＡＳＡの海外観測所（ペルー、チリ、エクアドル、キューバ）のスタッフが来訪した際に説明を行うなど、ＵＳＩＡの認知度を高めることに貢献していた。連絡担当官はまた、ＮＡＳＡとＵＳＩＡによる映画制作や、モスクワで開催されたアメリカ博覧会（American National Exhibition）用のＮＡＳＡパンフレットの制作についても両組織の仲介役を務めた。さらに、外国からのＮＡＳＡへの問合せや資料請求に応じて、写真やパンフレット類をＵＳＩＡ経由で当該国のＵＳＩＳに送るよう手配した。資料を各国のＵＳＩＳに送付することによって、ＵＳＩＳ職員は「アメリカの科学技術に興味を持っている外国の国民、特にジャーナリストやメディア関係者とコンタクトを取る機会」を得ることができるからだった。[26]

マリンズの報告書からは、USIAとNASAの協力関係が最初の六か月間で十分に築かれたかのような印象を受けるが、実は、両組織の連携は最初からうまく行ったわけではなかったようだ。USIAとNASAの協力関係が本格的に動き始めたのは一九六一年初め頃、ケネディ政権に「マーキュリー計画」が引き継がれ、新たにNASA広報室長としてビル・ロイド（Bill Lloyd）が、そしてUSIA-NASA連絡担当官にハリー・ケンドール（Harry Kendall）が就任した時であった。この時USIA連絡担当官は、「USIA-NASA連絡担当官」（略称NASA連絡担当官）と改称された。USIA企画部は、新任のロイド室長がUSIAとの協力に積極的であることを歓迎し、「ロイドがしっかりとNASA広報室を掌握すれば、USIAとの関係はより円滑になるだろう」と述べている。USIA科学顧問のグッドウィンも、新任のケンドールに「すぐにロイドと連絡をとり、改めてUSIAの活動にNASAの協力求める」よう指示している。[27] こうしたやり取りからは、ロイド・ケンドール体制が築かれる以前は、USIAとNASAの連携が必ずしもスムーズではなかったことが窺われる。

ジョージタウン大学所蔵のハリー・ケンドールへのインタビュー記録と、ケンドールの自伝『外交官になった農村少年――アメリカの物語を世界に語る』（*A Farm Boy in the Foreign Service : Telling America's Story to the World*）によれば、NASA連絡担当官の仕事は自身のUSIAでの長いキャリアの中でも非常に重要なものであったようだ。ケンドールもマリンズと同じく、新聞社勤務を経て一九五一年に国務省の広報担当官となった。ベネズエラ、日本、スペインのUSIS勤務を経験し、このうち日本では一九五五年九月から二年間、香川県高松市の日

25……U.S. Department of State, *News Letter*, 72（April 1967）: 52.

26……"Report on USIA Liaison Office at NASA," July 14, 1959, RG306, Entry P243, box 3, NACP.

27……Memorandum from Donald M. Wilson to Halsema, February 16, 1961 ; From James J. Halsema to Wilson, February 18, 1961, RG 306, Entry P243, box 4, NACP.

米文化会館（旧アメリカ文化センター）の所長を務めた。[28] その後一九六一年一月から一九六四年三月まで、連絡担当官としてワシントンのNASA本部に勤務することになったのである。NASA連絡担当官の主要任務は、ケンドール自身の言葉によれば「USIAのメディアに宇宙開発に関する今後の展開を知らせ、主要イベントの取材を支援し、NASAからの情報をUSIA本部やUSISの要請に合わせて編集すること」、そして「NASAの広報担当者に対して、海外の膨大なオーディエンスの存在と、USIAを通して彼らにアクセスする見込みついて教育すること」であった。前任者マリンズが報告書に記した任務と異なっている部分は、海外のオーディエンスの存在についてNASAを「教育」するという点であろう。マリンズはUSIAの役割について「認知度」を上げることに尽力したが、ケンドールはNASA自らが対外情報プログラムの重要性を認識し、より主体的に参加するように促したことが窺われる。[29]

そのことが端的に表れていたのが、ケンドールの着任から約半年後の一九六一年六月二六・二七日の両日に開催されたNASAの広報活動に関する大規模な会議であった。会議の目的は、五月二五日にケネディ大統領が「向こう一〇年以内に、人間を月面に着陸させる」という議会演説を行ったことを受け、NASA広報活動の長期的ミッションを検討することであった。[30] NASA広報室長のロイドがケンドールと連携して企画したもので、NASA広報室の全スタッフが参加し、写真のプログラムに見る通り、ジェームズ・ウェッブ（James E. Webb）NASA局長、ホワイトハウス報道官のピエール・サリンジャー（Pierre Salinger）、USIA副長官のトマス・ソレンセン（Thomas C. Sorensen）らが登壇するという大掛かりなものであった（写真7―5）。ソレンセンは、ケネディ大統領の補佐官であったセオドア・ソレンセン（Theodore C. Sorensen）の弟で、新聞社とラジオ局勤務を経て一九五一年に国務省の広報担当官となり、ベイルートとカイロのUSIS職員およびUSIA本部の中東地域担当官を務めた後、三四歳の若さでUSIA副長官に抜擢された。[31] 彼は一九六八年に、自らが副長官を務めたケネディ〜ジョンソン政権期を中心としたUSIAの活動について本を出版した。その中で彼は、USIAが、宇宙開発に関して「ソ連とアメリカの違い」を際立たせるように努力したことを記している。ソ連の「秘密主義」

とは対照的に、アメリカの有人宇宙飛行がテレビ中継され、全世界に情報発信されたことが、例えばトルコ、ギリシャ、アルゼンチン、レバノン、ガーナなど多様な国々で好印象を生んだことが具体例で紹介されている。[32]会議でソレンセンは、ＮＡＳＡとＵＳＩＡの任務には深い関連があることを強調した。とりわけマーキュリー計画は、「アメリカの良いイメージを創り、世界のリーダーとしての使命を果たそうと決意している、活気に満ち溢れたアメリカ人の物語」をＵＳＩＡを通して世界に伝えることができる。「新興国や中立国は強い者に傾きがち」であるため、これまでのソ連の一連の成功がアメリカの国際的地位を傷つけたことは否めない。しかし「月にロケットを飛ばすという大統領の決意」が、ソ連を追い越すための強い追い風となるだろう。このように述べてソレンセンは、ＵＳＩＡとＮＡＳＡの連携強化を促した。[33]

続いてソレンセンは、アラン・シェパードによる初の宇宙飛行に関する広報活動について詳しく紹介した。

28 一九五七年にＵＳＩＡの予算縮小により、高松の日米文化会館へアメリカ人の所長を派遣することが中止されたため、ケンドールもマドリッドへ転出した。日米文化会館は1953年から既にアメリカ政府の管轄下にはなく、香川県立図書館の分館であったが、香川県知事の要請でＵＳＩＡから所長が派遣されていたと、ケンドールはインタビューの中で証言している。

29 From Thomas C. Sorensen to Goodwin, April 22, 1961, RG306, Entry P243, box 4, NACP; The Association for Diplomatic Studies and Training Foreign Affairs Oral History Project Information Series, Harry Haven Kendall, Interviewed by G. Lewis Schmidt, December 27, 1988, Georgetown University Foreign Affairs Oral History, Box 1, Folder 248. 香川県立図書館『要覧』（二〇一八年）、一二頁。

30 "NASA Staff Conference," June 16, 1961, RG306, Entry P243, box 4, NACP.

31 From O. B. Lloyd, Jr. Director, Public Information, NASA to Edward R. Murrow, June 19, 1961, RG306, Entry P243, box 4, NACP; "Murrow Gets Aide: Thomas Sorensen to Become USIA Deputy Director," *The New York Times*, February 23, 1961.

32 Thomas C. Sorensen, *The Word War: The Story of American Propaganda* (New York: Harper & Row, 1968), 179–183.

33 "Space International," Remarks of Thomas C. Sorensen, Deputy Director (Policy & Plans) of the U.S. Information Agency, Before the Office of Public Information Staff Conference, NASA, June 27, 1961, RG306, Entry P243, box 4, NACP.

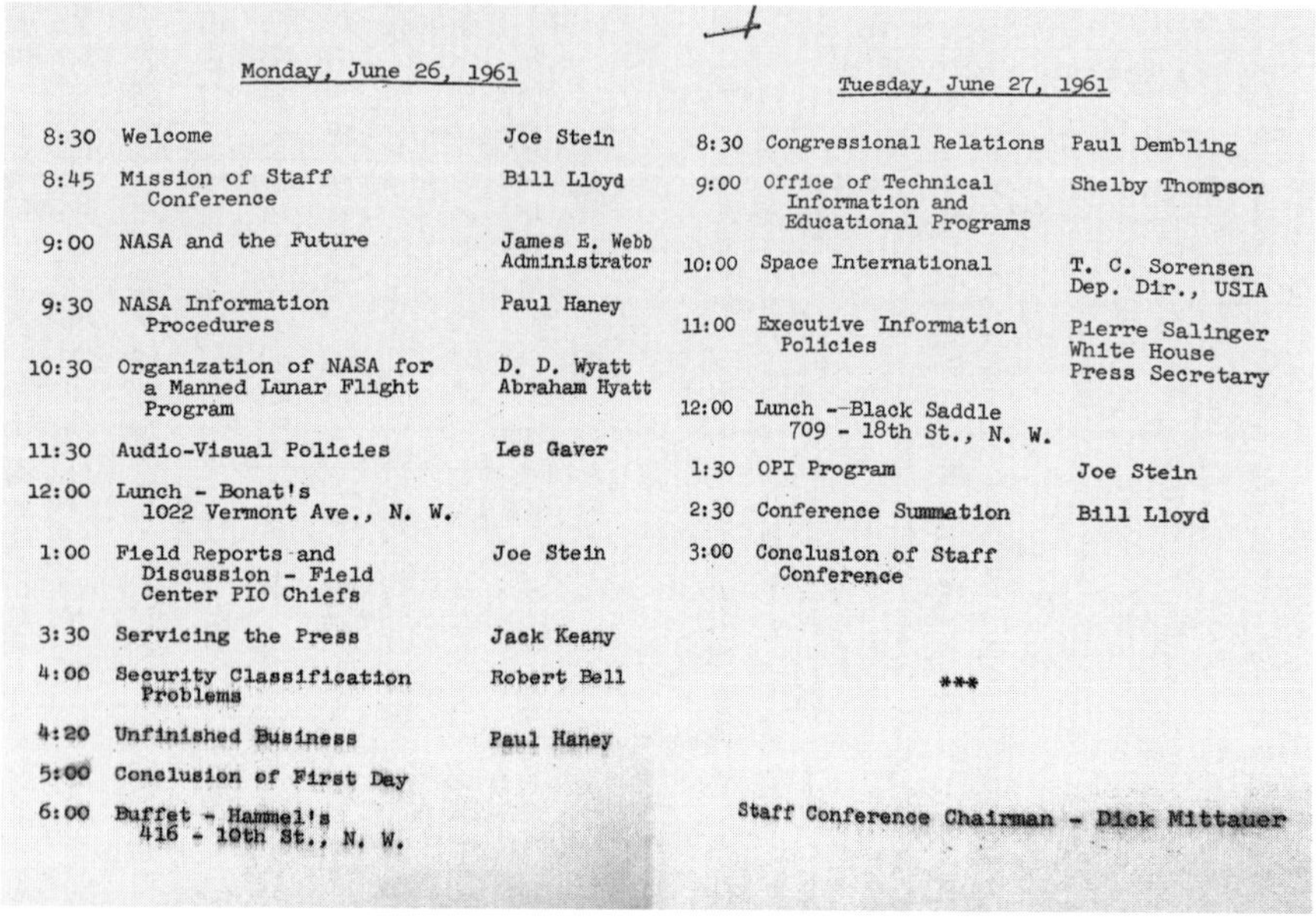

Monday, June 26, 1961

8:30	Welcome	Joe Stein
8:45	Mission of Staff Conference	Bill Lloyd
9:00	NASA and the Future	James E. Webb Administrator
9:30	NASA Information Procedures	Paul Haney
10:30	Organization of NASA for a Manned Lunar Flight Program	D. D. Wyatt Abraham Hyatt
11:30	Audio-Visual Policies	Les Gaver
12:00	Lunch - Bonat's 1022 Vermont Ave., N. W.	
1:00	Field Reports and Discussion - Field Center PIO Chiefs	Joe Stein
3:30	Servicing the Press	Jack Keany
4:00	Security Classification Problems	Robert Bell
4:20	Unfinished Business	Paul Haney
5:00	Conclusion of First Day	
6:00	Buffet - Hammel's 416 - 10th St., N. W.	

Tuesday, June 27, 1961

8:30	Congressional Relations	Paul Dembling
9:00	Office of Technical Information and Educational Programs	Shelby Thompson
10:00	Space International	T. C. Sorensen Dep. Dir., USIA
11:00	Executive Information Policies	Pierre Salinger White House Press Secretary
12:00	Lunch --Black Saddle 709 - 18th St., N. W.	
1:30	OPI Program	Joe Stein
2:30	Conference Summation	Bill Lloyd
3:00	Conclusion of Staff Conference	

***

Staff Conference Chairman - Dick Mittauer

写真 7–5　1961 年 6 月 26・27 日に開催されたNASAの広報活動に関する会議のプログラム。RG306, Entry P243, box 4, NACP.

「マーキュリー計画」が公にされる一か月も前から、USIAは写真や記事の入った「パケット（小包）」を各国のUSIS宛に、「時期が来るまで公表を控えよ」（hold for release）という扱いで送付しておいた。それらはシェパードが地球に帰還する時までに現地語に翻訳され、報道機関に送られた。これが功を奏して、一二か国で六〇人のジャーナリストがシェパードの帰還を報道し、例えば発行部数一二〇万部を誇る日本の『週刊朝日』や、カイロの権威ある *Al Gumhuriya* などでも特集が組まれた。USIAはまた『無限の影』（*Shadow of Infinity*）という一三分のドキュメンタリー映画を制作し、これを二八か国語・四九か国で上映した。オスロで開かれたNATOの会議席上では、ラスク国務長官がこのドキュメンタリー映画を上映し、ジョンソン副大統領は南アジア諸国歴訪の際にフィルムを持参した。VOAラジオ放送は、シェパードの帰還を英語、アラビア語、ドイツ語、日本語、ロシア語、スペイン語で実況放送した。実況放送は、ソ連の秘密主義に対してアメリカのオープンさを印象づけた。このほかUSIAは、書籍や展示を通してもマーキュリー計画を広く世界に紹介した。展示物の制作費用はNASAが、展示費用はUSIAが負担した。例えば七月には二基の実物大のマーキュリー計画の帰還用カプセルの模型が完成し、ヨーロッパと東アジアへ送られる予定になっていた。[34] 前節で紹介した日本語版『マーキュリー計画』の出版も、恐らくはこのような流れの中に位置づけられるものであろう。

宇宙計画は次第に「USIAの対外情報プログラムの中でも、最も重要なテーマ」になって行き、NASA連絡担当官としてのケンドールの仕事も多忙を極めた。ケンドールによると、USIAには経験豊かな「サイエンス・ライター」が何人か在籍し（例えばCharles Schroth、Walter Froelichなどの名前が挙げられている）、彼らがNASA発の情報を対外情報プログラムに組み込んでいたという。またNASA広報室においても、ロイド室長の下にプロジェクトごとに広報担当官が置かれていた。例えば、有人宇宙飛行計画担当のポール・ヘイニー（Paul Haney）、マーキュリー計画の打上基地のあったフロリダ州ケープ・カナベラル担当のジョン・パワーズ（Lt. Col. John Powers）と副官のジャック・キング（Jack King）などは、ケンドールと頻繁に連絡を取り合っていたという。これらNASAの広報担当官たちは、新しいロケット打上が行われる度に「プレス・キット」（press kit）と呼ばれた広報用パッケージを作成し、国内の報道機関や研究機関に配布していた。「プレス・キット」には技術情報やスタッフ紹介などが含まれ、こうした情報が外国の人々にとっても魅力的であると考えたケンドールは、「プレス・キット」を各国のUSISにも配布するようNASAの合意をとりつけた。[35]

一九六二年二月の宇宙飛行士ジョン・グレンによる初の有人周回軌道飛行の際には、USIAとNASAの協力関係は最高潮に達した。それに引き続いてマーキュリー計画の七人の宇宙飛行士のうち、スコット・カーペン

34……同。
35……Harry H. Kendall, *A Farm Boy in the Foreign Service : Telling America's Story to the World* (AuthorHouse, 2003), 100–104.

ター、ウォルター・シラー、そして一九六三年五月一五日にはマーキュリー計画最後の有人宇宙飛行を、ゴードン・クーパーが遂行した。ケンドールはこれらの宇宙飛行の度に、TVおよび劇場用のニュースリール制作と海外への配布を支援したり、ケープ・カナベラルからのライブ映像の海外配信を手配したり、外国人記者の取材に応じたりした。先進国と発展途上国に対する対外情報プログラムには、かなり違いがあったという。先進国には単に情報を現地の科学記者に伝えるだけで済んだが、発展途上国に対してはもっと丁寧な説明が求められた。例えばアフリカ諸国に関しては、USIAはジョン・トゥイッティー（John Twitty）とエルトン・ステファーソン（Elton Stepherson）という二人のアフリカ系アメリカ人の若者を起用し、それぞれ英語圏とフランス語圏のアフリカ諸国に派遣した。彼らはそこでUSIS映画と一六ミリ映写機、そして宇宙に関するさまざまな刊行物をトラックに積み、町から町へと移動して、NASAの宇宙計画について説明し、アフリカ大陸に建設されたNASAの観測所が宇宙研究に重要な役割を果たしていることを説いて回ったのである。さらに、より多くの海外観測所を建設する必要に迫られたNASAは、外国との交渉を主要任務とする二人目のUSIA連絡係官をNASA内に配属した。ケンドールと同じく新聞記者出身で複数のUSISで勤務経験のあったアラン・ファンチ（Allan Funch）がこれに任命された[36]。

三年の任期を終えたケンドールは、ハロルド・グッドウィンの後任のUSIA科学顧問サイモン・ボーギン（Simon Bourgin）が着任するまでの短期間だけ「USIA科学顧問代理」を務めた後、パナマ（一九六四〜六七年）、チリ（一九六七〜七〇）、南ヴェトナム（一九七〇〜七二）のUSISに赴任した。「マーキュリー計画」の一部始終を見届けたケンドールにとって、NASAでの三年間はUSIA広報担当官としてのアイデンティティに長期的影響を及ぼす経験となった。NASA勤務の間に宇宙に関する専門知識を習得したケンドールは、赴任先の国々でNASA関連の対外情報プログラムを積極的に行った。例えばスライド・ショー、TV番組、展示会、講演会などを企画し、自らもTVに出演して、まるでNASAの広報担当官のような役割を果たしたのである。ケンドールは後に回顧して、世界中の人々がNASAの宇宙計画についての情報を欲しがったので、自分たちは情報を「売り込む」必要はなく、ただNASAがソ連とは対照的に「オープン」であるという点を効果的に利用したのだと証言している。衛星中継もインターネットも未だ無かった時代（日米間の最初の衛星通信による画像がケネディ暗殺のニュースであったことはよく知られている）、外国の人々はNASAの宇宙計画についてリアルタイムの情報を得るためにVOAラジオやUSIAのニュース配信に頼り、より深い背景知識を得るためにはUSIS映画を観たのである。むろん赴任先の国々でケンドールらの活動がいつも歓迎されたわけではない。USISに関する悪い情報が現地メディアに流され、ケンドールも「よく知られたヤンキー帝国主義者」などと評されることがあった。そうした反米情報の出所を調査することは、「もう一つの機関」（the other agency）と彼らが呼んでいたところの中央情報局（CIA）職員の仕事であったという。[37] 一連のケンドールの証言からは、NASA宇宙計画が一九五八年以後、加速度的に対外情報プログラムとしての地位を拡大して行き、文化冷戦の最前線となっていた様子が看取できる。

3　USIS映画と展示会

USIS映画は、USIAとNASAが協力した対外情報プログラムの中でも、特に重要なものの一つであった。一九六一年六月には、USIAとNASAの協力の下に『マーキュリー計画』（*Project Mercury*）が完成し、多くの国々で上映された。[38] ストックホルムのアメリカ大使館からは、『マーキュリー計画』が宇宙関係の学術団

36……Kendall, 106–110.
37……Kendall, 111–124, 166–167.
38……From Marvin W. Robinson, Deputy Director, Office of International Programs, NASA, to Harry Kendall, June 30, 1961, RG306, Entry P243, box 4, NACP.

体や技術者、学生を対象に上映され、視聴者から「マーキュリー計画について少しは聞いたことがあったが、衛星の建造や技術的な側面についての映画内容はまったく新しかった」という感想が寄せられたことが報告されている。また『宇宙の探検家』(*Explorer in Space*)は、ストックホルムの技術専門学校の学生たちを対象に上映され、「衛星の打ち上げのパワフルな映像と、国際協力に基づいて宇宙事業が推進される様子が印象に残った」との感想が寄せられた。『宇宙の探検家』『宇宙のパイオニア』(*Pioneer in Space*)『アトラス』(*Atlas*)の三本を見たストックホルムの高校生は、「当初は一度だけ上映される予定だったが、先生たちがこれらの映画をとてもすばらしいと感じ、二度目の上映が行われた」と報告した。『宇宙の探検家』は地元の小学校でも上映された。[39]

新しいUSIS映画が公開されるたびに、エドワード・マロー長官名の「USIAサーキュラー」(USIA本庁から世界各国のUSISに同時配信する回覧電報)が発出され、映画の背景や目的、ターゲット層などが各USISに伝えられた。例えば『Xマイナス八〇日』(*X Minus 80 Days*)はNASA設立の数か月前に公開された映画であり、これに関するUSIAサーキュラーは一九五八年三月一三日に送信されている。それによると、このフィルムは上述の『宇宙の探検家』を補完するために陸軍省から調達されたもので、人工衛星の組み立てから発射までの一部始終と、民間企業と政府との協力の様子が描かれていた。『宇宙の探検家』も『Xマイナス八〇日』も、アメリカの人工衛星の打ち上げが「国際地球観測年」(IGY)への協力の一環であったことを強調し、アメリカの宇宙開発が科学国際主義に立脚した平和目的のものであることをアピールしている。しかし、そもそも映画は陸軍省から調達されたもので、「USIA、カリフォルニア工科大学、陸軍弾道ミサイル局の共同配給(joint presentation)」となっているので、人口衛星打ち上げ計画に軍が深く関与していたことは隠しようもない。[40]
NASAが「非軍事」機関として設立されたことで、このような宇宙の軍事利用から国内外の市民の眼をそらし、アメリカの宇宙開発が平和目的のものであるというイメージを流布する効果もあったと考えられる。

NASA設立後に制作された『星々の間で』(*Out Among the Stars*)に関するUSIAサーキュラーは、一九五九年三月二七日に送信されている。それによると、この映画は、繊細な測定機器類を搭載した人工衛星が、宇宙で得た貴重なデータを携え大気圏に再突入する際の様子をアニメーションと写真で説明するもので、「中等学校の生徒や市民にも分かり易い」一般向け映画であった。そこには一九五七年以来のアメリカの宇宙技術の長足の

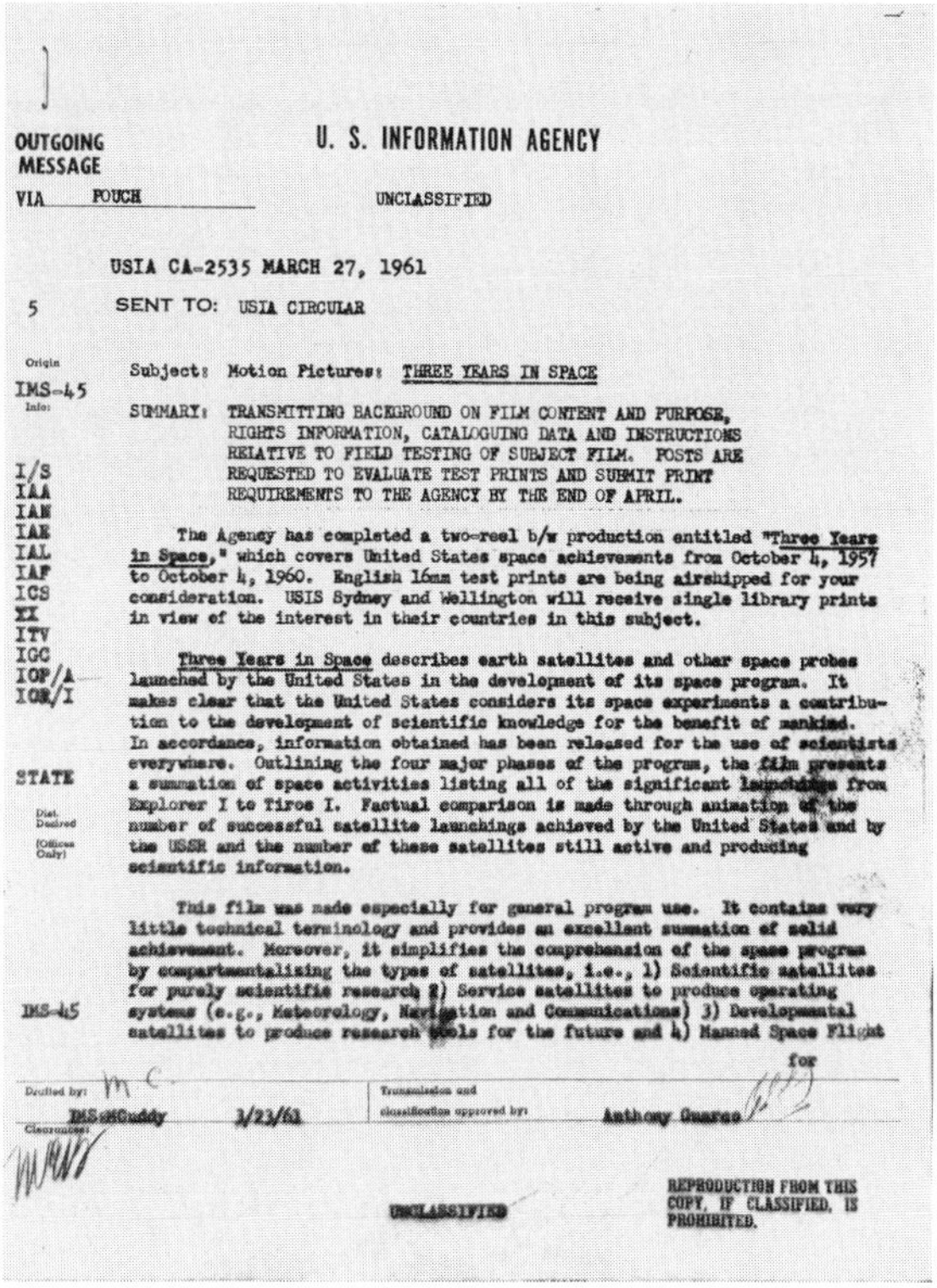

OUTGOING MESSAGE

U. S. INFORMATION AGENCY

VIA POUCH

UNCLASSIFIED

USIA CA-2535 MARCH 27, 1961

5 SENT TO: USIA CIRCULAR

Origin IMS-45

Info:

I/S IAA IAN IAE IAL IAF ICS XX ITV IGC IOP/A IOR/I

STATE

Dist. Desired (Offices Only)

IMS-45

Subject: Motion Pictures: THREE YEARS IN SPACE

SUMMARY: TRANSMITTING BACKGROUND ON FILM CONTENT AND PURPOSE, RIGHTS INFORMATION, CATALOGUING DATA AND INSTRUCTIONS RELATIVE TO FIELD TESTING OF SUBJECT FILM. POSTS ARE REQUESTED TO EVALUATE TEST PRINTS AND SUBMIT PRINT REQUIREMENTS TO THE AGENCY BY THE END OF APRIL.

The Agency has completed a two-reel b/w production entitled "Three Years in Space," which covers United States space achievements from October 4, 1957 to October 4, 1960. English 16mm test prints are being airshipped for your consideration. USIS Sydney and Wellington will receive single library prints in view of the interest in their countries in this subject.

Three Years in Space describes earth satellites and other space probes launched by the United States in the development of its space program. It makes clear that the United States considers its space experiments a contribution to the development of scientific knowledge for the benefit of mankind. In accordance, information obtained has been released for the use of scientists everywhere. Outlining the four major phases of the program, the film presents a summation of space activities listing all of the significant launchings from Explorer I to Tiros I. Factual comparison is made through animation of the number of successful satellite launchings achieved by the United States and by the USSR and the number of these satellites still active and producing scientific information.

This film was made especially for general program use. It contains very little technical terminology and provides an excellent summation of solid achievement. Moreover, it simplifies the comprehension of the space program by compartmentalizing the types of satellites, i.e., 1) Scientific satellites for purely scientific research 2) Service satellites to produce operating systems (e.g., Meteorology, Navigation and Communications) 3) Developmental satellites to produce research tools for the future and 4) Manned Space Flight

Drafted by: IMS:McCuddy 3/23/61

Transmission and classification approved by: Anthony Guarco for

Clearances:

UNCLASSIFIED

REPRODUCTION FROM THIS COPY, IF CLASSIFIED, IS PROHIBITED.

写真 7–6　『宇宙の 3 年』（1961 年，USIA 制作）に関する USIA サーキュラー。RG306, Entry P243, box 3, NACP.

進歩と、友好的な国際協力の必要性を強調するメッセージが込められていた。[41] また、一九五七年一〇月から一九六〇年一〇月まで三年間の宇宙開発の軌跡をまとめた三〇分のドキュメンタリーである『宇宙の三年』（*Three Years in Space*）（一九六一年、USIA制作）に関するUSIAサーキュラーは、一九六一年三月二七日に送信されている（写真7―6）。それによると、この映画は、アメリカが「人類の利益」のために宇宙開発を行っ

39 ……From USIS Stockholm to USIA, February 3, 1961, RG306, Entry P243, box 3, NACP.
40 ……USIA Circular from Washburn,（Acting Secretary of State）, March 13, 1958, Entry P243, box 3, NACP.
41 ……USIA Circular from Edward Murrow, March 27, 1959, RG306, Entry P243, box 3, NACP.

ていること、また得られた情報を世界の科学者に公開している点を強調していた。専門用語は極力使わず、特に一般市民向けに制作された映画であることも説明されている。映画は宇宙開発プログラムを、（一）純粋な科学研究用の人工衛星、（二）気象や通信などを目的とするサービス衛星、（三）将来の研究のための開発段階の衛星、（四）有人宇宙飛行、の四種類に分けて紹介している。そこに「軍事目的」が含まれていないことは、むろん現実に宇宙の軍事利用が行われていなかったことを意味するのではなく、ＮＡＳＡとＵＳＩＡの対外情報プログラム上、宇宙開発は「非軍事」ということになっていたからである。想定されるオーディエンスとして、サーキュラーは「政府関係者、科学者、ジャーナリスト、学校、大学、アメリカンセンター」を挙げている。またサーキュラーの二頁目には「関連するフィルム」として、一九五七年一〇月から一九六〇年一〇月の間に公開された宇宙関係のＵＳＩＳ映画一覧が掲載されている。（写真7―7）そこには以下のような映画タイトルが並んでおり、ＮＡＳＡ設立から一九六一年頃までの三年間だけで少なくとも一〇本前後のＮＡＳＡ関連ＵＳＩＳ映画が制作されたことが分かる。[42]

『ヴァンガード一号』（*Vanguard I*）
『人工衛星による探査』（*Exploring by Satellite*）
『星々の間で』（*Out Among the Stars*）
『宇宙飛行の基礎』（*Survey of Astronautics*）
『我らの住む世界』（*In Which We Live*）
『軌道上のアトラス』（*Atlas in Orbit*）
『惑星間宇宙のパイオニア』（*Pioneer in Interplanetary Space*）
『宇宙のこだま』（*Echo in Space*）
『Ｘマイナス八〇日』（*X Minus 80 Days*）

しかし、実際に世界各国のUSISが上映していた宇宙関連のＵＳＩＳ映画の数は、これよりもはるかに多いことが分かっている。日本向けの一九五九年版『ＵＳＩＳ映画目録』に掲載された宇宙関連の映画は、『宇宙探検』（一九五八年二月二五日封切、三巻二六分）と『人工衛星エクスプローラー』（一九五八年三月二五日封切、一巻一〇分）の二本のみであった。目録によれば、『宇宙探検』は、フィラデルフィアのプラネタリウム館長Ｉ・Ｍ・レビット博士が、近代ロケットの発達過程とその操作を紹介する内容、『人工衛星エクスプローラー』は、ＩＧＹの活動の一環として一九五八年一月三一日にアメリカが国産人工衛星第一号を発射したときの模様を紹介する内容である。[43] ところが同じ日本向けの一九六六年版『ＵＳＩＳ映画目

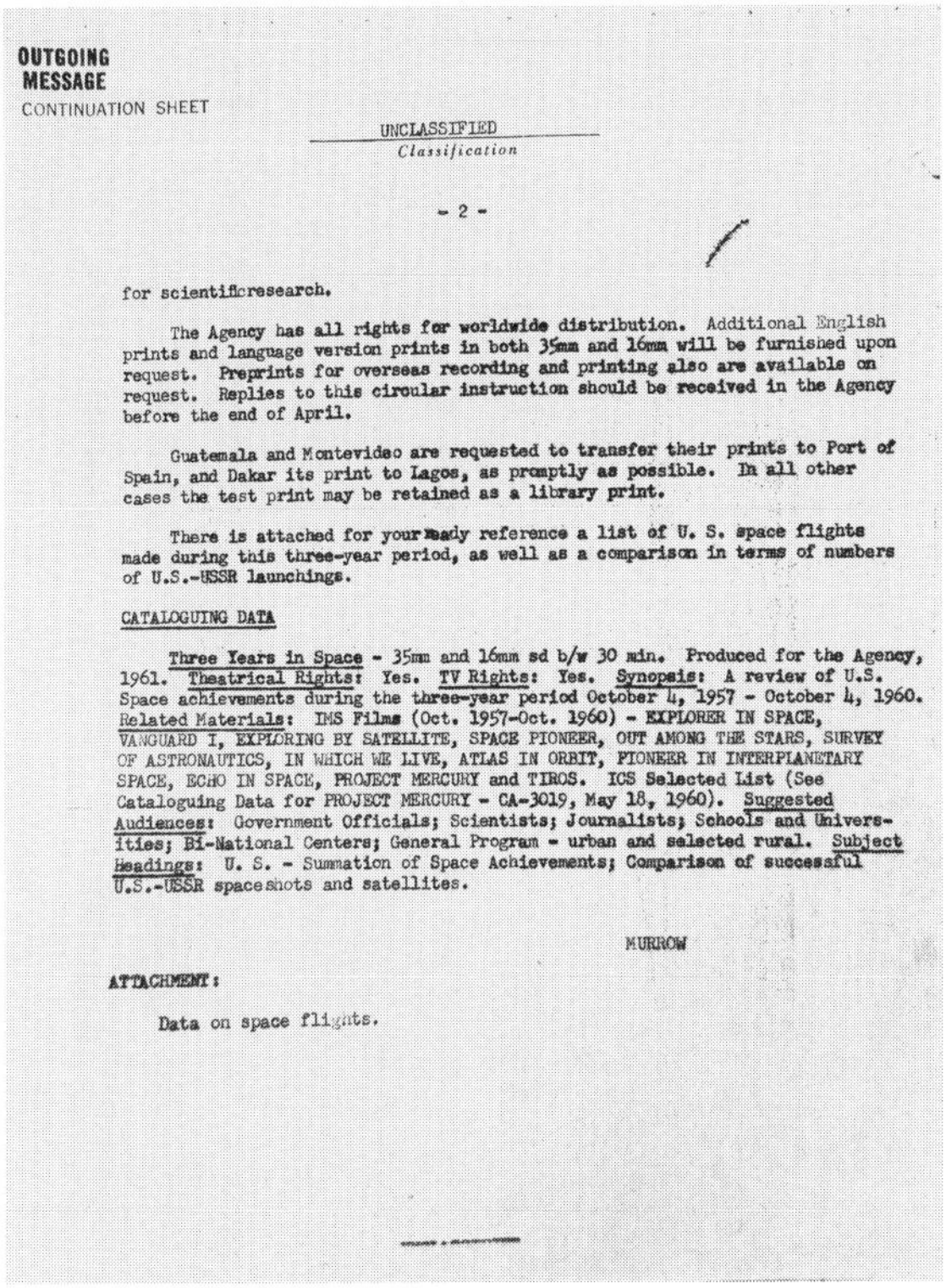
OUTGOING
MESSAGE
CONTINUATION SHEET

UNCLASSIFIED
Classification

- 2 -

for scientificresearch.

The Agency has all rights for worldwide distribution. Additional English prints and language version prints in both 35mm and 16mm will be furnished upon request. Preprints for overseas recording and printing also are available on request. Replies to this circular instruction should be received in the Agency before the end of April.

Guatemala and Montevideo are requested to transfer their prints to Port of Spain, and Dakar its print to Lagos, as promptly as possible. In all other cases the test print may be retained as a library print.

There is attached for your ready reference a list of U. S. space flights made during this three-year period, as well as a comparison in terms of numbers of U.S.-USSR launchings.

CATALOGUING DATA

Three Years in Space - 35mm and 16mm sd b/w 30 min. Produced for the Agency, 1961. Theatrical Rights: Yes. TV Rights: Yes. Synopsis: A review of U.S. Space achievements during the three-year period October 4, 1957 - October 4, 1960. Related Materials: IMS Films (Oct. 1957-Oct. 1960) - EXPLORER IN SPACE, VANGUARD I, EXPLORING BY SATELLITE, SPACE PIONEER, OUT AMONG THE STARS, SURVEY OF ASTRONAUTICS, IN WHICH WE LIVE, ATLAS IN ORBIT, PIONEER IN INTERPLANETARY SPACE, ECHO IN SPACE, PROJECT MERCURY and TIROS. ICS Selected List (See Cataloguing Data for PROJECT MERCURY - CA-3019, May 18, 1960). Suggested Audiences: Government Officials; Scientists; Journalists; Schools and Universities; Bi-National Centers; General Program - urban and selected rural. Subject Headings: U. S. - Summation of Space Achievements; Comparison of successful U.S.-USSR spaceshots and satellites.

MURROW

ATTACHMENT:

Data on space flights.

写真 7–7　1957 年 10 月〜1960 年 10 月に公開された宇宙関係の USIS 映画の一覧が示された USIA サーキュラーの 2 頁目。RG306, Entry P243, box 3, NACP.

42……USIA Circular from Edward Murrow, March 27, 1961, RG306, Entry P243, box 3, NACP.
43……『ＵＳＩＳ映画目録一九五九年版』（古書店経由で入手したため所蔵情報なし）、二八、五八頁。

録』になると、日本語吹き替えのUSIS映画が四七本、英語版が二一本、TV用映画が三二本という、とてつもない本数に膨らんでいる。日本語版・英語版・TV版の間には若干の重複はあるものの、大半は重なっていない。日本語版四七本のうち三一本は『科学時報』というシリーズで、これは毎回一四分で三〜四トピックずつ最新のアメリカの科学技術事情を紹介する内容であった。また日本語版の中には、日本国内で制作されたUSIS映画も含まれていた。例えば『フレンドシップ・セブン東京へ』(*Friendship 7 Comes to Tokyo*)は、「一九六二年七月、フレンドシップ・セブン・カプセルの実物が東京に到着し、日本橋のデパートで公開された」と解説されている。[44] 一九五九年と一九六六年のUSIS映画目録を比較すると、その六〜七年の期間に宇宙がアメリカの対外情報プログラムのテーマとして急速に拡大して行ったことを物語っている。

しかし、USIAとNASAの協力の下に制作されたUSIS映画の多くは「ノンテクニカル」な「一般向け」のものであったため、科学者や理系専攻の大学生などにとっては初歩的すぎて物足りない場合もあったようだ。メキシコシティのUSISからは、「オーディエンスはもっと専門的な宇宙開発映画を求めている」という意見が寄せられた。しかも、「ソ連をはじめとする社会主義国は、メキシコで大学生や技術者向けの科学映画を提供している」とのことだった。これに対するUSIAの返信は、映画の制作や調達においては「優先目標」を考慮しなくてはならないと説明している。宇宙開発のテーマは世界的に注目されているため、「明らかに重要性が認識され、高い優先順位」が与えられている。だからこそUSIAは検討の末、「一般オーディエンス向け」に対外情報プログラムを行うことを優先目標に定めたのである。[45] こうしたUSIAの説明からは、外国の人々の心を勝ち取るための「対外情報プログラムとしての宇宙開発」という側面が浮き彫りになるとともに、外国のオーディエンスはもっと実質的な科学技術情報を求める場合もあったということが看取できる。

USIS映画と並んで重要であったのが、博覧会や展示会であった。USIAでは、スプートニク・ショック直後から宇宙に関する海外展示の内容について検討を重ねていたが、特にマーキュリー計画が始まってからは、宇宙飛行士が地球に帰還する際に乗る「カプセル」の実物が展示品として人気を博し、アメリカ国内からも各国のＵＳＩＳからも貸し出しの要望が相次いだ。一九六一年六月の時点では、ボン、カラチ、アテネ、ロンドン、カブールなどから貸し出しの要請があり、議会では「アメリカ国民が未だ見ていないのに海外でばかり展示している」ことに対して苦言が呈されるほどであった。[46]前述のＮＡＳＡの会議において、ＵＳＩＡ副長官のソレンセンが言及した「カプセルの模型」は、こうした事情で製作されたものであった。「カプセル」が対外情報プログラムの大道具として重要視されていた様子が窺われる記録がある。パリで一九六一年五月二六日〜六月四日に開催された「国際航空サロン」でマーキュリー計画の「カプセル」を展示することを、ＵＳＩＡのマロー長官がＮＡＳＡのウェッブ局長に提案し、マローはさらに「ケネディ大統領がパリを訪れてお披露目式」をするようホワイトハウスにも打診した。マローには、パリでの展示が「世界中でマーキュリー計画を大いに活用するための非常に良い契機となるだろう。ユーリ・ガガーリンがフランスの航空業界協会からの招待を受け入れるとしても、カプセルの展示と大統領の訪問によって、報道の注目をガガーリンからそらすことができるだろう」と述べている。[47]「カプセル」は、ソ連の宇宙開発への海外メディアの注目を妨げるほど効果的な展示物と見なされていたようだ。

　ケンドールも、ＵＳＩＡ連絡担当官の任期終了後の新たな赴任地において、ＮＡＳＡ関係の展示会・博覧会の開催に何度も協力したことを証言している。例えば一九六四年から一九六七年まで赴任したパナマでは、ＮＡＳＡから貸し出されたマーキュリー計画の宇宙船「フレンドシップ・セブン」号の実物や、宇宙飛行士が使用した

44……『ＵＳＩＳ映画目録一九六六年版』、RG306, Entry P46, box 312, NACP.
45……From Beverly M. Jones, IMS to USIS Mexico City, April 23, 1959, RG306, Entry P243, box 3, NACP.
46……From Glaude Hawley to Goodwin, April 23, 1958 ; From Harry Kendall to Sorensen, June 15, 1961, RG306, Entry P243, box 4, NACP.
47……From Edward R. Murrow to James Webb, May 16, 1961, RG306, Entry P243, box 4, NACP.

宇宙服などが、補完的な視聴覚教材とともに展示された。またパナマに赴任中、アルゼンチンとメキシコにも出張して展示会の開催を支援した。ここでは「ジェミニV」号の実物とともに、宇宙服や宇宙食、写真や映像が展示された。現地での反応は上々で、例えばアルゼンチンでは、ある日曜日には一日に二万五〇〇〇人もの見学者が来場した。ケンドールは来場者からの何百もの質問に答えたが、時には技術系の学生からの高度な質問にたじろぐこともあったという。グループで参加する生徒・学生たちに対しては、ケンドールがスライドを用いて講義を行った。ワシントンから指示された講義内容は、ソ連に対するアメリカの優位性を強調する冷戦色の強いものであったが、ケンドールは敢えてプロパガンダ色を抑え、オーディエンスを楽しませる工夫をしたと述懐している。[48]

しかし海外で行われる展示会は、現地の政治情勢や国際関係に否応なく影響される場合もあった。一九六〇年六月一一日から七月三一日に東京の晴海国際貿易センターを会場とする「宇宙大博覧会」の一部であったNASAの展示は、日米安保闘争のただ中で開催された。USIAの資料の中には、この展示会について作戦調整委員会（OCB）が監督・指導していたことを示す文書が残されている。序章で述べた通り、OCBは国家安全保障会議（NSC）の直下に置かれ、秘密工作を含む心理戦について政府部局間の調整をはかることを主要な任務としていた。一九六〇年六月八日、OCBの「展示委員会」が、「日本における宇宙展の提案」という議題で会議を開いた。そこでは「日本における宇宙展の準備状況に関する五月二七日付の報告」が審議され、「国家安全保障上の国益に則って」NASAの宇宙展を一九六一年初めまでに東京で開催することが承認された。加えてOCBは、NASAが「常設の宇宙開発の展示」を製作することが望ましいとの合意にも達した。最後にOCB「展示委員会」の委員長から、「展示の財源については非常に複雑なので、将来的にはOCBが監修する必要があるかもしれない」と発言した。[49] OCBの議事録は断片的なものしか残されておらず、これ以上の詳細は不明だが、OCBが心理戦の一環として日本でのNASA宇宙展に関心を持っていたこと、またNASAが展示会についてOCBに打診する必要性を認識していたことが分かる。その背景に日米安保条約をめぐる混乱があったことは、恐らく間違いないであろう。一九六〇年一月一九日にワシントンで日米安保条約が調印され、五月に国会で強行採決が行われた。これにより安保闘争は激化し、六月一〇日にはアイゼンハワー大統領の訪日に先立って来日したジェイムズ・ハガティ大統領報道官の乗った車がデモ隊に包囲され、海兵隊のヘリコプターで救出されるという事件が起きた。アイゼンハワー大統領の訪日は中止され、さらに六月一五日には機動隊とデモ隊の衝突で東京大学学生の樺美智子が死亡する事件が発生した。六月一一日から七月三一日の「宇宙大博覧会」は、まさにこのような激動の渦中で開催されたのである。

反米感情が渦巻く国で「ＮＡＳＡ宇宙展」を実施することには、いったいどのような意味があったのだろうか。ケンドールが一九六四年から六七年まで赴任したパナマでも反米感情が強かったが、彼の回顧録によれば「アメリカの有人宇宙飛行計画に対するパナマ人の反応が、アメリカ人とまったく同じぐらい熱心なものであったことは、嬉しい驚き」であったという。パナマは一九〇三年にアメリカの保護国として独立したが、パナマ運河地帯はアメリカの主権下に置かれ、パナマ運河が一九一四年に完成した。一九三六年には運河地帯の主権がパナマに認められたものの、運河は相変わらずアメリカの管理下にあった。第二次世界大戦後、エジプトのスエズ運河国有化（一九五六年）に刺激されて、パナマ運河の全面返還を求める世論が高まった。一九六〇年にはパナマ運河地帯にパナマ国旗の掲揚を求める運動が激化し、アイゼンハワー大統領はアメリカとパナマ両国の国旗掲揚を許可した。国旗掲揚が感情的に機微な問題となっていた矢先、一九六四年一月に地元の高校生らが学校にアメリカ国旗を掲げたことが引き金となって反米デモが広がり、暴徒化した市民の一部がパナマ運河地帯に掲げられたアメリカ国旗を引きずり降ろして焼くという事件が発生した。暴動は市内各地に飛び火してＵＳＩＳの図書館も焼

48……Kendall, *A Farm Boy*, 113–115.

49……Memorandum for Members ; OCB Exhibits Committee, June 17, 1960, RG306, Entry P243, box 4, NACP.

き討ちに遭い、混乱の中で二〇人のパナマ人と四人のアメリカ人が命を落とした。アメリカ政府は事件後、パナマとの国交を一時断絶し、漸くパナマとの外交関係が回復したのは一九六四年四月三日のことであった。ケンドールはそのわずか二週間後に赴任し、USISの再建と、悪化した両国関係を対外情報プログラムによって修復することを託されたのであった。このような苛酷な状況下でも、ケンドールはNASAでの経験を生かして、アメリカの宇宙計画に関するレクチャーを行い、宇宙飛行士による講演会を開催した。それらのプログラムは、ケンドールによればパナマ人の絶大な支持を受けたのである。[50] ケンドールの回顧録からは、宇宙飛行というテーマが、政治問題とは関係なくオーディエンスの興味を掻き立てるものであったことが看取できる。かつて海が無限の浄化力を持つと考えられ、核実験による放射能が広大な大海原の中にインクを一滴落としたようなものだと説明されたのと同じように、広大な宇宙はいくら開発しても開発し尽くすことも汚染することも無い「ニュー・フロンティア」であると認識されていた。さらに国境線の無い宇宙への進出は、パナマ海峡などの地上の利権争いとは結び付きにくかったため、対外情報プログラムのテーマとして「安全」なものであった。OCBが日本におけるNASA展示を実施すべきと判断したのも、こうした宇宙プログラムの性質を考慮した結果であったのかも知れない。

さて日本での「宇宙大博覧会」に話を戻そう。博覧会は産経新聞社と中部日本新聞社の共催で、科学技術庁・日本学術会議・米国大使館・ソ連大使館などの後援によるものだった。三箇所に分かれた会場のうち、第一会場の主要部分がNASAの展示物で占められていた。ここでも「マーキュリー計画を前面に出すこと」という前述のUSIAの方針にもとづき、「マーキュリー計画」で使用されたレッドストーン・エンジンやアラン・シェパード飛行士が乗ったカプセルなどが展示された。[51] 第一会場は一万平方メートルの大型ドームで、その中央に高さ二〇メートルの四段式ロケット（模型）が設えられ、カウントダウンの音声が流され、本物のアトラスICBM発射実験時の発射音とともに噴煙が巻き上がる仕掛けになっていた。「衛星コーナー」には、エクスプローラー、パイオニア、ヴァンガードなどの模型が並び、NASAの宇宙服の実物や、最新のX-15有人宇宙飛行機の実物大模型も展示されて人気を集めた。しかしながら博覧会の認知度は、それ以前に行われた原子力平和利用展などに比べるとそれほど大きくはなかったように思われる。というのも、博覧会についてある程度詳しく報じた雑誌は、主催者である産経新聞系列の『週刊サンケイ』の他、『航空情報』『航空ファン』などの専門誌と『中学時代一年生』という子ども向け雑誌だけであった。これらの雑誌に掲載されている写真には、小学生や中学生らしき団体が展示物を取り囲んでいる様子が写っているので、学校ぐるみの見学にはよく利用された様子だが、観客数や盛況度については言及が無い。『読売新聞』は、六月一一日に開催された開会式の模様を「水野大会副会長のあいさつに続いて松田文相、中曽根科学技術庁長官、和達（清夫）学術会議会長の祝辞があり渋沢会長から功労者として宮地（政司）東京天文台長らに感謝状が贈られ、高松宮大会総裁の手で会場のテープが切られた。」と報道しているが、これも比較的小さな記事であった。[52]

「宇宙大博覧会」の認知度がかつての原子力平和利用博覧会ほど圧倒的なものではなかった理由の一つとして、日米安保闘争の最中であったことに鑑み、主催者側の産経新聞をはじめとする報道機関がアメリカについて取り上げることをためらった可能性がある。また一九六〇年半ばには未だ最初の有人宇宙飛行も行われておらず、アメリカ国内では宇宙飛行士がもてはやされていても、その熱気は日本にまで伝わっていなかったと考えられる。

さらに原子力の場合にはいち早く日米二国間協力協定が結ばれたが、宇宙に関しては未だアメリカと協定を結ぶ

50……Kendall, *A Farm Boy*, 112, 135–138.

51……"NASA space exhibition," RG306, Entry P243, box 4, NACP.

52……「宇宙大博覧会マンガルポ」『週刊サンケイ』第九巻二九号（通巻四四五号）（一九六〇年六月一三日）、七二―七三頁、「誌上見学・宇宙博」『航空情報』一二〇号（一九六〇年八月）、一二九―一三一頁、「ロケットと宇宙旅行展」『航空ファン』第九巻八号（一九六〇年八月）、四〇―四一頁、「宇宙博覧会見聞記」『中学時代一年生』第五巻五号（一九六〇年八月）、一六六―一六七頁、以上、国立国会図書館デジタルコレクション。「宇宙大博覧会　晴海でひらく」『読売新聞』一九六〇年六月一一日夕刊、七頁。

段階にはなかった。日本では第二次世界大戦後、航空宇宙技術の研究開発は占領軍によって禁止されていたが、サンフランシスコ講和条約によって主権を回復すると、一九五五年に東京大学生産技術研究所の糸川英夫が「ペンシルロケット」の開発に成功して宇宙開発が緒に就いた。一九五七年、ソ連のスプートニク打上げ成功とそれに対するアメリカの反応は日本の研究者たちにも大きな衝撃を与えた。一九五八年には日本でも高度六〇キロメートルに達するロケットが開発され、IGYに参加して大気観測を行った。糸川をはじめとする日本の研究者たちはロケット開発を推進したが、「アメリカに依存することは、日本が自由に宇宙へアクセスすることが困難になることを意味するため、アメリカの影響を受けない仕組みを強く求めていた」という。[53]

一方科学技術庁、特に一九五九年六月~六〇年七月にかけてその長官であった中曽根康弘は、宇宙開発においても原子力と同じようにアメリカとの技術提携を望んでいた。戦後アメリカの原子力技術をいち早く視察し、一九五四年に日本初の「原子力予算」を確保したのが中曽根であった。原子力と同じく軍事・非軍事の両方に適用可能な「デュアル・パーパス・テクノロジー」である宇宙開発を、中曽根は今回もアメリカとの連携によって推進しようと考えた。当時の新聞は、「宇宙開発平和利用のため日米間研究協力協定を結ぶ」ことが中曽根宇宙開発構想の骨子であると報じている。彼は一九五九年七月、「宇宙科学技術振興準備委員会」を発足させて糸川英夫、宮地政司（東京大学東京天文台長）、和達清夫（気象庁長官）ら十数人の科学者・技術者をメンバーに引き入れ、翌年二月には糸川ら三人をNASAに派遣して二国間協力に関する予備会議を行った。中曽根はまた、一九六〇年度予算の中に二億三五〇〇万円（読売新聞の報道による）の宇宙開発費を計上することに成功した。一九五四年の原子力予算の際にも、中曽根は突然二億三五〇〇万円の原子力予算を国会に提出して科学者たちを驚かせた。やり方も金額も、原子力の時と同じであった。さらに中曽根は、マッカーサー駐日大使と何度も懇談して、宇宙開発における日米協力について交渉を行った。[54]「大宇宙博覧会」とその一部であるNASA展を科学技術庁が後援し、中曽根が開会式に出席した背景には、こうした中曽根宇宙開発構想があったと考えられる。

ちなみに「大宇宙博覧会」のスポンサーであった産経新聞の創始者である前田久吉は、一九五八年に東京タワーを建てて電波事業に参入していたほか、日東航空という小規模な航空会社も経営していた。産経新聞が「大宇宙博覧会」のスポンサーを務めることになった経緯は不明だが、航空事業と電波事業に乗り出していた前田が、その先にある宇宙に関心を持っていたとしても不思議ではない。[55]

しかし、この「中曽根構想」に対して、学術界からは批判の声が巻き起こった。天文学者の関口直甫は、国際社会が宇宙開発をめぐり対立する中、日本はこれまで中立的立場を保ってきたにもかかわらず、中曽根構想がそのバランスを崩すことに懸念を表明した。例えばＩＧＹを契機に設立された国際宇宙空間委員会（Committee on Space Research : COSPAR）や国連の大気圏外平和利用特別委員会の中でも、資本主義陣営と共産主義陣営の対立

53 鈴木前掲書、一七六頁、宇宙科学研究所（ＩＳＡＳ）ウェブサイト、http://www.isas.jaxa.jp/about/history/. 二〇二〇年八月一日閲覧。

54 「宇宙開発　どう進む中曽根構想」『読売新聞』一九五九年七月二一日夕刊二面、「日本に宇宙開発の夜明け　調査団派遣など本腰」『読売新聞』一九六〇年一月六日夕刊二面、「官庁街：科学技術庁」『読売新聞』一九六〇年二月七日夕刊二面、科学技術庁創立十周年記念行事実行準備委員会編『科学技術庁十年史』（一九六六年）、二三八頁、国立国会図書館デジタルコレクション。中曽根と一九五四年の原子力予算については、加藤哲郎「日本における『原子力の平和利用』の出発——原発導入期における中曽根康弘の政略と役割」加藤・井川前掲書、一五一—五三頁。

55 大阪出身の前田は、しばしば東京の読売新聞の社主で日本テレビを設立し原子力平和利用を推進した正力松太郎のライバルとして語られる。前田も正力も、戦時中の新聞社の幹部として占領軍によって公職追放される。前田は一九五〇年に追放解除されて産業経済新聞社の代表取締役に就任したが、間もなく電波事業に乗り出し、同じころ日東航空の社長にも就任する。日東航空は二度の墜落事故を経て他社と合併し、日本エアシステムの前身である日本国内航空となり、最終的には日本航空（ＪＡＬ）になる。久米茂「ある追放者——前田久吉の場合」『思想の科学』第五次五三号（一九六六年八月）、七五—一四三—五四頁、青地晨「正力松太郎と前田久吉」『現代の英雄——人物ライバル物語』（平凡社、一九五七年）、一一〇頁、以上、国立国会図書館デジタルコレクション。井川充雄「第一三章　前田久吉——『大阪新聞』『産経新聞』の創立者」土屋礼子編著『近代日本メディア人物誌　創始者・経営者編』（ミネルヴァ書房、二〇〇九年）、二三五—二四二頁。

が見られた。また後者では、米ソによる宇宙の軍事利用が進むことを懸念する発展途上国からの不満も噴出していた。東西・南北の対立関係がある中で、日本がアメリカとの連携姿勢を鮮明にすることには慎重であらねばならないと、関口は訴えたのである。さらに関口は、学術界の意見に耳を傾けずに「中曽根諮問機関である宇宙科学技術振興準備委員会」を中心に宇宙開発を推進しようとする科学技術庁の姿勢も厳しく批判した。[56]『朝日新聞』も中曽根構想について、「防衛庁の誘導ミサイル研究に利用される可能性」「重点がロケット開発に偏っている点」「目標も研究体制も整わないうちからアメリカとの協力関係を結ぼうとしている点」を挙げて批判した。[57]かつてワシントン日本大使館の「科学アタッシェ」として原子力に関する日米二国間協定の締結に尽力した向坊隆も、「原子力の場合は、原子炉燃料という物資の授受について、政府間の協定が必要であった」が、宇宙開発はそれとは事情が異なるとして、アメリカ偏重の政策に警鐘を発した。[58]結論的には、中曽根構想は原子力二国間協定のように順調には進まなかった。アメリカは日本のロケット開発に関して強い警戒感を持っており、ようやく日本に対して液体燃料ロケットの技術を供与したのは、佐藤栄作政権下の一九六〇年代末のことであった。[59]

日本においても他国においても、NASAとUSIAの目標は、アメリカが家電製品のような「ソフト」な領域のみならずロケットや人工衛星のような「ハード」な領域でもソ連を凌駕し、しかもソ連の秘密主義とは対照的にアメリカの科学はオープンであるというメッセージを伝えることであった。また長期的には、世界の国々がアメリカを中心とする宇宙開発ネットワークの中にとどまり、ソ連との提携やミサイル開発を行わないよう防止することでもあった。しかしながら、日本側にはまったく違う事情があった。「宇宙大博覧会」は、科学技術庁を中心とする「中曽根構想」の下で、アメリカの宇宙開発技術を取り入れようとする動きと連動したものであった。さらに「宇宙大博覧会」に展示されていたのはNASAの技術だけではなかった。先に述べた通りNASAの展示が行われたのは会場の一部分であり、他にはソ連やドイツの宇宙開発、そして日本の「カッパ七型ロケット」等も展示されていた。前述の雑誌『航空情報』にも、NASAの展示と並んで「ドイツのV-2ロケットの模型」や「スプートニク二号・三号の模型」、「国産の反射望遠鏡」などの展示物が写真入りで紹介されており、必ずしもＮＡＳＡの展示物だけが目立っているわけではなかった。日本の研究者たちの間には、アメリカの技術に頼らずに自国での研究を積み重ねるべきだという強い意思があり、アメリカの技術はあくまでも参照すべき様々な技術のうちの一つととらえられていた。来場者たちはＮＡＳＡの展示にも関心を示したが、アメリカだけを見ていたのではなく、他の諸国や自国の宇宙開発についても同時に目の当たりにした。第2章で述べたような一九五〇年代半ばの「アトムズ・フォー・ピース博覧会」が、アメリカの圧倒的な科学技術力を誇示したのとは対照的に、一九六〇年のＮＡＳＡ宇宙展においてはアメリカの科学技術は相対化されていた。第二次世界大戦終結から一五年を経て諸外国が経済力や技術力をつけるに従い、アメリカ一国の圧倒的強さを顕示するような対外情報プログラムのスタイルが、すでに限界を迎えていたと見ることもできよう。

科学史家のオードラ・ウォルフは、アポロ月面着陸計画が、冷戦期の「軍産学複合体の最後の饗宴」であったと記している[60]。アメリカの有人宇宙飛行計画は一九六九年のアポロ月面着陸で一つの区切りを迎え、科学技術を大規模な国家プロジェクトとして推進するというスタイルは終息を見た。その頃にはまた、冷戦も変容しつつあった。中ソ対立や米中接近に見られる通り東西の二項対立が崩れ、同盟内部でも資源や安全保障をめぐる亀裂

56……関口直甫「中曽根宇宙開発計画――経緯と問題点」『自然＝Nature』第一五巻五号（通巻一六九号）（一九六〇年五月）、六二―六五頁、国立国会図書館デジタルコレクション。

57……「中曽根構想に批判的空気」『朝日新聞』一九五九年八月一六日夕刊一面、「わが国宇宙科学のあり方（社説）」『朝日新聞』一九六〇年三月一三日朝刊二面。

58……向坊隆「中曽根長官に注文　宇宙開発協定・心されたし」『朝日新聞』、一九五九年七月二〇日東京朝刊三面、以上、国立国会図書館デジタルコレクション。

59……佐藤政権下での日米宇宙技術協力については、鈴木前掲書、一七六―一八三頁。

60……Wolfe, *Competing with the Soviets*, 90.

が現れた。また非同盟諸国の連帯も薄れ、一部の発展途上国は「開発独裁」への道を歩んだ。さらに環境汚染や核拡散がグローバルな問題として認識され、「軍産学複合体」による近代化や開発のあり方にも批判が向けられるようになった。このような変化は、それまでの「文化冷戦」の前提条件をも変えてしまった。第三世界の人々の「心を勝ち取る」ために原子力や医療の技術を提供したり、ソ連との差異化を追求したり、アメリカの近代的な生活様式を映画や印刷物で顕示したりすることが、もはや意味をなさなくなって行ったのである。本書の最終章である宇宙開発は、「文化冷戦」の時代の最後章でもあったとも言えるかも知れない。

おわりに

本書で取り上げた事例からは、一九五〇年代～六〇年代初頭のアメリカ対外情報プログラムの中で科学技術が重要な位置を占め、科学者・技術者たちが大きな役割を果たしていたことが明らかになった。また対外情報プログラムと科学技術援助とはしばしば表裏一体の関係で、両者の境界線が曖昧な場合も多々見受けられることも分かった。この時期のアメリカにとって科学技術援助とは、短期的に相手国の忠誠や協力を得るための外交カードではなく、対外情報プログラムと連動して（あるいはその一部として）実施される、長期的な文化的浸透政策であった。アメリカ製原子炉や実験設備は、単なる物質的支援ではなく小さな「アメリカ文化圏」であり、それらを使いこなすための技術訓練は、知米派の科学エリートの一団を育てることにつながった。したがって文化冷戦の他の側面（例えば文学・芸術・音楽など）に比べて、科学技術は目に見える「成果」を残し易い分野であった。文化冷戦の武器としての科学技術は、アメリカ製技術が実用化され知米派の科学エリートが育った国においては、一応の成功を見たと言えよう。しかしながら、アメリカ政府が援助対象国をアメリカを中心とする科学技術ネットワークの下に安定的に留め置くことを意図していたのとは裏腹に、対象国の政府や科学エリートたちは、アメリカ以外の選択肢（例えばソ連やフランス）を検討したり、アメリカの援助を利用しつつも独自の科学技術を開発しようとしたりした。その様子からは、対外情報プログラムの「成果」が、必ずしもアメリカが行った莫大な投資に見合うものではなかったことが看取できる。特に政治的に不安定な発展途上国においては、「成果」は簡単に覆され水泡に帰す可能性さえあった。それでも、留学生やアメリカ製原子炉を通して築かれたネットワークは、その後長きにわたってアメリカの科学技術知に大きな影響力を持たせ続けたことは確かであろう。

さらに本書が扱った一〇年弱の期間にも、前半は原子力、後半は医療や宇宙という対外情報プログラムのテーマの変化が見られた。この変化の背景には、原子炉や原子力技術の輸出および実用化が進み、もはや「情報」を売り込む必要性が無くなったという「実用化」要因、アメリカの核実験による放射能汚染が国際的に問題視され原子力のもつ魅力が失われたという「イメージ悪化」要因に加え、ソ連に比べてアメリカの特色や優位性を発信できる分野を模索し優先するという「差別化」要因があった。このようなテーマの変遷からは、科学技術に関する対外情報プログラムの耐用年数が、意外に短いものであったことが示唆される。またテーマが変わるたびに、ＵＳＩＡと連携する機関もＡＥＣ、ピープル・トゥー・ピープル財団、ＮＡＳＡなどに変わった。ＡＥＣやＮＡＳＡのような巨大な政府機関は資金力もあり、広報担当部局も擁していたことから、ＵＳＩＡの強力な提携相手となった。そしてこうした政府機関こそが、科学と政治（権力）とを結びつける役割を果たしたのである。科学技術が非政治的で自律的であるという一般的イメージとは異なり、原子力から医療、宇宙まで、アメリカの科学技術はその時々の要請に応じて対外政策を支えていたのである。このことはまた、冷戦期のアメリカを語る上で、核兵器に限らず、科学技術の占める位置が非常に重要であることも示している。

冷戦の変容と文化冷戦の終焉

科学技術を文化冷戦の武器として利用する対外情報プログラムは、一九六九年七月二〇日のアポロ月面着陸と、一九七〇年三月～九月に日本で開催された大阪万博で一つの転機を迎えた。アポロ月面着陸は世界中にテレビ中継され、「同時通訳」という職業が脚光を浴びたのも、この時であった。世界中のＵＳＩＳは、現地の市民を招き入れてテレビ中継を視聴させた。[1] また大阪万博は、のべ六〇〇〇万人が来場した国民的大イベントであった。その「アメリカ館」にはアポロ宇宙船が持ち帰った「月の石」が展示され、人々は一目見ようと何時間も行列を作った。本書の帯に掲載した写真は、アメリカ館のガイドを務めていたビヴァリー・グレイ（Beverly Gray）氏が日本人来場者に展示を解説している様子である。彼女は一日に何百回も「月の石はどこですか？」という日本人の質問に答え、またＵＳＩＳの方針に従い、展示された宇宙船などが「ライバル国の展示とは異なり本物である」ことを説明したという。[2] 幼い日に父に手を引かれて訪れた大阪万博は、筆者にとって初めての「外国」体験として強烈に記憶に残っている。娘があまりに万博を気に入ったせいか、父は数週間後にもう一度会場に連れて行ってくれた。しかし私たちは、「月の石」はとうとう見ずじまいだった。アマチュア天文家だった父が「月の石」に関心が無かったとは思えないが、きっと幼い娘といっしょに何時間もならんで待つのを断念したのだろう。外から見たアメリカ館が、巨大で不思議な形をしていたことは覚えている。現在の万博公園のウェブサイトによると、アメリカ館の建築は宇宙工学の粋を結集した「長径一四二メートル、短径八三・五メートルの楕円形の膜で覆った『空気膜構造』」であった。その内部で最大のスペースを占めていたのが、宇宙開発展であった。「月の石」のほかにアポロ八号の司令船、「静かの海」の着陸地点模型、月面着陸船、防護装具、「マーキュリーカプセル」、「ジェミニ一二号」なども展示されていた。[3] 今思えば大阪万博は、宇宙をテーマとしたアメリカ対外情報プログラムの最後の饗宴だったのかも知れない。

万博会場から受けたもう一つの強烈な印象は、夜間の照明の明るさであった。親の承認の下に日没後も外を歩き回れるのは、小さな子どもにとってワクワクするような非日常の体験であった。アルプスの樹氷を表現したスイス館のまばゆい「光の木」をはじめとして、会場のあちらこちらが煌々と照らされていた。あの光が、万博開会式の日に日本ではじめて商用運転を始めた敦賀原発一号炉から送電された「原子の灯」だったことは、恥ずかしながら後に吉見俊哉『夢の原子力』(二〇一二年)で初めて知った。[4] 敦賀原発一号炉はアメリカのジェネラル・

1 ……Cull, *The Cold War and the United States Information Agency*, 305.

2 ……Beverly Gray, "When Apollo Went to Japan," *Air & Space Magazine*, April 2020, https://www.airspacemag.com/space/when-apollo-went-japan-180974469/. 二〇二一年一月二七日閲覧。グレイ氏は後に脚本家・作家となり、二〇二一年現在も執筆活動を続けている。写真の掲載を許可して下さったグレイ氏と、右の記事を見つけて下さった装幀デザイナーの森華氏に深謝する。

3 ……万博記念公園ウェブサイト、https://www.expo70-park.jp/cause/expo/america/. 二〇二〇年一一月四日閲覧。大阪万博については、吉見俊哉『博覧会の政治学』(中央公論新社、二〇〇〇年、初版一九九二年)第六章も参照。

エレクトリック社製の沸騰水型軽水炉で、二〇一五年に廃炉になっている。敦賀原発に続いて万博会場への送電を始めた関西電力美浜原発の原子炉も、アメリカのウェスティングハウス社製であった。万博会場へ送電は、アメリカの「フォーリン・アトムズ・フォー・ピース」が日本で実を結んだ証左であった。アメリカ館には、かつて花形だった原子力平和利用の展示はもう無かったが、それはこの技術がすでに日本を含む援助対象国に根付き実用化されていたからにほかならない。文化冷戦という闘いの下で輸出されたアメリカの技術は、外国の社会や文化に浸透し、皮肉にも「人類の祭典」を照らしていたのである。

しかし、アポロ月面着陸や大阪万博が人々の注目を集めている間にも、アメリカの科学技術は評判を落とし続けていた。ヴェトナム戦争の泥沼化に伴い、枯葉剤（催奇形性のある猛毒のダイオキシンを含む除草剤）を使ってジャングルを破壊し、ナパーム弾（高温で燃焼し広い範囲に炎が燃え広がる爆弾）を農民たちの上に降り注がせるアメリカの科学技術は、アメリカ国内はもとより世界中から非難を浴びるようになった。科学技術の威信を見せつけるような対外情報プログラムは、もはや効果的ではなかった。またアメリカ国内では、非暴力の抵抗運動を推進した黒人リーダーのマーティン・ルター・キング牧師が暗殺されたこと（一九六八年）を契機に、先鋭化した群衆による暴動が各地で起きていた。激しい人種対立が世界中に報道されるに及び、アメリカの唱道してきた自由や平等の理念は、他国に対して説得力を持たなくなってきた。さらに、文化冷戦の前提であった東西二極対立も揺らいでいた。ヴェトナム戦争から「名誉ある撤退」を実現したいアメリカ政府は、中国による北ヴェトナム支援を止めるべく毛沢東政権との和解を目指した。大阪万博の翌年、アメリカ政府はニクソン大統領が近々北京を訪問することを電撃発表して世界を驚かせた。米中接近や中ソ対立、そして第三世界における「開発独裁」政権の登場に見られるように、アジアの冷戦構造は大きく変容して行った。そのような中で、「自由世界」の優位性を強調するような対外情報プログラムは、もはや的を射てはいなかった。

文化冷戦を戦うために設立されたと言っても過言ではないUSIAは、このような変化を受けて存在意義が問い直されることになった。一方で、対外情報プログラムは「パブリック・ディプロマシー」（広報外交）という新しい名前を授けられ「外交」の一部と見なされるようになった。[5] これに伴い、それまで国務省の外交官よりも格下扱いされていたUSIAの情報担当官たちも正規の「外交官」に昇格した。しかし他方では、USIAの対外情報プログラムを文化冷戦モードからデタント外交モードへと切り換えることは容易ではなかった。一九六九年に発足したニクソン政権の下でUSIA長官を務めたフランク・シェイクスピア（Frank Shakespeare）は、相変わらず共産主義国と比較してアメリカの優位性を主張するような対外情報プログラムを続けようとしたため、国務省と衝突した。彼の後任のジェームズ・キーオ（James Keogh）長官の下では、新しい時代にふさわしいUSIAの役割が検討され、長期的な視野や双方向性、また対象国の現地機関を通した情報発信などの方針が示された。[6] その後のUSIAの盛衰を縷々語ることは本書の射程外であるが、冷戦終結から一〇年を経た一九九九年、USIAは国務省に吸収され解散した。文化冷戦の武器として培われた対外情報プログラムは、役割を終えたと見なされたのである。USIAの廃止にあたってマデリーン・オルブライト（Madeline Albright）国務長官は、以後パブリック・ディプロマシーは「主流のアメリカ外交に組み込まれ」ると説明した。[7]

科学技術への無意識の信頼

アメリカの科学技術がもつ対外情報プログラム上の魅力は、右に述べたように一九七〇年ごろを境に後退した。

4……吉見俊哉（二〇一二年）、一五頁。
5……「パブリック・ディプロマシー」という言葉は、元外交官でタフツ大学フレッチャースクール校長（Dean）のエドムンド・ガリオン（Edmund Gullion）によって発案された。ガリオンは元USIA長官のエドワード・マローの名前を冠した「エドワード・R・マロー・パブリック・ディプロマシー・センター」を設立するなど対外情報プログラムに深い理解があった。
6……Cull, 255–261, 293, 320, 335.
7……Cull, 502.

アポロ月面着陸の直後、USIAがイギリス、フランス、日本、ヴェネズエラ、インド、フィリピンで実施した世論調査によると、月面着陸は人々に一定の感銘を与えてはいたものの、四四~六〇パーセントの回答者が「アメリカは地球上のもっと別の問題に時間とお金をかけるべきだ」と答えた。[8] しかしながら科学技術そのものに対する信奉は、二〇世紀後半を通して多くの国々でむしろ深まった。そのような信奉は、ノーベル賞の数を競ったり、宇宙飛行士を国家的英雄として称えたりする現象に見られるように、ナショナリズムの源泉ともなった。それと同時に、電力やコンピュータやGPSなど日常生活に浸透した科学技術に対する「無意識の信頼」もまた築かれて行った。二〇一一年三月一一日の福島第一原子力発電所の事故が起きるまで、多くの人々が原子力発電技術にさして関心を示さなかったように、科学技術は当然そこにある空気のような存在になって行った。筆者も、二〇〇九年頃からアメリカの原子力技術と外交の関係を研究していたにもかかわらず、福島第一原発の原子炉が敦賀原発と同じジェネラル・エレクトリック社製であることを、事故が起きるまで知らなかったのである。

　科学技術に対する「無意識の信頼」が破られたのは、福島の事故が初めてではない。ヴェトナム戦争で使用された枯葉剤の影響や、日本の水俣病、一九七九年のアメリカのスリーマイル島の原発事故や、一九八六年のチェルノブイリ原発の事故などが起きるたびに、科学技術に対する信頼は揺らいだ。しかし、メディアは新しい科学的発見を追うことに忙しく、人々は新たな科学技術の恩恵を求めることに夢中で、科学に対する信頼はその都度驚くべき復元力で修復された。だが、健全な批判能力を伴わない「無意識の信頼」は、同じく健全な批判能力を欠いた反知性主義と表裏一体でもある。二〇二〇年の新型コロナウィルスの感染拡大をめぐっては、各国の政治指導者による非科学的で無責任な発言が繰り返され、流言飛語が飛び交った。科学技術を無条件に信頼する社会は、非科学的な偽情報にもまた脆弱だということが露呈した。権力者の発言やSNS上の情報を簡単に信じるメンタリティーは、科学技術に対する無意識の信頼と依存にも通じる。このような時代に、私たちはますます批判的思考力を研ぎ澄まさなければならない。

　コロナ禍が際立たせたもう一つの現象は、文化冷戦を彷彿とさせるような国家権力による科学技術の政治利用である。新型コロナウィルスのワクチン開発競争が繰り広げられる中、二〇二〇年八月にロシアのプーチン大統領が、まだ最終治験も始まっていないワクチンをいち早く承認した。プーチン大統領の決定は各国の科学者やジャーナリストから拙速との批判を浴びたが、筆者が驚いたのは、このワクチンが「スプートニクV」と命名されていたことである。文化冷戦のアイコンであったソ連の人工衛星スプートニクが、いまだに国家の威信を表す言葉として力を持ち続けていること、また科学技術開発における「世界初」が、いまだに政治的重要性を持つことを思い知らされた出来事であった。[9]「スプートニクV」の例にも見られる通り、近年各国で科学技術ナショナリズムが高揚し、科学技術を国家あるいは同盟圏内に囲い込もうとする傾向が強まっている。アメリカの影響力低下と中国の軍事的膨張、またサイバーテロなどの現実を受けて、科学技術情報のセキュリティ管理がかつてないレベルで求められることは否定の仕様がない。しかし国境なきウィルスとの闘いには国際協力が不可欠であるという事実もまた、新型コロナウィルス禍は明らかにした。感染情報の秘匿はパンデミックの拡大をもたらすし、治療薬や医療技術を一国が独占することもまた、パンデミックの収束を遅らせることにつながる。文化冷戦の中でアメリカが自負した「科学国際主義」はしばしば羊頭狗肉で、国際協力の名を借りたインテリジェンス（情報収集）やヘゲモニー追求であった側面は否めないが、その中でも個々の科学者・技術者の国際交流が実際に起きていたことは本書の事例にも見る通りである。文化冷戦の時代から現代の私たちが学ぶべきことは、科学国際主義がその理想的な響きからは程遠い政治性を持っていたということ、しかしそのような政治性の中にあっても、国際交流・国際協力は起こり得たという両面的な事実なのかも知れない。

8……Cull, 305.
9……「コロナワクチンの治験中断、日本に影響？　危うい開発競争」朝日新聞デジタル、二〇二〇年九月九日。

参考文献一覧

〈一次資料〉

公文書等

Dwight D. Eisenhower Presidential Library
　White House Central Files.
　White House Office, NSC Staff Papers, OCB Secretariat Series.
International Association for Cultural Freedom Records, Special Collections Research Center, University of Chicago Library.
Michigan Memorial Phoenix Project records, 1947–2003（MMPP）, Bentley Historical Library, University of Michigan.
Office of the Historian, *Foreign Relations of the United States*（*FRUS*）.
　1952–1954, National Security Affairs, Vol. II, Part 2, https : //history.state.gov/historicaldocuments/frus1952-54v02p2
　1955–1957, Foreign Economic Policy ; Foreign Information Program, Vol. IX, https : //history.state.gov/historicaldocuments/frus1955-57v09
　1955–1957, Regulation of Armaments ; Atomic Energy, Vol. XX, https : //history.state.gov/historicaldocuments/frus1955-57v20
Rabinowitch, Eugene I. Papers, Special Collections Research Center, University of Chicago Library.
U.S. National Archives
　RG59, General Records of the Department of State, アメリカ国立公文書館（メリーランド州カレッジパーク）
　RG84, Records of the Foreign Service Posts of the Department of State, アメリカ国立公文書館（同）
　RG225, Records of the National Aeronautics and Space Administration, アメリカ国立公文書館（同）
　RG306, Records of the U.S. Information Agency, アメリカ国立公文書館（同）
　RG326, Records of the Argonne National Laboratory, アメリカ国立公文書館シカゴ分館（イリノイ州シカゴ）
　RG326, Records of the Atomic Energy Commission, アメリカ国立公文書館（メリーランド州カレッジパーク）
　RG469, Records of U.S. Foreign Assistance Agencies, 1948–1961 アメリカ国立公文書館（同）

外務省外交史料館　戦後外交記録

「原水爆実験関係　米国関係　エニウェトック環礁実験関係（昭和三一年）第一巻」C'.4.2.1.1–1–1（マイクロフィルム C'–0005）
「原水爆実験関係　米国関係　エニウェトック、ジョンストン島実験関係（昭和三三年）」C'.4.2.1.1–1–3（マイクロフィルム C'–0006）
「原水爆実験関係　米国関係　エニウェトック、ジョンストン島実験関係（昭和三三年）観測船『拓洋』、『さつま』被災事件」
　C'.4.2.1.1–1–3–1（マイクロフィルム C'–0006）
「本邦原子力政策並びに活動関係　本邦原子力科学者の教育訓練関係　第四巻」C'.4.1.1.1–4

「核爆発実験に対する本邦の態度」C'.4.2.1.2（マイクロフィルムC'-0009）

その他

Argonne National Laboratory News-Bulletin, vol. 5, no. 2 (April 1963), National Archives at Chicago.
Argonne National Laboratory News-Bulletin International, vol. 1, no. 1 (January 1959); vol. 1, no. 2 (April 1959); vol. 1, no. 3 (July 1959); vol. 1, no. 4 (October 1959); vol. 2, no. 1 (January 1960); vol. 3, no. 3 (July 1961); vol. 4, no. 1 (January 1962); vol. 4, no. 2 (April 1962); vol. 4, no. 3 (July 1962), National Archives at Chicago.
The Association for Diplomatic Studies and Training Foreign Affairs Oral History Project Information Series, Harry Haven Kendall, Interviewed by G. Lewis Schmidt, December 27, 1988, Georgetown University Foreign Affairs Oral History, Box 1, Folder 248.
The Bulletin of Atomic Scientists, vol. ix, no. 2 (March 1953); vol. ix, no. 8 (October 1953); vol. ix, no. 9 (November 1953); vol. x, no. 5 (May 1954); vol. x, no. 6 (June 1954); vol. xi, no. 1 (January 1955); vol. xi, no. 4 (April 1955); vol. xi, no. 9 (November 1955); vol. xii, no. 6 (June 1956); vol. xiii, no. 6 (June 1957); vol. xiii, no. 8 (October 1957); vol. xiv, no. 1 (January 1958), Special Collections Research Center, University of Chicago Library.
科学技術庁原子力局『原子力委員会月報』第二巻第九号（一九五七年一一月）、第三巻九号（一九五八年九月）、第一〇巻第八号（一九六五年八月）、第一八巻第九号（一九七三年九月）
香川県立図書館『要覧』（二〇一八年）
『日米原子力産業合同会議議事録』（一九五七年）
『原子力産業新聞』（国立国会図書館）
『ＵＳＩＳ映画目録一九五九年版』
『ＵＳＩＳ映画目録一九六六年版』

〈二次資料〉

書籍・論文

青地晨『現代の英雄——人物ライバル物語』平凡社、一九五七年（国立国会図書館デジタルコレクション）。

青野利彦『「危機の年」の冷戦と同盟——ベルリン、キューバ、デタント　一九六一〜六三年』有斐閣、二〇一二年。

秋田茂編著『アジアからみたグローバルヒストリー』ミネルヴァ書房、二〇一三年。

秋田茂『帝国から開発援助へ——戦後アジア国際秩序と工業化』名古屋大学出版会、二〇一七年。

アメリカ学会訳編『原典アメリカ史』第七巻、岩波書店、一九八二年。

荒居辰雄『アメリカの対外援助——ＩＣＡの機能と運営』（経団連パンフレット第三三号）一九五六年。

有馬哲夫『原発・正力・ＣＩＡ——機密文書で読む昭和裏面史』新潮社、二〇〇八年。

――――『原発と原爆――「日・米・英」核武装の暗闘』文藝春秋、二〇一二年。

井川充雄「原子力平和利用博覧会と新聞社」津金澤聰廣編『戦後日本のメディア・イベント一九四五〜一九六〇年』世界思想社、二〇〇二年、二四七―二六五頁。

市川浩「オブニンスク、一九五五年――世界初の原子力発電所とソヴィエト科学者の〝原子力外交〟」若尾祐司・木戸衛一編『核開発時代の遺産――未来責任を問う』昭和堂、二〇一七年、二六―五〇頁。

入江昭『権力政治を超えて――文化国際主義と世界秩序』岩波書店、一九九八年。

ウィナー、ラングドン／吉岡斉・若松征男訳『鯨と原子炉』紀伊國屋書店、二〇〇〇年。(Winner, Langdon. *The Whale and the Reactor: A Search for Limits in an Age of High Technology*. Chicago: The University of Chicago Press, 1986.)

ウィリアムズ、レイモンド／椎名美智ほか訳『完訳キーワード辞典』平凡社、二〇一一年。

ウェスタッド、O・A／佐々木雄太監訳『グローバル冷戦史――第三世界への介入と現代世界の形成』名古屋大学出版会、二〇一〇年。

ウェント、G／松井佐七郎訳『みんなの原子力』法政大学出版局、一九五六年。

大石又七『ビキニ事件の真実――いのちの岐路で』二〇〇三年、みすず書房。

小田隆裕ほか編『事典　現代のアメリカ』大修館書店、二〇〇四年。

小野沢透『幻の同盟――冷戦初期アメリカの中東政策』名古屋大学出版会、二〇一六年。

大矢根聡「コンストラクティヴィズムの視座と分析――規範の衝突・調整の実証的分析へ」『国際政治』第一四三号（二〇〇五年一一月）、一二四―一四〇頁。

カイダン、マーチン／朝日新聞社訳『マーキュリー計画――パイロット宇宙に飛び立つ時』朝日新聞社、一九六〇年。

外務省百年史編纂委員会編『外務省の百年』原書房、一九六九年。

カーソン、レイチェル／青樹簗一訳『沈黙の春』新潮社、二〇一四年（英語の初版は一九六二年）。

科学技術振興機構研究開発戦略センター『ASEAN諸国の科学技術情勢』美巧社、二〇一五年。

科学技術庁創立十周年記念行事実行準備委員会編『科学技術庁十年史』一九六六年（国立国会図書館デジタルコレクション）。

加藤哲郎『日本の社会主義――原爆反対・原発推進の論理』岩波書店、二〇一三年。

加藤哲郎・井川充雄編『原子力と冷戦――日本とアジアの原発導入』花伝社、二〇一三年。

上川龍之進『電力と政治――日本の原子力政策全史』（上）勁草書房、二〇一八年。

紙谷貢「ビルマ式社会主義と農業の発展」『農業綜合研究』二六巻四号（一九七二年一〇月）、一七五―一九八頁。

辛島理人「戦後日本の社会科学とアメリカのフィランソロピー――一九五〇〜六〇年代における日米反共リベラルの交流とロックフェラー財団」『日本研究』四五巻（二〇一二年三月三〇日）、一五五―一八三頁。

菅英輝『冷戦史の再検討――変容する秩序と冷戦の終焉』法政大学出版局、二〇一〇年。

――――編『冷戦と同盟――冷戦終結の視点から』松籟社、二〇一四年。

菅英輝・初瀬龍平編著『アメリカの核ガバナンス』晃洋書房、二〇一七年。

貴志俊彦・土屋由香編『文化冷戦の時代――アメリカとアジア』国際書院、二〇〇九年。

橘川武郎『東京電力　失敗の本質――「解体と再生」のシナリオ』東洋経済新報社、二〇一一年。

金志映『日本文学の〈戦後〉と変奏される〈アメリカ〉』ミネルヴァ書房、二〇一九年。

倉沢愛子『九・三〇　世界を震撼させた日』岩波書店、二〇一四年。

倉科一希「ジョン・フォスター・ダレスと軍備管理――一九五八―五九年核実験禁止条約交渉を中心に」『一橋法学』第二巻第三号（二〇〇三年一一月）、一一六七―一一九三頁。

クリフォード、ジェイムズ、ジョージ・マーカス編／春日直樹ほか訳『文化を書く』紀伊國屋書店、一九九六年。

黒崎輝「アメリカの核戦略と日本の国内政治の交錯――一九五四～六〇年」同時代史学会編『朝鮮半島と日本の同時代史――東アジア地域共生を展望して』日本経済評論社、二〇〇五年、一八九―二三三頁。

――『核兵器と日米関係――アメリカの核不拡散外交と日本の選択一九六〇～一九七六』有志舎、二〇〇六年。

原子力技術史研究会編『福島事故に至る原子力開発史』中央大学出版部、二〇一五年。

小林聡明「VOA施設移転をめぐる韓米交渉――一九七二～七三年」『マス・コミュニケーション研究』七五号（二〇〇九年）、一二九―一四七頁。

齋藤嘉臣『ジャズ・アンバサダーズ――「アメリカ」の音楽外交史』講談社、二〇一七年。

佐久間平喜『ビルマ（ミャンマー）現代政治史（増補版）』勁草書房、一九九三年。

佐々木英基『核の難民――ビキニ水爆実験「除染」後の現実』、NHK出版、二〇一三年。

佐藤靖『NASAを築いた人と技術――巨大システム開発の技術文化』東京大学出版会、二〇〇七年。

――『NASA――宇宙開発の六〇年』中央公論新社、二〇一四年。

島田剛「戦後アメリカの生産性向上・対日援助における日本の被援助国としての経験は何か――民主化・労働運動支援・アジアへの展開」（JICA研究所　日本の開発協力の歴史・バックグラウンドペーパーNo.2）二〇一八年一〇月。

鈴木一人『宇宙開発と国際政治』岩波書店、二〇一一年。

スミス、A・K／広重徹訳『危険と希望――アメリカの科学者運動一九四五―一九四七』みすず書房、一九六八年。（Smith, Alice K. *A Peril and a Hope : The Scientists' Movement in America, 1945–47*. 1965 ; repr., Cambridge, MA : MIT Press, 1971.）

第五福竜丸平和協会編／三宅泰雄ほか監修『〈新装版〉ビキニ水爆被災資料集』東京大学出版会、二〇一四年。

高橋博子『〈新訂増補版〉封印されたヒロシマ・ナガサキ――米核実験と民間防衛計画』凱風社、二〇一二年。

竹内敬二『電力の社会史――何が東京電力を生んだのか』朝日新聞出版、二〇一三年。

竹峰誠一郎『マーシャル諸島――終わりになき核被害を生きる』新泉社、二〇一五年。

田中慎吾「対外政策決定論における文化――主要モデルの評価と今後の課題」『国際公共政策研究』第一二巻一号（二〇〇七年九月）、二四三―二五七頁。

――「原子力・核問題における特殊な日米関係の萌芽――トルーマン政権の対日原子力研究規制と緩和　一九四五～四七」『国際公共政策研究』第一七巻第二号（二〇一三年三月）、一一三―一二六頁。

――「『日米原子力研究協定』への道程一九五一―一九五五――米国における核兵器使用の記憶と冷戦戦略」『同志社アメリカ研究』第五二号（二〇一六年三月）、一―一七頁。

谷川建司『アメリカ映画と占領政策』京都大学学術出版会、二〇〇二年。

土田映子「テクノロジーが創る国民・エスニシティ――文化的アイコンとしての科学・技術と集団アイデンティティ」兼子歩・貴堂嘉之編『「ヘイト」の時代のアメリカ史――人種・民族・国籍を考える』彩流社、二〇一七年、九五―一一七頁。

土屋由香『親米日本の構築――アメリカの対日情報・教育政策と日本占領』明石書店、二〇〇九年。

――「占領期のCIE映画（ナトコ映画）」黒沢清ほか編『踏み越えるドキュメンタリー』（日本映画は生きている　第七巻）岩波書店、二〇一〇年、一五五―一八一頁。

――「広報文化外交としての原子力平和利用キャンペーンと一九五〇年代の日米関係」竹内俊隆編著『日米同盟論――歴史・機能・周辺諸国の視点』ミネルヴァ書房、二〇一一年、一八〇―二〇九頁。

――「科学技術広報外交と原子力平和利用――スプートニク・ショック以後のアトムズ・フォー・ピース」小路田泰直ほか編『核の世紀――日本原子力開発史』東京堂出版、二〇一六年、一九三―二二三頁。

――「マグロ遠洋漁業とツナ缶産業をめぐる日米関係史――一九五〇～六〇年代の貿易摩擦、水爆実験、そして戦前期からの連続性」『中・四国アメリカ研究』第八号（二〇一七年）、一一一―一三一頁。

――「『反核』と『反共』――一九五〇年代における科学雑誌『原子力科学者会報』と文化自由会議」『アメリカ史研究』四一号（二〇一八年九月）、三六―五一頁。

――「アメリカ製軽水炉の選択をめぐる情報・教育プログラム――一九五〇年末の日米関係」『歴史学研究』（二〇一八年一〇月）、一二九―一三八頁。

――「第九章　アメリカの政府広報映画（USIS映画）が描いた冷戦世界――医療保健援助船「ホープ号」をめぐる国際政治」南塚信吾編『MINERVA世界史叢書6　情報がつなぐ世界史』ミネルヴァ書房、二〇一八年、二一九―二四一頁。

――「VOA『フォーラム』と科学技術広報外交――冷戦ラジオはアメリカの科学をどう伝えたか」『アメリカ研究』第五四号（二〇二〇年四月）、六七―八七頁。

土屋由香・吉見俊哉編著『占領する眼・占領する声――CIE／USIS映画とVOAラジオ』東京大学出版会、二〇一二年。

土屋由香・奥田俊介・進藤翔大郎「資料紹介：『スプラーグ委員会報告書』（一九六〇年一二月）抄訳と解説」『英文学評論』第九一集（二〇一九年二月）、一―二九頁。

土屋由香・川島真・小林聡明編著『知の冷戦――アメリカとアジア（仮題）』京都大学学術出版会、二〇二一年刊行予定。

土屋礼子編著『近代日本メディア人物誌――創始者・経営者編』ミネルヴァ書房、二〇〇九年。

友次晋介「『アジア原子力センター』構想とその挫折――アイゼンハワー政権の対アジア外交の一断面」『国際政治』第一六三号（二

〇一一年一月)、一四—二七頁。

中北浩爾『日本労働政治の国際関係史一九四五〜一九六四—社会民主主義という選択肢』岩波書店、二〇〇八年。

中沢志保「水爆開発反対勧告と科学者の立場」『国際関係学研究』一七号（一九九〇年)、一九—二九頁。

——「レオ・シラードと原子科学者運動—原子力の開発と管理の視点から」(一九九一年)『国際関係学研究』一八号（一九九一年一月)、五一—六〇頁。

——『オッペンハイマー—原爆の父はなぜ水爆開発に反対したか』中央公論社、一九九五年。

——「アイゼンハワー政権後期における核軍縮交渉—核実験停止をめぐる問題を中心に」『文化女子大学紀要　人文・社会科学研究』一三号（二〇〇五年一月)、四一—五三頁。

日本生産性本部編『生産性運動一〇年の歩み』日本生産性本部、一九六五年（国立国会図書館デジタルコレクション)。

河炅珍『パブリック・リレーションズの歴史社会学—アメリカと日本における〈企業自我〉の構築』岩波書店、二〇一七年。

バーク、ピーター／長谷川貴彦訳『文化史とは何か（増補改訂版)』法政大学出版局、二〇〇八年初版、二〇一九年第二版第一刷。(Burke, Peter. *What is Cultural History?* Second Edition, Cambridge：Polity Press, 2008.)

平野健一郎『国際文化論』東京大学出版会、二〇〇〇年。

フォーナー、エリック／横山良ほか訳『アメリカ自由の物語—植民地時代から現代まで』(下) 岩波書店、二〇〇八年。(Foner, Eric. *The Story of American Freedom*, New York：W. W. Norton & Co., 1999.)

藤岡真樹『アメリカの大学におけるソ連研究の編成過程』法律文化社、二〇一七年。

藤田文子『アメリカ文化外交と日本—冷戦期の文化と人の交流』東京大学出版会、二〇一五年。

ベネディクト、ルース／米山俊直訳『文化の型』社会思想社、一九七三年初版、一九八一年第七刷。

——、長谷川松治訳『菊と刀—日本文化の型』講談社、二〇〇五年。

マーシャル、W編／住田健二監訳『原子力の技術1　原子炉技術の発展』筑摩書房、一九八六年。

政池明『荒勝文策と原子核物理学の黎明』京都大学学術出版会、二〇一八年。

前川玲子『アメリカ知識人とラディカル・ビジョンの崩壊』京都大学学術出版会、二〇〇三年。

益田実ほか編著『冷戦史を問いなおす—「冷戦」と「非冷戦」の境界』ミネルヴァ書房、二〇一五年。

松岡完『一九六一　ケネディの戦争—冷戦・ベトナム・東南アジア』朝日新聞社、一九九九年。

——『ケネディとベトナム戦争—反乱鎮圧戦略の挫折』錦正社、二〇一三年。

——『ケネディはベトナムにどう向き合ったか—JFKとゴ・ジン・ジェムの暗闘』ミネルヴァ書房、二〇一五年。

松岡完・広瀬佳一・竹中佳彦編著『冷戦史—その起源・展開・終焉と日本』同文舘出版、二〇〇三年。

松田武『戦後日本におけるアメリカのソフト・パワー—半永久的依存の起源』岩波書店、二〇〇八年。

宮城大蔵『バンドン会議と日本のアジア復帰—アメリカとアジアの狭間で』草思社、二〇〇一年。

宮坂直史「テロリズム対策における戦略文化—一九九〇年代後半の日米を事例として」『国際政治』第一二九号（二〇〇二年二月)、

六一—七六頁。

山崎正勝『日本の核開発：一九三九～一九五五——原爆から原子力へ』績文堂、二〇一一年。

——「一九六八年の日米原子力協定改定と核不拡散体制：一九五五～一九七〇年——米国製軽水炉優位態勢の成立」『技術文化論叢』第一五号（二〇一二年）、二五—三七頁。

——「軽水炉の日本への導入と米国の核不拡散政策一九六四年～一九六八年——中国の核実験と日本の核保有阻止策としての原子力《アトムズフォーピース》」『科学史研究』五三巻（二〇一四年）、一九九—二一〇頁。

山崎正勝・日野川静枝編著『原爆はこうして開発された』青木書店、一九九〇年。

山下正寿『核の海の証言——ビキニ事件は終わらない』新日本出版社、二〇一二年。

山本和隆「ケネディと『宇宙開発』政策」藤本一美編著『ケネディとアメリカ政治』つなん出版、二〇〇四年、初版二〇〇〇年、一五一—一八六頁。

吉岡斉『新版　原子力の社会史——その日本的展開』朝日新聞出版、二〇一一年。

吉見俊哉『夢の原子力——Atoms for Dream』筑摩書房、二〇一二年。

ラトゥール、ブルーノ／川崎勝・平川秀幸訳『科学の実在——パンドラの希望』産業図書、二〇〇七年。

渡辺昭一編著『コロンボ・プラン——戦後アジア国際秩序の形成』法政大学出版局、二〇一四年。

——『冷戦変容期の国際開発援助とアジア——一九六〇年代を問う』ミネルヴァ書房、二〇一七年。

Bailey, Martha J. *American Women in Science*. Santa Barbara, CA : ABC–CLIO, 1994.
Birn, A. E.（Anne-Emanuelle）"Backstage : the Relationship between the Rockefeller Foundation and the World Health Organization, Part I : 1940s–1960s," *Public Health*, vol. 128, issue 2（2014）: 129–140.
Carpenter, Scott, et al. *We Seven : By the Astronauts Themselves*. New York, London, Sydney, Toronto : Simon and Schuster Paperbacks, 1990. First published 1962.
Chapman, Jessica M. *Cauldron of Resistance : Ngo Dinh Diem, the United States, and 1950s Southern Vietnam*. Ithaca : Cornell University Press, 2013（Kindle）.
Coleman, Peter. *The Liberal Conspiracy : The Congress for Cultural Freedom and the Struggle for the Mind of Postwar Europe*. New York : Free Press, 1989.
Cueto, Marcos. "International Health, the Early Cold War and Latin America," *Canadian Bulletin of Medical History*, vol. 25–1（2008）: 17–41.
Cull, Nicholas. *The Cold War and the United States Information Agency*. Cambridge : Cambridge University Press, 2008.
DiMoia, John. "Atoms for Power? : The Atomic Energy Research Institute（AERI）and South Korean Electrification, 1948–1965", *Historia Scientiarum*, vol.19–2（2009）: 170–183.

Drogan, Mara. "The Nuclear Imperative： Atoms for Peace and the Development of U.S. Policy on Exporting Nuclear Power, 1953–1955" *Diplomatic History*, vol. 40, issue 5, (November 2016)： 948–974.

Elkind, Jessica. *Aid Under Fire： Nation Building and the Vietnam War*. Lexington： University Press of Kentucky, 2016.

Eschen, Penny Von. *Satchmo Blows Up the World： Jazz Ambassadors Play the Cold War*. Boston： Harvard University Press, 2005.

Federal Council for Science and Technology. *Proceedings, First Symposium, Current Problems in the Management of Scientific Personnel, October 17–18, 1963*. Federal Council for Science and Technology, 1964.

Geertz, Clifford. *The Interpretation of Cultures*. New York： Basic Books, 1973.

Haefele, Mark. "John F. Kennedy, USIA, and World Public Opinion," *Diplomatic History*, vol. 25, issue 1 (Winter 2001)： 63–84.

Hammer, Ellen J. *A Death in November： America in Vietnam, 1963*. New York： E. P. Dutton, 1987.

Harris, Sarah Miller. *The CIA and the Congress for Cultural Freedom in the Early Cold War： The Limits of Making Common Cause*. London： Routledge, 2016.

Heil, Alan L. *Voice of America： A History*. New York： Columbia University Press, 2003.

Heppenheimer, T. A. *Countdown： A History of Space Flight*. New York： John Wiley & Sons, 1997.

Hewlett, Richard G. and Jack M. Hall. *Atoms for Peace and War, 1953–1961： Eisenhower and the Atomic Energy Commission*. Berkeley： University of California Press, 1989.

Hewlett, R. G, and Holl, J. M. "A history of the United States Atomic Energy Commission, 1952–1960： Volume 3". United States. doi：10.2172/6150636. U. S. Department of Energy, Office of Scientific and Technical Information, https：//www.osti.gov/servlets/purl/6150636.

Higuchi, Toshihiro. "'Clean' Bombs： Nuclear Technology and Nuclear Strategy in the 1950s," *The Journal of Strategic Studies*, vol. 29, no. 1 (February 2006)： 83–116.

________________. "An Environmental Origin of Antinuclear Activism in Japan, 1954–1963： The Government, the Grassroots Movement, and the Politics of Risk," *Peace & Change*, vol. 33, issue 3 (July 2008)： 333–367.

________________. *Political Fallout： Nuclear Weapons Testing and the Making of a Global Environmental Crisis*. Stanford, California： Stanford University Press, 2020.

Holl, Jack M. *Argonne National Laboratory 1946–96*. Chicago： University of Illinois Press, 1997.

Ichikawa, Hiroshi. *Soviet Science and Engineering in the Shadow of the Cold War*. London and New York： Routledge, 2018.

Iriye, Akira. *Power and Culture： The Japanese-American War, 1941–1945*. Cambridge, Massachusetts and London： Harvard University Press, 1981.

Katzenstein, Peter J. ed. *The Culture of National Security： Norms and Identity in World Politics*. New York： Columbia University Press, 1996.

Kaufman, Scott. *Project Plowshare： The Peaceful Use of Nuclear Explosives in Cold War America*. Ithaca： Cornell University Press, 2013.

Kendall, Harry H. *A Farm Boy in the Foreign Service : Telling America's Story to the World*. AuthorHouse, 2003.

Kim Sonjun. "Formation and Transition of the Korean Atomic Power System, from 1953–1980," doctoral dissertation. Seoul : Seoul National University, 2012.

Klein, Christina. *Cold War Orientalism : Asia in the Middlebrow Imagination, 1945–1961*. Berkeley and Los Angeles : University of California Press, 2003.

Koppel, Lily. *The Astronaut Wives Club : A True Story*. New York : Grand Central Publishing, 2013.

Kramer, Paul A. "Is the World Our Campus? International Students and U.S. Global Power in the Long Twentieth Century," *Diplomatic History*, vol. 33, issue 5（November 2009）: 775–806.

Krige, John. "Technology, Foreign Policy and International Collaboration in Space." In *Critical Issues in History of Spaceflight*, eds. Steven Dick and Roger Launius, Washington D. C. : NASA–2006–4702, 2006, 239–260.

__________. "NASA as an Instrument of U. S. Foreign Policy." In *Social Impact of Spaceflight*, eds. Steven J. Dick and Roger D. Launius, Washington D. C. : NASA SP–2007–4801, 2007, 207–218.

__________. "Techno-Utopian Dreams, Techno-Political Realities : The Education of Desire for the Peaceful Atom." In *Utopia/Dystopia : Conditions of Historical Possibility*. ed. Michael D. Gordin, et al., 151–155. Princeton : Princeton University Press, 2010.

Lasby, Clarence G. *Eisenhower's Heart Attack : How Ike Beat Heart Disease and Held on to the Presidency*. Lawrence, Kansas : University Press of Kansas, 1997.

Leslie, Stuart W. *The Cold War and American Science : The Military-Industrial-Academic Complex at MIT and Stanford*. New York : Columbia University Press, 1993.

MacLeod, Roy. "Consensus, Civility, Community : Minerva and the Vision of Edward Shils." In Scott-Smith, *Campaigning Culture*, 45–68.

Maekawa, Reiko. "Rockefeller Foundation and Refugee Scholars during the Early Years of the Cold War,"『英文学評論』第八八集（二〇一六年一一月）: 85–113.

May, Elaine Tyler. *Homeward Bound : American Family in the Cold War Era 4th edition, Revised and Updated*. New York : Basic Books, 2017. First published 1988.

Mieczkowski, Yanek. *Eisenhower's Sputnik Moment : The Race for Space and World Prestige*. Ithaca : Cornell University Press, 2013.

Minami, Kazushi. "Oil for the Lamps of America? Sino-American Oil Diplomacy, 1973–1979," *Diplomatic History*, vol. 41, issue 5（November 2017）: 959–984.

Mizuno, Hiromi. et al. eds. *Engineering Asia : Technology, Colonial Development and the Cold War Order*. London and New York : Bloomsbury Academic, 2018.

Needell, Allan A. *Science, Cold War and the American State : Lloyd V. Berkner and the Balance of Professional Ideals*. New York & London : Routledge, 2000.

Oldenziel, Ruth and Karin Zachmann, eds. *Cold War Kitchen : Americanization, Technology, and European Users*. Cambridge, Massachusetts and London : The MIT Press, 2009.

Oreskes, Naomi and John Krige, eds. *Science and Technology in the Global Cold War*. Cambridge, Massachusetts and London : The MIT Press, 2014.

Osgood, Kenneth. *Total Cold War : Eisenhower's Secret Propaganda Battle at Home and Abroad*. Lawrence, Kansas City : University Press of Kansas, 2006.

Sambaluk, Nicholas Michael. *The Other Space Race : Eisenhower and the Quest for Aerospace Security*. Annapolis : Naval Institute Press, 2015.

Saunders, Frances Stonor. *The Cultural Cold War : The CIA and the World of Arts and Letters*. New York : The New Press, 1999.

――――――――. *Who Paid the Piper? The CIA and the Cultural Cold War*. London : Granta Books, 1999.

Scott-Smith, Giles. *The Politics of Apolitical Culture : The Congress for Cultural Freedom, the CIA, and Post-War American Hegemony*. London : Routledge, 2002.

Scott-Smith, Giles. and Charlotte Lerg, eds. *Campaigning Culture and the Global Cold War : The Journals of The Congress for Cultural Freedom*. London : Palgrave MacMillan, 2017.

Shanahan, Mark. *Eisenhower at the Dawn of the Space Age : Sputnik, Rockets, and Helping Hands*. Lanham, Maryland : Lexington Books, 2017.

Simpson, Bradley R. *Economists with Guns : Authoritarian Development and U.S.-Indonesian Relations, 1960–1968*. Stanford : Stanford University Press, 2008.

Slaney, Patrick David. "Eugene Rabinowitch, the *Bulletin of the Atomic Scientists*, and the Nature of Scientific Internationalism in the Early Cold War," *Historical Studies in the Natural Sciences*, vol.42, no.2 (2012) : 114–142.

Sorensen, Thomas C. *The Word War : The Story of American Propaganda*. New York : Harper & Row, 1968.

Suri, Jeremi. *Power and Protest: Global Revolution and the Rise of Détente*. Cambridge, MA : Harvard University Press, 2005.

Tomotsugu, Shinsuke. "The Bandung Conference and the Origins of Japan's Atoms for Peace Aid Program for Asian Countries." In *The Age of Hiroshima*. eds. Michael D. Gordin, and John Ikenberry, 109–128. Princeton : Princeton University Press, 2020.

Wang, Jessica. *American Science in an Age of Anxiety : Scientists, Anticommunism & the Cold War*. Chapel Hill and London : The University of North Carolina Press, 1999.

Wilford, Hugh. *The Mighty Wurlitzer : How the CIA Played America*. Cambridge, MA : Harvard University Press, 2009.

Wittner, Lawrence S. *Confronting the Bomb : A Short History of the World Nuclear Disarmament Movement*. Stanford : Stanford University Press, 2009.

Wolfe, Audra J. *Competing with the Soviets : Science, Technology, and the State in Cold War*. Baltimore : The Johns Hopkins University,

2013.
______. "*Science and Freedom*: the Forgotten Bulletin." In Scott-Smith, *Campaigning Culture*, 27–44.
______. *Freedom's Laboratory: The Cold War Struggle for the Soul of Science*. Baltimore: Johns Hopkins University Press, 2018.
Zwigenberg, Ran. *Hiroshima: The Origins of Global Memory Culture*. Cambridge: Cambridge University Press, 2014.

新聞

『朝日新聞』
『産経新聞』
『四国新聞』
『中国新聞』
『日本経済新聞』
『毎日新聞』
『読売新聞』
The Baltimore Sun
The Boston Glove
The New York Times

雑誌

「宇宙大博覧会マンガルポ」『週刊サンケイ』第九巻二九号（通巻四四五号）（一九六〇年六月一三日）、七二―七三頁（国立国会図書館デジタルコレクション）。

「宇宙博覧会見聞記」『中学時代一年生』第五巻五号（一九六〇年八月）、一六六―一六七頁（国立国会図書館デジタルコレクション）。

久米茂「ある追放者――前田久吉の場合」『思想の科学』第五次五三号（一九六六年八月）、四三―五四頁（国立国会図書館デジタルコレクション）。

「誌上見学・宇宙博」『航空情報』一二〇号（一九六〇年八月）、一二九―一三一頁（国立国会図書館デジタルコレクション）。

関口直甫「中曽根宇宙開発計画――経緯と問題点」『自然＝Nature』第一五巻五号（通巻一六九号）一九六〇年五月、六二―六五頁（国立国会図書館デジタルコレクション）。

「ロケットと宇宙旅行展」『航空ファン』第九巻八号（一九六〇年八月）、四〇―四一頁（国立国会図書館デジタルコレクション）。

"The Astronauts: Ready to Make History," *Life*, vol. 47, no. 11 (September 14, 1959): 26–43.

"Seven Brave Women behind the Astronauts: Spacemen's Wives Tell, in Their Own Words, Their Inner Thoughts and Worries," *Life*, vol. 47, no. 12 (September 21, 1959): 142–163.

U.S. Department of State, *News Letter*, 72（April 1967）

映画・映像

Frank P. Bibas, Director, *Project Hope*（1961）.
Winged Scourge（翼のある病原菌）, 1943, moving image, RG306, 306. 240, NACP.
NHK ETV特集『アメリカから見た福島原発事故』（二〇一一年九月四日放映）
NHK BS1スペシャル『極秘指令・ウラン燃料を回収せよ～戦火の原子炉四〇年目の真実』（二〇一五年六月二〇日放映）

ウェブサイト

アルゴンヌ国立研究所 Nuclear Engineering ウェブサイト、http : //www.ne.anl.gov/About/hn/news961012.shtml
宇宙科学研究所（ISAS）ウェブサイト、http : //www.isas.jaxa.jp/about/history/
外務省ウェブサイト、http : //www.mofa.go.jp/mofaj/comment/faq/culture/gaiko.html
「戦後外務省人事一覧　欧米局（一九五一～一九五七）」、戦後外交史研究会編「データベース日本外交史」、https : //drive.google.com/file/d/0B_wk3O1slLl7amdfOUVqSVp5alU/view
「第二六回国会　衆議院文教委員会議録第一四号」、一九五七年三月二九日、国会会議録検索システム、https : //kokkai.ndl.go.jp/simple/detail?minId=102605077X01419570329&spkNum=37#s37
「ホープ計画」ウェブサイト、https : //www.projecthope.org/
"About Dr. Paul Dudley White," American Heart Association website, https : //www.heart.org/en/affiliates/paul-dudley-white-about
Bulletin of the Atomic Scientists website, https : //thebulletin.org/
CIA, Freedom of Information Act Electronic Reading Room, https : //www.cia.gov/library/readingroom/
Densho Encyclopedia, http : //encyclopedia.densho.org/A.L._Wirin/
Dwight D. Eisenhower, "Address at the Centennial Comment of Pennsylvania State University", June 11, 1955. Online by Gerhard Peters and John T. Woolley, The American Presidency Project, http : //www.presidency.ucsb.edu/documents/address-the-centennial-commencement-pennsylvania-state-university
Dwight D. Eisenhower, "Annual Message to the Congress on the State of the Union," January 9, 1958, The American Presidency Project, University of California, Santa Barbara, http : //www.presidency.ucsb.edu/ws/?pid=11162
Dwight D. Eisenhower Presidential Library Online Documents, https : //www.eisenhowerlibrary.gov/research/online-documents
Energy Citations Database by U.S. Department of Energy, https : //www.energy.gov/eere/bioenergy/databases
Gray, Beverly. "When Apollo Went to Japan," *Air & Space Magazine*, April 2020, https : //www.airspacemag.com/space/when-apollo-went-japan-180974469/

IAEA website, https : //www.iaea.org/about/history/atoms-for-peace-speech
MYANMAR JAPON Online, 二〇一五年一一月号, https : //myanmarjapon.com/1511interview.html
NASA website, https : //www.nasa.gov/content/nasa-history-overview
ONR website, https : //www.onr.navy.mil/About-ONR/History/History-Research-Guide
Pennsylvania State University, College of Engineering website, https : //www.rsec.psu.edu/Penn_State_Breazeale_Reactor.aspx
Smithsonian National Air and Space Museum website, https : //airandspace.si.edu/exhibitions/destination-moon
Special Collections Research Center, University of Chicago Library, Guide to the Bulletin of the Atomic Scientists Records 1945–1984, https : //www.lib.uchicago.edu/e/scrc/findingaids/view.php?eadid=ICU.SPCL.BULLETIN
Special Collections Research Center, University of Chicago Library, Guide to the Atomic Scientists of Chicago Records 1943–1955, https : //www.lib.uchicago.edu/e/scrc/findingaids/view.php?eadid=ICU.SPCL.ASCHICAGO
Special Collections Research Center, University of Chicago Library, Guide to the Eugene I. Rabinowitch Papers, https : //www.lib.uchicago.edu/e/scrc/findingaids/view.php?eadid=ICU.SPCL.RABINOWITCH
“Underground Lab Capability at WIPP” The U.S. Department of Energy, Waste Isolation Pilot Plant（WIPP） website, http://www.wipp.energy.gov/science/ug_lab/gnome/gnome.htm
University of Michigan Energy Institute website, http : //energy.umich.edu/about-us/phoenix-project

あとがき

本書は、独立行政法人日本学術振興会二〇二〇年度科学研究費助成事業研究成果公開促進費（学術図書　課題番号　#20HP5241）の助成を受けて刊行されたものである。また本書の一部は、二〇一七〜二〇二〇年度科学研究費補助金（基盤研究B）「冷戦期東アジアの科学技術広報外交に関する国際比較研究」（研究代表者・土屋由香）の助成を受けた史料調査に基づいている。いくつかの章は、これまでに行った口頭報告や刊行された論文を下敷きとしている。第1章は、「『反核』と『反共』――一九五〇年代における科学雑誌『原子力科学者会報』と文化自由会議」『アメリカ史研究』四一号（二〇一八年八月）に新たな文献を加えて加筆・修正したものである。第2〜4章および第7章は、それぞれ「アジア政経学会」（二〇一七年一〇月二一日）、「歴史学研究会」（二〇一八年五月二七日）、「日本政治学会」（二〇一八年一〇月一四日）、Association for Asian Studies in Asia（二〇二〇年九月四日）での口頭報告を発展させたものである。また第二章の一部分は「アメリカ製軽水炉の選択をめぐる情報・教育プログラム――一九五〇年代末の日米関係」『歴史学研究』九七六号（二〇一八年一〇月）と重複している。さらに、断片的にではあるが、第5・6章の記述は「科学技術広報外交と原子力平和利用――スプートニク・ショック以後のアトムズ・フォー・ピース」小路田泰直ほか編『核の世紀――日本原子力開発史』（東京堂出版、二〇一六年）および「アメリカの政府広報映画が描いた冷戦世界――医療保健援助船『ホープ号』をめぐって」南塚信吾編『MINERVA世界史叢書6　情報がつなぐ世界史』（ミネルヴァ書房、二〇一八年）と重複している部分があり、これらについては各出版社の許可を得ている。

本書の研究から得られた知見は、冷戦構造そのものに関して新しい解釈をもたらすわけではない。しかし、文化冷戦とは何であったのか、アメリカにとって科学技術はどのような意味を持っていたのか、外交と科学技術はどう関係するのか等について、本書が新しい思索の材料を提供できることを願っている。筆者はアメリカ史・アメリカ研究の分野で研究者としての教育・訓練を受けてきた。科学史家ではない者が科学技術について書くにあたっては、大きな不安と恐怖が伴った。しかし、文化冷戦に関する議論の中に科学技術がどう位置づけられるのかという純粋な疑問と、そしていざ研究を始めると史料の豊富さ・興味深さに引きずられて、一冊の本を著すところまで突き進んでしまった。科学史の専門家からは、浅学菲才のお叱りを受けることを覚悟している。またアメリカ研究者が南ヴェトナムやビルマのことにまで踏み込むことにも、大きな躊躇があった。しかし、「アメリカ政府が何をしたか」という話のみに終始する本は書きたくなかった。史料面でも背景知識の面でも不十分であることは承知の上で、アジアの国々がアメリカの対外情報プログラムをどう見ていたのかを少しでも明らかにしたいと思った。アジア研究者からも厳しいご批判をいただくことを覚悟しているが、同時にアジア言語に熟達した研究者によって今後より多くが解明されることを期待している。

本書を執筆するにあたっては、実に多くの方々と組織から御支援・ご指導をいただいた。お世話になった方々全員のお名前を挙げることが出来ず心苦しい限りであるが、これまで公私にわたり励ましやご助言をくださったすべての方々に、この場を借りて御礼申し上げたい。特に、本書執筆の最終段階で原稿にお目通しいただき貴重な御助言をいただいた京都大学の齋藤嘉臣先生、藤岡真樹先生、広島大学の市川浩先生には、心から感謝申し上げるとともに、親切な御指導にもかかわらず残存する瑕疵はすべて筆者の責任であることを申し添えたい。また冒頭に挙げた科研共同研究でお世話になっている川島真、小林聡明、友次晋介、佐藤悠子、水野宏美、車載永、許殷、文晩龍、藍適齊、張楊、Nick Cullather、Miriam Kingsberg の各先生には、本書とは別の共同出版プロジェクトを進める中で多くの知的刺激をいただき、それらは本書を執筆する上でも貴重な糧となっている。心より謝意を表したい。さらに各章の様々な発展段階で学会発表を行った際に、討論者として貴重なコメントをくださった吉見俊哉先生、楠綾子先生、木宮正史先生、家永真幸先生、徳田匡先生、伊豆田俊輔先生にも厚く御礼申し上げたい。研究費と研究時間が年々削減される昨今の厳しい状況下においても、研究を続けられる環境を与えてくださった前任校の愛媛大学および現任校の京都大学、そして両校でお世話になった先生方と職員の方々にも心より謝意を表したい。また京都大学の大学院生・卒業生の皆さん、特に奥田俊介、八木孝憲、進藤翔大郎、森江建斗、山口瑞貴の諸氏には、ゼミでの鋭い質問や独創的な視点に、いつもやりがいと刺激をもらっている。そして研究室のアシスタントとして原稿のチェックや修正その他諸々の作業に辛抱強く付き合ってくださった森田真祐子さんには、いくら感謝してもし切れない。もちろん、筆者に研究の面白さと厳しさを教えてくださった修士課程と博士課程の指導教員、Marlene Mayo 先生（メリーランド大学）と Elaine Tyler May 先生（ミネソタ大学）から受けた学恩は、決して忘れることが出来ない。また本書執筆のための資料収集に際してお世話になった米国立公文書館カレッジパーク分館および同シカゴ分館、シカゴ大学図書館およびミシガン大学図書館、外務省外交史料館および国立国会図書館のアーキビストやライブラリアンの諸氏にも心より感謝を表したい。

本書の刊行にあたっては、京都大学学術出版会の鈴木哲也編集長よりご高配を賜った。公刊に向けて様々なご助言を下さり、また仕事の遅い筆者を忍耐強くご指導くださったことに心からの御礼を申し上げたい。

最後に私事にわたるが、我が家族のうち筆者以外の男二人は科学者（およびその卵）である。文系の筆者は家庭において常に「アウェイ」な環境に居るわけだが、文化冷戦と科学技術について書こうと思い立ったのも間接的には彼らの影響かも知れない。二人は未だ本書の原稿を目にしておらず、どのような反応をするか少々心配でもあるが、ともあれ筆者が科学に対するリスペクトと、リスペクトゆえの批判を培って来たのは彼らのお陰である。最後に、大阪万博に二度も連れて行ってくれた亡き父と、心臓の大手術を経てコロナ禍の中で果敢に生き延びている母に、本書を捧げる。

ま行

や行

ら行

わ行

か行

さ行

た行

な行

は行

ま行

や行

ら行

人名

あ行

さ行

た行

な行

は行

か行

索引（事項／人名）

事項

あ行

［著者紹介］

土屋　由香（つちや　ゆか）

京都大学大学院人間・環境学研究科教授
メリーランド大学歴史学研究科修士課程，ミネソタ大学アメリカ研究科博士課程修了。
広島大学総合科学部助手，愛媛大学法文学部准教授，同教授を経て2017年より現職。博士（アメリカ研究）。
専門・関心は，20世紀アメリカ史，冷戦期のアメリカ広報文化外交・科学技術外交。

主要著書：『親米日本の構築―アメリカの対日情報・教育政策と日本占領』（明石書店，2009年）
主要共編著書：『文化冷戦の時代―アメリカとアジア』（国際書院，2009年），『占領する眼・占領する声―CIE/USIS 映画と VOA ラジオ』（東京大学出版会，2012年）

文化冷戦と科学技術
――アメリカの対外情報プログラムとアジア

2021 年 2 月 28 日　初版第一刷発行

著　者　　土 屋 由 香

発行人　　末 原 達 郎

京都大学学術出版会
京都市左京区吉田近衛町69番地
京都大学吉田南構内（〒606-8315）
電話（075）761-6182
FAX（075）761-6190
Home page http://www.kyoto-up.or.jp
振替 01000-8-64677

ISBN978-4-8140-0324-2
Printed in Japan

ブックデザイン　森　華
印刷・製本　亜細亜印刷株式会社
定価はカバーに表示してあります